普通高等教育通识课系列教材

大学计算机基础教程

(第二版)

主　编　王凤领　千　文　庄兴义

副主编　王雪红　袁淑丹

西安电子科技大学出版社

内 容 简 介

  本书是针对普通高等计算机基础课程的教学要求,结合最新的计算机科学技术和全国计算机等级考试的需要编写而成的计算机公共基础课教材。全书共分为 7 章,包括计算机基础知识、Windows 10 操作系统及应用、Word 2016 文字处理、Excel 2016 表格处理、PowerPoint 2016 演示文稿、计算机多媒体基础、计算机网络基础。本书以适合应用型本科院校学生对计算机基础知识的需求为原则,着重讲解最基本、最实用的内容,在掌握一般理论知识的基础上,更加强调应用能力的培养。

  本书在选材上力求精练、重点突出,对于计算机基础知识部分的讲解内容丰富、通俗易懂,对于计算机操作部分的讲解图文并茂、易学易用。本书可作为高等学校公共计算机基础课程的教材,也可作为计算机应用培训的教材或供其他相关人员参考。

图书在版编目(CIP)数据

大学计算机基础教程/王凤领,千文,庄兴义主编. —2 版. —西安:
西安电子科技大学出版社,2021.2(2024.7 重印)
ISBN 978–7–5606–6011–0

Ⅰ. ①大…   Ⅱ. ①王…   ②千…   ③庄…   Ⅲ. ①电子计算机—高等学校—教材
Ⅳ. ①TP3

中国版本图书馆 CIP 数据核字(2021)第 026595 号

策   划   毛红兵
责任编辑   刘炳桢   毛红兵
出版发行   西安电子科技大学出版社(西安市太白南路 2 号)
电   话   (029)88202421   88201467   邮   编   710071
网   址   www.xduph.com   电子邮箱   xdupfxb001@163.com
经   销   新华书店
印刷单位   咸阳华盛印务有限责任公司
版   次   2021 年 2 月第 2 版   2024 年 7 月第 16 次印刷
开   本   787 毫米×1092 毫米   1/16   印   张   20
字   数   470 千字
定   价   43.00 元
ISBN 978–7–5606–6011–0

XDUP 6313002–16
如有印装问题可调换

前　言

习近平总书记在党的二十大报告中指出：教育、科技、人才是全面建设社会主义现代化国家的基础性、战略性支撑。随着大数据、云计算、人工智能、物联网等新一代信息技术的发展，熟练掌握计算机基础知识、具备熟练操作计算机的基本技能就显得非常重要。高等院校开设计算机基础课程是紧跟社会发展步伐和时代需要，掌握计算机文化、计算机基础知识和具备计算机基本操作技能是当代大学生的必修内容之一。

《大学计算机基础教程》(第二版)是针对普通高等学校计算机基础课程的教学要求，结合最新的计算机科学技术和全国计算机等级考试的需要编写而成的计算机公共基础课教材。全书共分为 7 章，包括计算机基础知识、Windows 10 操作系统及应用、Word 2016 文字处理、Excel 2016 表格处理、PowerPoint 2016 演示文稿、计算机多媒体基础、计算机网络基础。本书在内容的组织和选择上，主要以适合应用型本科院校学生对计算机基础知识的需求特点为原则，着重于将最基本、最实用的内容讲解清楚，在掌握一般理论基础知识的基础上，更加强调应用能力的培养。

全书共分 7 章，具体内容安排如下：

第 1 章介绍了计算机基础知识，包括计算机的发展与应用、计算机组成和工作原理、数制与编码，以及计算机病毒和安全方面的知识。

第 2 章介绍了 Windows 10 操作系统及应用，包括 Windows 10 基本操作、文件管理与磁盘维护、Windows 10 系统环境设置、Windows 10 实用应用软件，以及中文输入法的使用。

第 3 章介绍了 Word 2016 文字处理，包括文档的基本操作、文本的输入与编排、文本与段落格式的设置、文本特效与图文混排、表格的创建与编辑、文档的高级排版技术等。

第 4 章介绍了 Excel 2016 表格处理，包括工作簿与工作表的基本操作、工作表的编辑、工作表数据的输入、公式与函数的使用、数据处理等。

第 5 章介绍了 PowerPoint 2016 演示文稿，包括演示文稿的创建、幻灯片的编辑和美化、幻灯片的动画设置和放映方式等。

第 6 章介绍了计算机多媒体基础知识，包括多媒体的概念、应用与发展，媒体制作工具以及图像、声音与视频三种主流媒体的基本常识。

第 7 章介绍了计算机网络基础，包括计算机网络概述、Internet 基本概念、浏览器的使用、搜索引擎和电子邮件的使用等。

本书从实际出发，力求内容新颖、技术实用、通俗易懂，适合作为高等院校计算机基础教育的教材。参加本书编写的教师均长期从事计算机教学和学科建设工作，计算机理论和实践教学经验十分丰富。

本书由王凤领、千文、庄兴义任主编，土雪红、袁淑丹任副主编，参编人员有陈冠萍、肖鸿、樊艳英、梁海英、张红军、张波、胡元闯、李立信、谭晓东、巫湘林、黄华升、何顺等。全书由王凤领统稿并定稿完成。

鉴于计算机等级考试采用 Windows 7 操作系统，本书将 Windows 7 操作系统及应用的内容以二维码形式给出，需要的读者扫描二维码进行学习。

Windows 7 操作系统及应用

本书的编写得到了贺州学院各级领导和西安电子科技大学出版社的关心和支持，在此一并表示感谢。由于时间仓促，加之作者水平有限，书中如有不妥之处，欢迎广大读者朋友批评指正，以便我们修订和补充。

编者修改于
2023 年 7 月

第一版前言

随着计算机科学技术、网络技术和多媒体技术的飞速发展，计算机在人类社会的各个领域都得到了广泛的应用，影响着人们日常的工作、学习、交往、娱乐等各种活动。计算机已经成为人们提高工作质量和工作效率的必要工具，所以，掌握计算机文化、计算机基础知识和计算机基本操作技能是对当代大学生的基本要求之一。

计算机基础教学已经进行了很多年，但是由于软件升级很快，导致原来的教材内容落后于时代。而且计算机普及程度越来越深入，大学生对计算机的熟悉程度已经比过去提高了许多，所以大学阶段的计算机基础教育需要紧跟时代，学习一些前沿的计算机实用技术。为了达到这个目的，我们结合当前计算机基础教育的形势和任务，并按教育部对高等院校计算机基础课程的要求编写了本书。本书全面系统地介绍了计算机基础知识、操作系统、办公软件、多媒体基础知识、计算机网络基础等方面的知识，强调知识性、技能性与应用性的紧密结合。

全书共分 7 章，具体内容安排如下：

第 1 章介绍了计算机基础知识，包括计算机的发展与应用、计算机组成和工作原理、数制与编码，以及计算机病毒和安全方面的知识。

第 2 章介绍了 Windows 7 操作系统及应用，包括 Windows 7 基本操作、文件管理与磁盘维护、Windows 7 系统环境设置、Windows 7 实用应用软件，以及中文输入法的使用。

第 3 章介绍了 Word 2010 文字处理技术，包括文档的基本操作、文本的输入与编排、文本与段落格式的设置、文本特效与图文混排、表格的创建与编辑、文档的高级排版技术等。

第 4 章介绍了 Excel 2010 表格处理，包括工作簿与工作表的基本操作、工作表的编辑、工作表数据的输入、公式和函数的使用、数据处理等。

第 5 章介绍了 PowerPoint 2010 演示文稿的制作技术，包括演示文稿的创建、幻灯片的编辑和美化、幻灯片的动画设置和放映方式等。

第 6 章介绍了计算机多媒体基础知识，包括多媒体的概念、应用与发展，媒体制作工具以及图像、声音与视频三种主流媒体的基本常识。

第 7 章介绍了计算机网络基础，包括计算机网络概述、Internet 基本概念、浏览器的使用、搜索引擎和电子邮件的使用等。

本书从实际出发，力求内容新颖、技术实用、通俗易懂，适合作为高等院校计算机基础教育的教材。参加本书编写的教师均长期从事计算机教学和学科建设工作，计算机理论和实践教学经验十分丰富。

本书由王凤领、梁海英、千文任主编，张红军、庄兴义任副主编，参编人员有张波、胡元闯、李立信、谭晓东、巫湘林、黄华升、肖鸿、袁淑丹、陈冠萍、何顺等。全书由王凤领统稿、定稿。

　　本书的编写得到了贺州学院各级领导和西安电子科技大学出版社的关心和支持,在此一并表示感谢。由于时间仓促,加之作者水平有限,书中如有不妥之处,欢迎广大读者朋友批评指正,以便我们修订和完善。

编　者

2017 年 6 月

目　　录

第1章 计算机基础知识

计算机技术是 20 世纪发展最快的科学成就之一，步入 21 世纪以来，计算机技术更是得到了空前的发展。随着计算机技术、多媒体技术和通信技术的迅猛发展，特别是计算机互联网的全面普及，全球信息化已成为人类发展的大趋势，计算机已成为信息化社会中必不可少的工具。掌握计算机基础知识，提高实际操作能力，是 21 世纪高素质人才的基本要求。

1.1　计算机概述

电子计算机俗称"电脑"，是一种电子化的信息处理工具。人们也经常用计算机来指代电子计算机。计算机(Computer)是由一系列电子元件组成的设备，主要进行数值计算和信息处理。它不但可以进行加、减、乘、除等算术运算，还可以进行与、或、非等逻辑运算。计算机能够进行信息输入和信息存储，并按照事先编制好的程序对信息进行加工处理，最终输出人们所需要的结果。

1.1.1　计算机发展简史

世界上第一台计算机是 1946 年 2 月在美国宾夕法尼亚大学诞生的，全称为电子数字积分机与计算机(Electronic Numerical Integrator And Calculator)，简写为 ENIAC(埃尼阿克)，如图 1-1 所示。这台计算机共用了 18 000 多个电子管，占地 170 平方米，重 30 吨，耗电量 150 kW，内存 17 KB。它的功能远不如今天的计算机，但是 ENIAC 具有划时代的意义，它使信息处理技术进入了一个崭新的时代。

图 1-1　世界上第一台计算机 ENIAC

从计算机的发展趋势看，计算机在短短的 70 多年里经过了电子管、晶体管、集成电路(IC)和超大规模集成电路(VLSI)四个阶段的发展，其体积越来越小，功能越来越强，价格越来越低，应用越来越广泛，目前正朝着智能化(第五代)计算机方向发展。计算机的每一个发展阶段在技术与性能上都是一次新的突破。

1．第一代计算机(1946—1958 年)

第一代计算机采用的主要元件是电子管，所以也称为电子管计算机。这一代计算机运算速度很慢，一般为几千次每秒到几万次每秒，体积庞大，主要用于科学计算。第一代计算机的主要特点是：

(1) 采用电子管作为基本逻辑部件，耗电量大，寿命短，可靠性差。

(2) 采用电子射线管作为存储部件，容量很小，后来使用磁鼓存储信息，在一定程度上扩充了存储容量。

(3) 输入/输出装置简单，主要使用穿孔卡片，速度慢，使用起来十分不便。

(4) 没有系统软件，只能用机器语言和汇编语言编程。

2．第二代计算机(1959—1965 年)

第二代计算机采用的是晶体管技术，称为晶体管计算机。这一代计算机的运算速度比第一代提高了几百倍，其应用范围扩展到了数据处理、自动控制和企业管理等方面。第一台晶体管计算机是 1959 年 12 月由美国 IBM 制造的 IBM 7090，具有 32 KB 内存，其系统占 5 KB，用户占 27 KB，用户数据在内存和一台磁鼓之间切换，如图 1-2 所示。第二代计算机的主要特点是：

(1) 体积减小，可靠性增强，寿命延长。

(2) 计算速度达到几万次每秒到十几万次每秒。

(3) 可以使用汇编语言、高级程序设计语言进行编程，如 FORTRAN。

(4) 普遍采用磁芯作为内存储器，磁盘的容量大大提高。

图 1-2 第一台晶体管计算机 IBM 7090

3．第三代计算机(1966—1970 年)

第三代计算机主要采用中小规模集成电路作为元器件，这是一次重大的飞跃。第三代计算机的代表是 IBM 公司花了 50 亿美元开发的 IBM 360 系列，如图 1-3 所示。应该说集成电路的出现与使用，快速推动了计算机的发展与普及，也为计算机走入寻常百姓家奠定了基础。第三代计算机的主要特点是：

(1) 体积更小，寿命更长。

(2) 计算速度可达到几百万次每秒。

(3) 出现了操作系统，且其功能越来越强，计算机的应用范围进一步扩大。

(4) 普遍采用半导体存储器，存储容量进一步提高。

图 1-3　第三代计算机 IBM 360 系列

4. 第四代计算机(1971 年至今)

第四代计算机也称为超大规模集成电路计算机。这一代计算机的基本组成元件是超大规模的集成电路，其集成度大大提高。例如 80386 微处理器芯片，面积约为 10 mm × 10 mm，却集成了约 32 万个晶体管。另外，内存储器采用半导体技术制造，外存储器主要有磁盘、磁带和光盘，运算速度大大提高，应用范围涉及社会生活的各个领域。第四代计算机的主要特点是：

(1) 采用大规模和超大规模集成电路元件，体积越来越小，可靠性更高，寿命更长，技术更新越来越快。

(2) 计算速度加快，达到几千万次每秒到几十亿次每秒。

(3) 发展了并行处理技术和多机系统。

(4) 应用领域与应用技术得到了前所未有的发展，进入了寻常百姓家庭。

(5) 计算机网络技术得到空前发展。

随着科学技术的不断进步，作为第四代计算机的典型代表——微型计算机应运而生。微型计算机的发展大致经历了以下五个阶段。

第一阶段是 1971—1973 年，这是 4 位和 8 位低档微处理器时代。典型产品是 1971 年 Intel 公司研制的采用 4 位 Intel 4004 微处理器的 MCS-4 微型计算机，后来又推出了以 8 位的 Intel 8008 为核心的 MCS-8 微型计算机。这个阶段的基本特点是集成电路采用 PMOS 工艺，集成度低，系统结构和指令系统比较简单，主要采用机器语言或简单的汇编语言，指令数目较少，用于家电和简单的控制场合。

第二阶段是 1974—1977 年，这是 8 位中高档微处理器时代，属于微型计算机的发展和改进阶段。这个阶段的典型产品是 Intel 公司的 8080/8085、Motorola 公司的 M6800、Zilog 公司的 Z80 等微处理器以及 MCS-80、TRS-80 和 APPLE-Ⅱ 等微型计算机。这个阶段的基本特点是集成电路采用 NMOS 工艺，集成度提高约 4 倍，运算速度提高 10~15 倍，计算机的指令系统比较完善，具有典型的计算机体系结构和中断、DMA 等控制功能。软件方面除了汇编语言外，还有 BASIC、FORTRAN 等高级语言和相应的解释与编译程序，后期还出现了操作系统，如 CM/P 操作系统。

第三阶段是 1978—1984 年，这是 16 位微处理器时代。典型产品是 Intel 公司的 8086/8088、80286，Motorola 公司的 M68000，Zilog 公司的 Z8000 等微处理器。这一时期著名的微型计算机产品是 1981 年 IBM 公司推出的基于 Intel 8086 微处理器的个人计算机(Personal Computer，PC)。1982 年又推出了扩展型的个人计算机 IBM PC/XT，其对内存进行了扩充，并增加了一个硬磁盘驱动器。1984 年 IBM 推出了以 Intel 80286 微处理器为核心的 16 位增强型个人计算机

图 1-4　1984 年的 IBM PC/AT

IBM PC/AT，如图 1-4 所示。这个阶段的基本特点是集成电路采用 HMOS 工艺，集成度和运算速度都比第二阶段提高了一个数量级，计算机的指令系统更加丰富、完善，采用多级中断、多种寻址方式，并配置了完善的软件系统。从此，人们对计算机不再陌生，计算机开始深入到人类生活的各个方面。

第四阶段是 1985—1992 年，这是 32 位微处理器时代。典型产品是 Intel 公司的 80386/80486、Motorola 公司的 M68030/68040 等。这个阶段的特点是集成电路采用 HMOS 或 CMOS 工艺，集成度极高，具有 32 位地址线和 32 位数据总线，每秒钟可完成 600 万条指令。由于集成度高，系统的速度和性能大为提高，可靠性增加，成本降低。此时的微型计算机功能已经非常强大，可以胜任多任务、多用户作业。

第五阶段是 1993 年以后，这是 64 位高档微处理器时代。1993 年 3 月，Intel 公司率先推出了统领 PC 发展达十余年的第五代微处理器——Pentium(奔腾)，代号为 P5，也称为 80586。P5 具有 64 位的内部数据通道，从设计制造工艺到性能指标，都比第四代产品有了大幅度的提高。同期的产品还有 AMD 公司的 K6 系列微处理器，其内部采用了超标量指令流水线结构，具有相互独立的指令和数据高速缓存。

计算机技术的发展一日千里，目前最新的微处理器是 Intel 公司的"酷睿 i7"系列(Intel Core i7)，该处理器采用 64 位四核心 CPU，沿用 X86-64 指令集，并以 Intel Nehalem 微架构为基础，取代上一代的 Intel Core 2 系列处理器。

进入 20 世纪 90 年代以后，随着科学技术的高速发展，计算机的新工艺、新技术和新功能不断推陈出新，使计算机的应用范围更广泛，功能更强大。计算机发展到今天已经开始进入第五代，第五代计算机将可以模仿人的思维活动，具有推理、思维、学习以及声音与图像的识别能力等。第五代计算机将随着人工智能技术的发展，具备类似于人的某些智慧，其应用范围和对人类生活的影响是难以想象的。

1.1.2　计算机的分类

随着计算机技术的发展和应用，计算机已成为一个庞大的家族。计算机从不同角度有多种分类方法。比如，可以从计算机的处理对象、工作模式以及使用范围等角度进行分类，如图 1-5 所示。

图 1-5　计算机的分类

1．按计算机处理对象分类

从计算机处理的数据的表示方法分为模拟计算机、数字计算机和混合计算机三大类。

1) 模拟计算机

模拟计算机又称"模拟式电子计算机"，问世较早，是一种以连续变化的电流或电压来表示被处理的数据的电子计算机，即各个主要部件的输入和输出都是连续变化着的电压、电流等物理量。其优点是速度快，适合求解高阶微分方程或自动控制系统中的模拟计算。其缺点是处理问题的精度差、电路结构复杂、抗外界干扰能力极差和通用性差，目前已很少见。

2) 数字计算机

数字计算机是目前电子计算机行业中的主流，其处理的数据是断续的电信号，即用"离散"的电位高低来表示数据。在数字计算机中，程序和数据都用"0"和"1"两个数字组成的二进制编码来表示，通过算术逻辑部件对这些数据进行算术运算和逻辑运算。由于这种处理方式差异，使得它的组成结构和性能优于模拟式电子计算机。其运算精度高、存储量大、通用性强，适合于科学计算、信息处理、自动控制、办公自动化和人工智能等方面的应用。

3) 混合计算机

混合计算机兼有模拟计算机和数字计算机两种计算机的优点，既能处理模拟物理量，又能处理数字信息。混合计算机一般由模拟计算机、数字计算机和混合接口三部分组成，其中模拟计算机部分承担快速计算的工作，而数字计算机部分则承担高精度运算和数据处理。混合计算机的优点是运算速度快、计算精度高、逻辑运算能力强、存储能力强和仿真能力强，主要应用于航空航天、导弹系统等实时性的、复杂的系统中。这类计算机往往结构复杂，设计困难，价格昂贵。

2．按计算机使用范围分类

按计算机的使用范围分类，可以将其分为专用计算机和通用计算机。

1) 专用计算机

专用计算机是为针对一个或一类特定的问题而设计的计算机，它的硬件和软件根据解决某问题的需要而专门设计。专用计算机具有有效、高速和可靠地解决某问题的特性，但适应性差，一般应用于过程控制，例如导弹、火箭、飞机和车载导航专用机等。

2) 通用计算机

通用计算机适应能力强、应用面广，是为了解决各种类型的问题而设计的计算机。它具有较强的通用性、适应性，可连接多种外设，可安装多种系统软件和应用软件，功能齐全。一般的计算机多属此类。

3．按计算机工作模式分类

按工作模式可将计算机分为客户机和服务器。

1) 客户机

客户机又称"工作站"，指连入网络的用户计算机，PC 即可胜任。客户机可以使用服务器提供的各种资源和服务，且仅为使用该客户机的用户提供服务，是用户和网络的接口。

2) 服务器

服务器是指对其他计算机提供各种服务的高性能的计算机，是整个网络的核心。它为客户机提供文件服务、打印服务、通信服务、数据库服务、应用服务和电子邮件服务等。服务器也可由微机来充当，只是速度要比高性能的服务器慢。比如，一台 PC 在网络上为其他计算机提供 FTP 服务，那么它就是一台服务器，当然速度要比高性能的服务器慢。

目前，高性能的微型机已达到几十年前巨型机的速度，使得它与工作站、小型机、中型机乃至大型机之间的界限已越来越不明显。大、中和小型机逐渐趋向于融合到服务器中，有演变为不同档次的服务器的趋势。

4．按计算机规模分类

按照计算机的体积大小、结构复杂程度、功率消耗、性能指标、数据存储容量、指令系统和设备、软件配置等的不同，可以将计算机分为巨型机、大型机、大中型机、小型机、微型机和嵌入式计算机等，如图1-6所示。

图 1-6　按规模分类

1) 巨型机

巨型机又称"超级计算机"，它是所有计算机类型中运算速度最高、存储容量最大、功能最强、价格最贵的一类计算机，其浮点运算速度已达每秒万亿次。主要用在国家高科技领域和国防尖端技术中，如天气预报、航天航空飞行器设计和原子能研究等。

巨型机代表了一个国家的科学技术发展水平。美国、日本是生产巨型机的主要国家，俄、英、法、德次之。我国在 1983 年、1992 年、1997 年分别推出了银河Ⅰ、银河Ⅱ和银河Ⅲ，进入了生产巨型机的行列。2004 年 6 月 21 日，据美国能源部劳伦斯·伯克利国家实验室当日公布的最新全球超级计算机 500 强名单，曙光 4000A 以每秒 11 万亿次的峰值速度和 80610 亿次 Linpack 计算值位列全球第十，这是中国高性能计算产品首次跻身世界超级计算机 10 强。高性能计算机的研制成功使中国成为继美国、日本之后第三个能制造和应用十万亿次商用高性能计算机的国家。目前，我国自主研发的"天河三号"巨型机的运算速度已经达到每秒百亿亿次，已为中国科学院、中国空气动力研究与发展中心、北京临近空间飞行器系统工程研究所等 30 余家合作单位完成了大规模并行应用测试，涉及大飞机、航天器、新型发动机、新型反应堆、电磁仿真、生物医药等领域 50 余款大型应用软件。

2) 大型机

大型机即大型主机，又称"大型电脑"或"主干机"，速度没有巨型机快，通常由许多中央处理器协同工作，有超大的内存、海量的存储器，使用专用的操作系统和应用软件。大型机一般应用在网络环境中，是信息系统的核心，承担主服务器的功能，比如提供 FTP 服务、邮件服务和 WWW 服务等。

3) 大中型机

大中型机也具有很高的运算速度和很大的存储容量，并且允许多用户同时使用。但是在结构上比巨型机简单，运算速度没有巨型机快，价格也比巨型机便宜，一般只有大中型企事业单位使用它处理事务、管理信息与数据通信等。20 世纪 60 年代的 IBM 360、70 年代和 80 年代的 IBM 370、90 年代的 IBM S/390 系列都是大型机的代表作。

4) 小型机

小型机是指运行原理类似于微机和服务器，但体系结构、性能和用途又与它们截然不同的一种高性能计算机。与大、中型机相比较，小型机有规模小、结构简单、设计周期短、价格便宜、便于维修和使用方便等特点。不同品牌的小型机架构大不相同，其中还有各制造厂自己的专利技术，有的还采用小型机专用处理器。因此，小型机是封闭专用的计算机系统，主要应用在科学计算、信息处理、银行和制造业等领域。

5) 微型机

微型机简称"微机""微电脑"或"PC"，指由大规模集成电路组成的、以微处理器为核心的、体积较小的电子计算机。比小型机体积更小、价格更低、使用更方便。微型机问世虽晚，却是发展非常迅速和应用非常广泛的计算机。由微机配以相应的外设及足够的软件构成的系统叫作微型计算机系统，就是我们通常说的电脑。

另外，有一类高档微机称为"工作站"。这类计算机通常具备强大的显示输出系统、存储系统、处理图形与图像的能力和较强的数据运算能力，一般应用于计算机辅助设计及制造 CAD/CAM、动画设计、GIS 地理信息系统、平面图像处理和模拟仿真等商业和军事领域。需要说明的是，与此不同，在网络系统中也有"工作站"的概念，泛指客户机。

6) 嵌入式计算机

嵌入式系统是指集软件和硬件为一体，以计算机技术为基础，以特定应用为中心，其软/硬件可裁减,符合某应用系统对功能、可靠性、体积、成本、功耗等综合性严格要求的专用计算机系统。嵌入式计算机具有软件代码小、响应速度快和高度自动化等特点,特别适合于要求实时和多任务的体系。嵌入式系统主要由嵌入式处理器、相关支撑硬件、嵌入式操作系统和应用软件系统等组成,它是可独立工作的设备。

嵌入式计算机在应用数量上远远超过了各种计算机。一台计算机的内、外部设备中就包含了多个嵌入式微处理器,如声卡、显卡、显示器、键盘、鼠标、硬盘、Modem、网卡、打印机、扫描仪和 USB 集线器等均是由嵌入式处理器进行控制的。

嵌入式系统几乎包括了生活中的所有电器设备,如掌上 PDA、MP3、MP4、手机、移动计算设备、数字电视、电视机顶盒、汽车、多媒体、广告牌、微波炉、电饭煲、数码相机、冰箱、家庭自动化系统、电梯、空调、安全系统、POS 机、蜂窝式电话、ATM 机、智能仪表和医疗仪器等。

5. 按计算机字长分类

字长即计算机一次所能传输和处理的二进制位数。按字长可将计算机分为 8 位机、16 位机、32 位机和 64 位机等。

1.1.3 计算机的特点

计算机主要具有运算速度快、计算精度高、"记忆"能力强、具有逻辑判断能力、按程序自动执行、可靠性越来越高和应用领域越来越广等特点。

1. 运算速度快

计算机的一个突出特点是具有相当快的运算速度,计算机的运算速度已由早期的每秒几千次发展到现在的每秒几万亿次,是人工计算无法比拟的。计算机的出现极大地提高了工作效率,有许多计算量大的工作需人工计算几年才能完成,而用计算机"瞬间"即可轻而易举的完成。

2. 计算精度高

尖端科学研究和工程设计往往需要高精度的计算。计算机具有一般的计算工具无法比拟的高精度,其计算精度可达到十几位、几十位有效数字,也可以根据需要达到任意的精度,比如可以精确到小数点后上亿位甚至更多。

3. "记忆"能力强

计算机的存储系统可以存储大量数据,这使计算机具有了"记忆"能力,并且这种"记忆"能力仍在不断增强。目前的计算机存储容量越来越大,存储时间也越来越长,这也是传统计算工具无法比拟的。

4. 具有逻辑判断能力

计算机除了能够完成基本的加、减、乘、除等算术运算外,还具有进行与、或、非和异或等逻辑运算的能力。因此,计算机具备逻辑判断能力,能够处理逻辑推理等问题,这是传统的计算工具所不能做到的。

5. 按程序自动执行

计算机的工作方式是先将程序和数据存放在存储器中,工作时自动依次从存储器中存/

取出指令、分析指令并执行指令，一步一步地进行下去，无须人工干预，这一特点是其他计算工具所不具备的。

6．可靠性越来越高

计算机系统的可靠性可从硬件可靠性和软件可靠性两个方面来看。由于采用大、超大规模集成电路，且容错技术越来越高，计算机的平均无故障时间越来越长，计算机系统的硬件可靠性越来越高。软件可靠性可从操作系统的发展来看，现在我们使用的操作系统要比过去更可靠，可以说计算机系统的软件可靠性越来越高。因此，计算机系统的可靠性也越来越高。

7．应用领域越来越广

随着计算机功能的不断增强和价格的不断降低，计算机的应用领域越来越广。

1.1.4　计算机的应用

目前，计算机的主要应用领域有科学计算、信息处理、过程控制、网络与通信、办公自动化、计算机辅助技术、多媒体、虚拟现实和人工智能等。

1．科学计算

科学计算即数值计算，是指依据算法和计算机功能上的等价性应用计算机处理科学与工程中所遇到的数学计算。世界上第一台计算机就是为此而设计的。在现代科学研究和工程技术中，经常会遇到一些有算法但运算复杂的数学计算问题，这些问题用一般的计算工具来解决需要相当长的时间，而用计算机来处理却很方便。比如天气预报，如果人工计算，等算出来可能已是"马后炮"，而利用计算机则可以较准确地预测几天、几周，甚至几个月的天气情况。

2．信息处理

科学计算主要是计算数值数据，数值数据被赋予一定的意义，就变成了非数值数据，即信息。信息处理也称"数据处理"，指利用计算机对大量数据进行采集、存储、整理、统计、分析、检索、加工和传输，这些数据可以是数字、文字、图形、声音或视频。信息处理往往算法相对简单而处理的数据量较大，其目的是管理大量的、杂乱无章的甚至难以理解的数据，并根据一些算法利用这些数据得出人们需要的信息，如银行账务管理、股票交易管理、企业进销存管理、人事档案管理、图书资料检索、情报检索、飞机订票、列车查询和企业资源计划等。信息处理已成为计算机应用的一个主要领域。

3．过程控制

过程控制又称"实时控制"，是指利用计算机及时地采集和检测数据，并按某种标准状态或最佳值进行自动控制。过程控制广泛地应用在航天、军事、社会科学、农业、冶金、石油、化工、水电、纺织、机械、医药、现代管理和工业生产中，可以将人类从复杂和危险的环境中解放出来，可以代替人进行繁杂的和重复的劳动，从而改善劳动条件、减轻劳动强度、提高生产率、提高质量、节省劳动力、节省原材料、节省能源和降低成本。

4．网络与通信

计算机网络是计算机技术和通信技术结合的产物，它把全球大多数国家联系在一起。

信息通信是计算机网络最基本的功能之一，我们可以利用信息高速公路传递信息。资源共享是网络的核心，它包括数据共享、软件共享和硬件共享。分布式处理是网络提供的基本功能之一，包括分布式输入、分布式计算和分布式输出。计算机网络在网络通信、信息检索、电子商务、过程控制、辅助决策、远程医疗、远程教育、数字图书馆、电视会议、视频点播及娱乐等方面都具有广阔的应用前景。

5．办公自动化

办公自动化(Office Automation，OA)是指以计算机为中心，利用计算机网络和一系列现代化办公设备，使办公人员方便、快捷地共享信息，高效地协同工作，从而提高办公效率，实现现代化的科学管理，包括事务型办公自动化系统、信息管理办公自动化系统和决策支持办公自动化系统。

6．计算机辅助技术

计算机辅助设计(CAD)是指用计算机辅助人进行各类产品设计，从而减轻设计人员的劳动强度、缩短设计周期和提高质量。随着计算机性能的提高、价格的降低、计算机辅助设计软件的发展和图形设备的发展，计算机辅助设计技术已广泛应用到科学研究、软件开发、土木建筑、服装、汽车、船舶、机械、电子、电气、地质和计算机艺术等领域。

计算机辅助制造(CAM)是指用计算机辅助人进行生产管理、过程控制和产品加工等操作，从而改善工作人员的工作条件、提高生产自动化水平、提高加工速度、缩短生产周期、提高劳动生产率、提高产品质量和降低生产成本。计算机辅助制造已广泛应用于飞机、汽车、机械、家用电器和电子产品等制造业。

计算机集成制造系统(CIMS)是计算机辅助设计系统、计算机辅助制造系统和管理信息系统相结合的产物，有集成化、计算机化、网络化、信息化和智能化等优点。它可以提高劳动生产率、优化产业结构、提高员工素质、提高企业竞争力、节约资源和促进技术进步，从而为企业和社会带来更多的效益。

计算机辅助技术应用的领域还有很多，如计算机辅助教学(CAI)、计算机辅助计算(CAC)、计算机辅助测试(CAT)、计算机辅助分析(CAA)、计算机辅助工程(CAE)、计算机辅助工艺过程设计(CAPP)、计算机辅助研究(CAR)、计算机辅助订货(CAO)和计算机辅助翻译(CAT)等。

7．多媒体

多媒体(Multimedia)是指两种以上媒体的综合，包括文本、图形、图像、动画、音频和视频等多种形式。多媒体技术是利用计算机综合处理各种信息媒体，并能进行人机交互的一种信息技术。多媒体技术的发展使计算机更实用化，使计算机由科研院所、办公室和实验室中的专用工具变成了信息社会的普通工具，广泛应用于工业生产管理、军事指挥与训练、股票债券、金融交易、信息咨询、建筑设计、学校教育、商业广告、旅游、医疗、艺术、家庭生活和影视娱乐等领域。

8．虚拟现实

虚拟现实(Virtual Reality，VR)又称"灵境"，是利用计算机模拟现实世界产生一个具有三维图像和声音的逼真的虚拟世界。用户通过使用交互设备，可获得视觉、听觉、触觉和嗅觉等感觉。近年来，虚拟现实已逐渐应用在城市规划、道路桥梁、建筑设计、室内设计、工业仿真、军事模拟、航天航空、文物古迹、地理信息系统、医学生物、商业、教育、游戏和影视娱乐等领域。

9．人工智能

人工智能(Artificial Intelligence，AI)是指人工制造的模拟人的智能，是计算机科学的一个重要的且处于研究最前沿的分支，它研究智能的实质，并企图生产出一种能像人一样进行感知、判断、理解、学习、问题求解等思考活动的智能机器。

人工智能是自然科学和社会科学交叉的一门边沿学科，涉及计算机科学、数学、信息论、控制论、心理学、仿生学、不定性论、哲学和认知科学等诸多学科。该领域的研究包括机器人、语音识别、图像识别、自然语言处理和专家系统等。实际应用有智能控制、机器人、语言和图像理解、遗传编程、机器视觉、指纹识别、人脸识别、视网膜识别、虹膜识别、掌纹识别、专家系统、医疗诊断、智能搜索、定理证明、博弈和自动程序设计等。

1.1.5　计算机的发展趋势

计算机自诞生以来，其发展速度之快是其他任何技术都不能比拟的。科学家断言，计算机今后还要向高度(高性能)、广度(普及)和深度(智能化)挺进，未来计算机的发展趋势将朝着巨型化、微型化、网络化、智能化和多媒体化方向发展。

1．巨型化

巨型化不是指计算机的体积大，而是指计算机的运算速度更快、存储容量更大和功能更强等。这既是为了满足如核物理、天文、气象、航天等尖端科学飞速发展的需要，也是为了使计算机具有学习、推理、记忆等功能。巨型机的研制集中体现了一个国家科学技术的发展水平。

2．微型化

随着电子技术的发展和制造工艺水平的提高，大规模和超大规模集成电路的集成度越来越高，计算机的体积越来越小，重量越来越轻，而其功能则会越来越强，价格更低。目前市场上已出现的各种笔记本、上网本、iPad、游戏机等都属于微型计算机的具体应用。

3．网络化

网络化是计算机发展的又一个重要趋势。从单机走向联网是计算机发展的必然结果。所谓计算机网络化，是指将计算机通过通信线路和通信设备互相连接成一个大规模、功能强的网络系统，使计算机之间可以交互传递信息，共享数据和软、硬件资源。

4．智能化

计算机人工智能的研究建立在现代科学基础之上，新一代计算机正朝着智能化的方向发展。智能化的研究包括模式识别、图像识别、自然语言的生成和理解、自动程序设计、专家系统、学习系统和智能机器人等。

5．多媒体化

多媒体计算机是当前计算机领域中最引人注目的高新技术之一。传统的计算机处理的主要信息对象是字符和数字，人们通过键盘、鼠标和显示器对字符和数字进行交互。而多媒体计算机则是利用计算机技术、通信技术和大众传播技术综合处理多种媒体信息，这些信息包括文本、视频、图像、声音、文字等，这使得计算机与人类可以实现更好的交互。

基于大、超大规模集成电路的电子计算机在短期内还不会退出历史舞台。那么未来的计算机是什么样子呢？有人说未来的计算机就是"手机"，也有人说未来的计算机就是"隐形眼镜"，但愿这些梦想都早日成为现实。目前，计算机的发展趋势是巨型化、微型化、网络化、智能化和多元化。

1.1.6　未来的计算机

目前，处于研制中的计算机有光计算机、DNA 生物计算机、量子计算机、纳米计算机和超导计算机等。

1. 光计算机

光计算机又称"光脑"。与传统的电子计算机不同，光计算机主要采用光运算器件，用光束代替电子或电流进行运算和存储，实现高速运算和大容量存储，有传递信息快、运算速度极高、耗电极低、容易实现并行处理和无发热问题等优点。

1990 年，贝尔实验室成功研制出第一台由激光器、透镜和反射棱镜等组成的光计算机，尽管它的装置很粗糙，且只能用来计算，但却是光计算机领域的一大突破。

短期内要想使光计算机实用化还很困难，但光脑的许多关键技术，如光存储技术、光互联技术和光电子集成电路等都已获突破，相信光脑的应用将使信息技术产生飞跃。

2. DNA 生物计算机

DNA 生物计算机是一种生物形式的计算机，是计算机科学和分子生物学相结合的产物。DNA 生物计算机根据生物和数学的相似性，利用 DNA 串表示信息，用酶进行模拟运算，具有超大规模并行运算能力、处理速度极快、存储能力巨大、能量消耗极低和总体具有模拟人脑的能力等优点。

1994 年，美国计算机科学家 L.阿德勒曼提出了分子计算机的设想，并成功地运用 DNA 分子计算机解决了一个有向哈密尔顿路径问题。

2001 年 11 月，以色列科学家已经成功研制出世界上第一台可编程 DNA 生物计算机。

2004 年，上海交通大学研制出我国第一台"DNA 计算机"。

目前，DNA 生物计算机还没有具备较高的商用价值，仍是"试管中的玩物"，离实际应用还有相当长的距离。

3. 量子计算机

量子计算机又称"量脑"。量子计算机是遵循量子力学规律进行运算和存储的物理装置。量子计算机采用处于量子状态的原子作为主要元件，利用原子的量子特性进行计算，具有运算速度快、功耗低和体积小等优点。量子计算机利用量子的叠加性和相干性，可以进行量子并行计算和量子模拟计算，这也是量子计算机的主要优越性所在。

目前，还没有真正意义上的量子计算机诞生，有科学家预言，量子计算机有望在 10 年内诞生。

4. 纳米计算机

纳米计算机的核心技术是纳米技术，未来纳米计算机可能是基于机械式纳米计算机、电子式纳米计算机、生物纳米计算机和量子纳米计算机等四种不同的工作原理，具有运算速度快、体积小、存储量大和耗费能量小等优点。

5．超导计算机

超导计算机又称"超导电脑"。超导计算机采用超导体为主要元件，主要特点是比用半导体器件制造的电脑速度快、耗电低。

1999 年，日本研制出超导集成电路芯片。

2004 年，日本科学家研制出世界首个超导电脑微处理器。

目前，超导计算机必须要在低温下工作，人们正在积极探索"高温"甚至室温超导材料。

1.2　计算机系统组成

计算机的应用已经渗透到人类社会的各个领域，为了更好地使用计算机，了解和掌握计算机系统的基本组成和工作原理等基础知识是非常必要的。

1.2.1　计算机系统的组成

一个完整的计算机系统包括硬件系统(Hardware System)和软件系统(Software System)两大部分，如图 1-7 所示。硬件系统是计算机系统的物质基础，软件系统是对硬件系统性能的扩充和完善。计算机运行时软、硬件系统协同工作，二者缺一不可。

图 1-7　计算机系统的组成

组成计算机的硬件系统与软件系统都是客观存在的，两者相辅相成，硬件系统是计算机的物质基础，没有硬件系统就无所谓计算机；软件系统是计算机的灵魂，没有软件系统，计算机就不存在价值。硬件系统的发展给软件系统提供了良好的开发环境，而软件系统的发展又给硬件系统提出了新的要求。

1.2.2　计算机硬件系统

1946 年著名的美籍匈牙利科学家冯·诺依曼提出了关于计算机组成和工作方式的基本设想，第一次提出了存储的概念，确定了现代计算机的基本结构，这一结构又称冯·诺依曼结构。现在，所有的存储程序式计算机都称为冯·诺依曼计算机。

硬件系统也称为硬件，是看得见、摸得着的计算机实体部分。计算机硬件由主机、外部设备两大部分组成。其中运算器和控制器合称为中央处理器(CPU)，中央处理器和主存储器构成主机，在计算机硬件系统中主机以外的设备称为外部设备。主机和外部设备合在一起构成计算机硬件系统。

1. 中央处理器

硬件系统的核心是中央处理器(Central Processing Unit，CPU)，主要包括运算器(ALU)和控制器(CU)两大部件。它是运算和控制的中心，计算机的所有操作都受 CPU 控制，所以 CPU 的品质直接影响着整个计算机系统的性能。

1) 运算器

运算器又称算术逻辑单元(Arithmetic Logic Unit，ALU)，它是计算机对数据进行加工处理的部件，包括算术运算(加、减、乘、除等)和逻辑运算(与、或、非、异或、比较等)。

2) 控制器

控制器(Control Unit，CU)则规定了计算机执行指令的顺序，并根据指令的具体含义控制计算机各部件之间协调地工作。通俗地说，控制器是计算机的指挥中心，指挥着计算机各部分的工作，完成各种操作。

中央处理器(CPU)的档次直接决定了一个计算机系统的档次。CPU 可以同时处理的二进制数据的位数是最重要的一个品质标志。目前市面上的 CPU 主要有 Intel 和 AMD 两种品牌。

2. 主存储器

存储器是计算机的记忆部件，用来存放程序和数据等计算机的全部信息。根据控制器发出的读、写和地址等信号对某地址存储空间进行读取或写入的操作。

主存储器(Main Memory)也称为内存储器，简称内存，它是由半导体器件构成的。从使用功能上可分为随机存储器(Random Access Memory，RAM)和只读存储器(Read Only Memory，ROM)两种。

随机存储器又称为读写存储器，它有两个基本特征：一是其中的信息随时可以读出或写入，当写入时，原来存储的数据将被冲掉；二是加电使用时，其中的信息会完好无缺，但是一旦断电(关机或意外掉电)，RAM 中存储的数据就会消失，而且无法恢复。配置电脑时所说的"多大内存"是指 RAM 的容量。

只读存储器装有计算机厂家预先固化了的系统服务程序，如监控程序、翻译程序等，这些内容是采用掩膜技术由厂家一次性写入的，并永久保存下来。用户只能读取其中的数据，不能修改或写入数据，如 BIOS(基本输入/输出系统)中的内容就存储在 ROM 中。

计算机的存储系统又分为内存储器(内存，也称主存)和辅助存储器(外存，也称辅存)。

1) 外存

外存用来存放暂时不运行的程序和数据，一般采用磁性存储介质或光存储介质，通过输入/输出接口连接到计算机上。外存的优点是成本低、容量大、存储时间长和断电信息不消失；其缺点是存取速度慢，且 CPU 不能直接执行存放在外存中的程序，需将想要运行的程序调入内存才能运行。

2) 内存

内存(Memory)用来存放正在运行的程序和数据，一般采用半导体存储介质。内存的优点是速度比外存快，CPU 能直接执行存放在内存的程序；其缺点是成本高，且断电时所存储的信息将消失。

从学术角度来说，由 CPU 和内存构成的处理系统称为冯·诺依曼型计算机的主机。在日常生活中，我们常说的主机一般指主机箱。

3．辅助存储器

虽然内存储器存取速度快，但是容量小，不能长久保存信息，因此，不得不借助外存储器弥补这一缺陷。常见的外存储器有软盘、硬盘、光盘等。

1) 软盘

在很长一段时间里，软盘是一种十分重要的外存储器。常见的软盘有 5.25 英寸和 3.5 英寸两种，如图 1-8 所示。

图 1-8　5.25 英寸和 3.5 英寸软盘

软盘驱动器(简称软驱)用来读/写软盘上的数据，使用时，将软盘正面朝上插入软驱中。软盘的体积小，便于携带，可以很方便地保存和交流数据，但软盘存储容量小、易损坏。随着计算机技术的发展，软盘已经被淘汰。

2) 硬盘

硬盘(Hard Disc Drive，HDD)是计算机的"仓库"，通常安装在机箱内部。将硬盘的盘片和对盘片进行读/写操作的驱动器做成了一个整体，通常把它们统称为硬盘。由于用户不能对硬盘进行拆卸，因此又称为固定盘(Fixed Disk)。硬盘读/写数据的速度比软盘快得多，存储量也比较大。目前主流硬盘容量一般为 500 GB～2000 GB。在计算机系统中，硬盘驱动器的符号用一个英文字母表示，也称为盘符，如果有两个硬盘，称为 C 盘和 D 盘，或者将一个硬盘分成两个区，也称为 C 区和 D 区。常见的硬盘如图 1-9 所示。

图 1-9　机械硬盘(左)与固态硬盘(右)

3) 光盘

　　光盘是用激光在特殊介质上刻写数据的，又分为不可擦写光盘(如 **CD-ROM**、**DVD-ROM** 等)和可擦写光盘(如 **CD-RW**、**DVD-RAM** 等)。CD 光盘的最大容量大约是 700 MB，DVD 光盘的容量大约是 4.7 GB，近几年发展的 BD(蓝光光盘)容量可以达到 25 GB。光盘具有体积小、存储量大、便于携带、数据保存时间长等优点。常见的光盘如图 1-10 所示。

图 1-10　光盘驱动器

　　现在移动存储技术发展迅速，辅助存储器包括闪盘(U 盘)、存储卡、记忆棒、移动硬盘等，移动外存储器如图 1-11 所示。辅助存储器的容量一般都比较大，大多采用 USB 接口，便于不同计算机之间进行信息交流。各种存储技术的参数比较如表 1-1 所示。

　　(a) U 盘　　　　　　　　(b) 移动硬盘　　　　　　　　(c) 存储卡

图 1-11　移动外存储器

表 1-1　各种存储技术的参数

存储器	体　积	容　量	特　点
闪盘(U 盘)	多样化、最小化	1G/2G/4G/8G/16G/32G 等	携带方便、抗震
存储卡	体积最小化	4 G/8 G/16 G/32 G 等	便于携带，超大空间，防震
记忆棒	50 mm × 21.5 mm × 2.8 mm 31 mm × 20 mm × 1.6 mm	8 G/16 G/32 G/64 G 等	高度抵抗振动，多功能，数据存储安全
移动硬盘	体积相对偏大	320 G/500 G/1 T/2 T 等	抗电磁、抗潮，多功能，速度更快，携带轻便

另外，MP3 音频播放器及 MP4 多媒体影音播放器是目前流行的两个数码设备，它们也兼有移动存储的功能。

4．输入设备

　　输入设备(Input Device)是指向计算机输入程序和数据等信息的设备，它负责将信息(数据和程序)通过人工键入或磁盘自动输入计算机，常用的输入设备包括键盘、鼠标、摄像头、扫描仪、麦克风、光笔、语音输入器和手写输入板等，如图 1-12～图 1-15 所示。

　　(a) 机械鼠标　　　　　　　　(b) 光电鼠标　　　　　　　　(c) 无线鼠标

图 1-12　鼠标

图 1-13　扫描仪　　　　　　图 1-14　麦克风　　　　　　图 1-15　摄像头

5．输出设备

　　输出设备(Output Device)是负责将计算机加工处理后的结果输出，以供人们查阅和使用的设备。常见的输出设备有显示器、打印机、绘图仪、投影仪和语音输出设备等，如图 1-16 和图 1-17 所示。

图 1-16　显示器

图 1-17　打印机与绘图仪

显示器是计算机不可缺少的输出设备，用户通过它可以很方便地查看送入计算机的程序、数据、图形等信息及经过计算机处理后的中间结果、最后结果。显示器是人机对话的主要工具。打印机与绘图仪也是常见的输出设备，但并不是每一台计算机必须配备的。

1.2.3　计算机软件系统

　　只有硬件系统的计算机称为"裸机"，想要它完成某些功能，就必须为它安装必要的软件。软件泛指程序和文档的集合。一般将软件划分为系统软件和应用软件。由系统软件和应用软件就构成了计算机的软件系统。

1. 系统软件

　　系统软件是指协调管理计算机软件和硬件资源，为用户提供友好的交互界面，并支持应用软件开发和运行的软件，它主要包括操作系统、语言处理程序、数据库管理系统、网络及通信协议处理软件和设备驱动程序等。

　　1) 操作系统

　　操作系统(Operating System，OS)是负责分配管理计算机软件和硬件资源、控制程序运行、提供人机交互界面的一大组程序的集合，是典型的系统软件。它的功能主要有进程管理、存储管理、作业管理、设备管理和文件管理等。常见的操作系统有 DOS、Windows、Mac OS、Linux 和 Unix 等。

　　制造计算机硬件系统的厂家众多，生产的设备品种繁多，为了有效地管理和控制这些设备，人们在硬件的基础上加载了一层操作系统，并通过设备的驱动程序来跟计算机硬件打交道，使人们有了一个友好的交互窗口。可以说操作系统是计算机硬件的管理员，是用户的服务员。

　　2) 语言处理程序

　　计算机语言一般分为机器语言、汇编语言和高级语言等。

　　计算机只能识别和执行机器语言。机器语言是一种由二进制码"0"和"1"组成的语言。不同型号的计算机的机器语言也不一样。由机器语言编写的程序称为机器语言程序，它是由"0"和"1"组成的数字序列，很难理解和记忆，且检查和调试都比较困难。

　　由于机器语言不好记忆和输入，人们通过助记符的方式把机器语言抽象成汇编语言，汇编语言是符号化了的机器语言。用汇编语言写的程序叫汇编语言源程序，计算机无法执行，必须将汇编源程序翻译成机器语言程序才能由机器执行，这个翻译的过程称为汇编，完成翻译的计算机软件称为汇编程序。

　　机器语言和汇编语言是低级语言，都是面向机器的。高级语言是面向用户的，比如 Ada、Fortran、Pascal、Cobol、Basic、C、C++、VB、VC、Java、C#、Lisp、Haskell、ML、Scheme、Prolog、Smalltalk 和各种脚本语言等。用高级语言书写的程序称为源程序，需要以解释方式或编译方式执行。解释方式是指由解释程序解释一句高级语言后立即执行该语句。编译方式是指将源程序通过编译程序翻译成机器语言形式的目标程序后再执行。

　　汇编程序、解释程序和编译程序等都属于语言处理程序。

　　3) 数据库管理系统

　　数据库管理系统(Database Management System，DBMS)是位于用户与操作系统之间的一层操纵和管理数据库的大型软件。对数据库的建立、使用和维护都是在 DBMS 管理下进行的,应用程序只有通过 DBMS 才能对数据库进行查询、读取和写入等操作。

常见的数据库管理程序有 Oracle、SQL Server、MySQL、DB2 和 Visral FoxPro 等。

4) 网络及通信协议处理软件

网络通信协议是指网络上通信设备之间的通信规则。在将计算机连入网络时,必须安装正确的网络协议,这样才能保证各通信设备和计算机之间能正常通信。常用的网络协议有 TCP/IP、UDP、HTTP 和 FTP 等。

5) 设备驱动程序

设备驱动程序简称"驱动程序",是一种可以使计算机和设备正常通信的特殊程序。可以把它理解为是给操作系统看的"说明书",有了它,操作系统才能认识、使用和控制相应的设备。要想使用某个设备,就必须正确地安装该设备的驱动程序。不同厂家、不同产品和不同型号的设备的驱动程序一般都不一样。

2. 应用软件

应用软件是指为用户解决各类问题而制作的软件,它拓宽了计算机的应用领域,使计算机更加实用化。比如 Microsoft Office 就是用于信息化办公的软件,它加快了计算机在信息化办公领域应用的步伐。

应用软件种类繁多,如压缩软件、信息化办公软件、图形图像浏览软件、图像处理软件、动画编辑软件、影像编辑软件、多媒体软件、信息管理软件、阅读软件、翻译软件和输入法软件等。

以下是一些常用的应用软件。

压缩软件有 WinZip 和 WinRAR 等。

信息化办公软件有 Microsoft Office 和 WPS 等。

图形图像浏览软件有 ACDSee 和美图看看等。

图像处理软件有 Adobe Photoshop、Illustrator、Corel DRAW 和 CAD 等。

动画编辑软件有 3DS MAX、Maya 和 3D CAD 等。

影像编辑软件有 Premiere、After Effects、绘声绘影和 MOVIE MAKER 等。

多媒体软件有 PowerDVD、迅雷影音、WindowsMediaPlayer、暴风影音和酷我音乐等。

信息管理软件有工资管理软件、人事管理软件、仓库管理软件、计划管理软件等

阅读软件有 CajViewer 和 Adobe Reader 等。

翻译软件有谷歌翻译器、有道词典、金山词霸等

输入法软件有搜狗拼音输入法和极品五笔输入法等。

1.2.4　计算机的主要性能指标

衡量计算机性能的常用指标有运算速度、基本字长、内存指标和外存指标等。

1. 运算速度

巨型机的运算速度一般用计算机每秒所能执行的指令条数或能进行多少次基本运算来体现。微型机一般用 CPU 的工作频率来描述运算速度。同系列的 CPU,工作频率越高,代表运算速度越快。

2．基本字长

字长指 CPU 一次所能处理的二进制位数。字长为 8 位的计算机称为 8 位机，字长为 16 位的计算机称为 16 位机，字长为 32 位的计算机称为 32 位机，字长为 64 位的计算机称为 64 位机。字长越长，计算机的处理能力就越强。

3．内存指标

内存是 CPU 可以直接访问的存储器，用来存放正在执行的程序和数据。内存大则可以运行比较大的程序，并能够运行较多程序，如果内存过小则有些大程序就不能运行。因此计算机的处理能力在一定程度上取决于内存的容量。当然，内存的速度也是一个重要的指标，速度越快越好。

4．外存指标

影响计算机性能的外存主要是硬盘，硬盘的容量大，存储的程序和数据就越多，即可以安装更多的功能各异的系统软件、应用软件、影视娱乐资源和游戏等。硬盘的转数越高越好，速度越快越好。

5．所配置的外设的性能指标

计算机所配置的外设的性能高低也会对整个计算机系统的性能有所影响。

一台计算机的性能的高低，不是由某个单项指标来决定的，而是由计算机的综合情况决定的。购买计算机在满足功能需求的基础上应追求更高的性价比(即性能和价格的比值)。

1.2.5 微型计算机总线结构

微型计算机结构是以总线为核心将微处理器、存储器、输入/输出设备智能地连接在一起。所谓总线，是指微型计算机各部件之间传送信息的通道。CPU 内部的总线称为内部总线，连接微型计算机系统各部件的总线称为外部总线。

微型计算机的系统总线从功能上分为数据总线、地址总线和控制总线，如图 1-18 所示。

图 1-18 微型计算机总线结构图

1．数据总线

数据总线用于传输数据。数据总线的传输方向是双向的，是指 CPU 与存储器、CPU 与 I/O 接口之间的双向传输。数据总线的位数和微处理器的位数是一致的，是衡量微机运算能力的重要指标。

2．地址总线

CPU 通过地址总线把地址信息传送给其他部件，因而地址总线的传输方向是单向的。

地址总线的位数决定了 CPU 的寻址能力，也决定了微型机的最大内存容量。例如，16 位地址总线的寻址能力是 $2^{16}=64K$，而 32 位地址总线的寻址能力是 4G。

3．控制总线

控制总线是 CPU 对外围芯片和 I/O 接口的控制以及这些接口芯片对 CPU 的应答、请求等信号组成的总线。控制总线是最复杂、最灵活、功能最强的一类总线，其方向也因控制信号不同而有差别。例如，读写信号和中断响应信号由 CPU 传给存储器和 I/O 接口，中断请求和准备就绪信号由其他部件传输给 CPU。

总线在硬件上的体现就是计算机的主板(Main Board)，它也是微机的主要硬件之一。

1.2.6　计算机的工作原理

冯·诺依曼计算机由控制器、运算器、存储器、输入设备和输出设备五大功能模块组成。这五大部分相互配合，协同工作，其各部分之间的关系如图 1-19 所示，其中双箭头表示数据流向，单箭头表示控制信号流向。

图 1-19　计算机的硬件结构

计算机工作时，首先由输入设备接收外界信息(数据)，控制器发出指令将数据输入到存储器，再由控制器控制存储器将数据送到运算器，经过运算器计算并把计算结果返回存储器中，最后在控制器发出的取数和输出命令下通过输出设备输出处理结果。计算机的工作原理可以概括为"存储程序"和"程序控制"。

从计算机的第一代至第四代，一直没有突破冯·诺依曼的体系结构，目前绝大多数计算机都是基于冯·诺依曼计算机模型而开发的。

1.3　微型计算机的组成

微型计算机简称"微机"，最常见的微机就是工作与生活中的 PC(Personal Computer)，这里主要介绍 PC 的基本硬件组成。

目前微型计算机的基本结构从外观上看都是由主机、显示器、键盘、鼠标等组成的。主机是微型计算机的核心，主要由系统主板、CPU、内存、硬盘、光盘驱动器(光驱)、显示器适配器(显卡)、电源等构成，主要部件如图 1-20 所示。

CPU

主板

内存

硬盘

显卡

光驱

图 1-20　微型计算机的主要部件

1.3.1　主板

　　系统主板也称为主板、主机板或母板。它是微型计算机最基本的也是最重要的部件之一，是其他各种设备的连接载体，起着连接计算机板卡的作用。它用来安装 CPU、内存条以及控制输入/输出设备工作的各种插件板，如显示卡、声卡、网卡等。PC99 技术规格规范了主板的设计要求，主板各接口必须采用有色标识，以方便用户识别。

　　主板是微型计算机主机箱内的一块平面集成电路板，一般安装在主机箱的底部(卧式机)或一侧(立式机)。主板上不仅有芯片组、BIOS 芯片、各种跳线、电源插座，还提供 CPU 插槽、内存插槽、总线扩展槽、IDE(电子集成驱动器)接口、软盘驱动器接口，以及串行口、并行口、PS/2 接口、USB 接口、CPU 风扇电源接口、各类外设接口等各种插槽，如图 1-21 所示。

对外连接端口

PCI 扩展槽

PCI-E 扩展槽

软驱连接端口

CPU 插槽

SATA 接口

内存插槽

IDE 连接端口

图 1-21　系统主板

　　微型计算机通过主板上的总线及接口将 CPU 等器件与外部设备有机地连接起来，形成一个完整的系统。主板从结构上可大体分为 AT 主板、ATX 主板、NLX 主板 3 大类型。其中 AT 主板已经淘汰，ATX 主板是 Intel 公司新型主板结构规范，目前大多数主板采用这种结构。那些超薄的原装机机箱一般都采用了 NLX 主板。

　　主板是决定计算机性能的一个重要部件。选择主板时要注意其芯片组档次、稳定性、散热性、兼容性、可扩展性等。如今一些主板上已经集成了显卡和声卡，如果用户使用计算机来处理专业图像或多媒体，建议不要选择这类主板。

1.3.2　CPU

CPU 也称为中央处理器，前面已经介绍了它的构成与工作原理。对于微型计算机来说，CPU 的作用相当于人类的"大脑"。目前市面上的 CPU 主要有 Intel 和 AMD 两种品牌，如 Inter 公司的 Core i3、Core i5、Core i7，AMD 公司的 A8-3870K、FX 6100 等，如图 1-22 所示是 Intel Core i7 CPU。

衡量 CPU 的主要性能指标有字长、主频、核心数目、缓存等。

图 1-22　Intel Core i7 CPU

(1) 字长是指 CPU 内部各寄存器之间通过数据总线一次能够完成二进制数传递的位数，该指标反映出 CPU 内部运算处理的速度和效率，字长越长，运算速度越快，处理能力越强。目前 CPU 的字长主要是 32 位和 64 位。

(2) CPU 的运算速度用主时钟频率(简称主频)来表示，在其他条件相同的情况下，CPU 的主频越高，计算机的运算速度就越快。主频是 CPU 的主要性能指标之一，也是购机时首先考虑的一个因素，如 Intel Core i7 CPU 主频是 3.5 GHz。

(3) 按其运算核心的多少，CPU 又可以分为单核、双核、三核和四核。一般来说，主频数值越大，运算核心越多，CPU 运算速度越快。

(4) CPU 上的缓存有一级(L1)、二级(L2)、三级(L3)的区别，目前使用三级缓存的 CPU 都是多核心处理器。由于三级缓存对 CPU 性能的影响没有二级缓存大，二级缓存对 CPU 性能的影响没有一级缓存大，所以 L1 缓存越大，CPU 工作时与存取速度较慢的 L2 缓存和内存间交换数据的次数就越少，相对计算机的运算速度就可以提高；同样道理，L1 缓存相同的情况下，L2 缓存越大，CPU 的性能就越好。

1.3.3　内存

计算机处理数据时必须先将数据载入内存，然后再由 CPU 进行处理。因此，可以把内存比喻为缓冲区，如图 1-23 所示为内存实物照片，它需要插在主板的内存插槽上。

图 1-23　内存

目前市场中主要内存类型有 SDRAM、DDRRAM 和 RDRAM，不同类型的内存在数据传输速率、工作频率、工作方式、工作电压等方面都有区别，其中 DDR 内存占据了市场主流，而 SDRAM 内存规格已不再发展，将逐渐淘汰出市场。

DDR 技术到目前为止已经经历了 DDR、DDR2 和 DDR3 三个时代，目前 DDR2 内存的使用量最大，不过将逐渐被 DDR3 所取代。

内存的容量是指内存条的存储容量，是内存条的关键性参数。内存容量以 MB 作为单位，可以简写为 M。内存的容量一般都为 2 的 N 次方，如 512 MB、1 GB、2 GB、4 GB 和 8 GB 等，其中 1 GB=1024 MB。一般而言，内存越大，程序运行起来就越顺畅。另外，内存条的选用一定要和主板上内存插槽的形式相匹配。

1.3.4 硬盘

硬盘是存储数据的主要载体，它是计算机配置的全密封结构的大容量外存储器，它可以看作是计算机中存储数据的仓库，由于采用了温彻斯特技术，硬盘又可以称为温盘驱动器或温盘。我们安装的一切软件，包括系统软件与应用软件都存储在硬盘上，如图 1-24 所示为硬盘实物照片。

目前市场上广泛使用的硬盘品牌有希捷、迈拓、西部数据等。容量、缓存和转速是硬盘的主要性能指标。例如"西部数据"WD10EADX 型号的硬盘容量大小是 1 TB(硬盘的容量有很多规格，如 250 GB、320 GB、500 GB、1 TB 和 2 TB 等)，缓存容量为 32 MB，转速为每分钟 7200 转。

图 1-24　硬盘

1.3.5 显卡

显卡即显示适配卡(Display Card)，是连接主板与显示器的桥梁。显卡由图形芯片、显存、AGP 接口、视频编码芯片、显卡 BIOS 等几部分组成。其主要参数有显示芯片类型、核心频率、显存类型、显存容量、显存位宽、显存频率、接口类型、输出端口、像素填充率和散热方式等，如图 1-25 所示。

显示芯片又称"图形处理器"(Graphic Processing Unit，GPU)，是显卡的"大脑"，决定了显卡的性能和档次，它的工作频率即核心频率。制造显示芯片的厂家主要有 nVIDIA 和 ATI 两大厂商，多年前 ATI 已被 AMD 收购。

显存是显卡上的又一核心部件，它的类型、容量、位宽和频率直接影响显卡的性能。目前市场上主要以 DDR、DDR2、DDR3、DDR4、DDR5 和 DDR6 为显存，容量一般为 64 M、128 MB、256 MB、512 MB、1 GB、2 GB、4 GB、6 GB 或 8 GB 等，

图 1-25　显卡

位宽一般为 32 bit、64 bit、128 bit、256 bit 或 512 bit 等。

显卡的接口类型指的是与主板连接的接口类型。显卡一般有集成显卡和独立显卡之分。以前的独立显卡一般通过 AGP 插槽连接到主板上，现在的显卡一般通过 PCI-E 插槽连接到主板上。

显卡的输出端口指的是与显示器等外设的连接端口，一般有模拟 D-Sub(VGA)接口、数字 DVI-D 接口、模拟数字混合 DVI-I 接口、输出到电视 TV-OUT、有线电视信号输入 RF 射频端子、复合视频 RCA 接口、类 AV 视频接口 S 端子、扩展 S 端子 VIVO 接口和 HDMI 接口等。

　　显卡的像素填充率是指显卡每秒钟在显示器上画出的点数，一般等于核心频率乘以渲染管线数。

　　显卡的散热方式有散热片、风冷、热管、水冷或混合方式等。其中，仅是在显示芯片上覆盖散热片的散热方式属于被动式散热，采用散热片加风扇的风冷方式属于主动式散热，风冷又分为轴流式散热和风道导流式散热两种方式。

1.3.6　输入/输出设备

　　输入/输出设备是人与计算机交换信息所必需的设备，不同种类的设备可以满足不同场合的需求。另外，外部存储设备(如硬盘、U 盘、光驱等)既可以看作是输入设备，也可以看作是输出设备。下面介绍常用的几种输入/输出设备。

1. 显示器

　　显示器又称"监视器"，它是电脑的主要输出设备之一，通常有阴极射线管显示器 (Cathode Ray Tube，CRT)、液晶显示器(Liquid Crystal Display，LCD)、LED 显示器和等离子显示器几种。CRT 显示器具有高亮度、可视角大、无坏点、色彩还原度高、色度均匀、可调节的多分辨率模式、响应时间极短等液晶显示器难以超过的优点，目前电脑大都采用彩色高分辨率的 LCD 或 LED 显示器。另外，4K 分辨率是一种新兴的数字电影及数字内容的解析度标准，随着高清时代的到来，采用 4K 显示器的用户逐渐增多。常见的显示器如图 1-26～图 1-28 所示。

图 1-26　CRT 显示器　　　　　图 1-27　LCD 显示器　　　　　图 1-28　LED 显示器

　　显示器的主要性能指标有显示尺寸、屏幕分辨率和显示对比度。例如某种型号的液晶显示器的对比度为 8000∶1，意味着其能显示的最亮部分亮度是最暗部分亮度的 8000 倍。

2. 鼠标/键盘

　　鼠标/键盘是微型计算机上必不可少的输入设备。

　　通过键盘可以将字母、数字和符号输入到计算机中，实现对数据的输入与控制。常用的键盘有 104 个键或 107 个键，其基本按键排列可以分为主键盘区、数字辅助键盘区、F 键功能键盘区、控制键区等。键盘的外形如图 1-29 所示。

　　鼠标的使用是为了使计算机的操作更加简便，以此来代替使用键盘时那些烦琐的指令。

常用的鼠标按工作原理可分为机械式鼠标和光电式鼠标。鼠标的外形如图 1-30 所示。

图 1-29　键盘　　　　　　　　　　　　　　图 1-30　鼠标

现代微型计算机上键盘和鼠标接口一般采用 PS/2 圆形接口，为了方便识别，键盘接口为蓝色，鼠标接口为绿色，目前键盘和鼠标接口多数采用 USB 接口。

3. 光驱

光驱是用于读取光盘数据的设备，其中有激光头等机械装置，全称为光盘驱动器，如图 1-31 所示。刻录光驱还可以向特殊的光盘中刻写数据，读取和刻录速度是反映光驱性能的主要标志。

4. 打印机

打印机是输出设备，用于将计算机处理的结果打印在相关介质上，最常用的纸张是 A4与 B5。打印机分为喷墨打印机和激光打印机，喷墨打印机价格低，但墨盒较贵；激光打印机价格高，但打印速度快、精度高，打印机外形如图 1-32 所示。

图 1-31　光驱　　　　　　　　　　　　　图 1-32　打印机

1.4　数 制 与 编 码

在日常生活中，人们大多使用十进制数来进行计数和计算。而计算机中的数是用二进制表示的，计算机只能识别由"0"和"1"构成的二进制数。计算机采用二进制，其特点是运算器的电路在物理上很容易实现，运算简便、运行可靠。

1.4.1　数制的定义与常用数制

数制也称计数制，是用一组固定的符号和统一的规则来表示数值的方法。人们通常采用的数制有十进制、二进制、八进制和十六进制。学习数制之前必须首先掌握数码、基数和位权这 3 个概念。

(1) 数码：数制中表示基本数值大小的数字符号。例如十进制数有 10 个数码：0、1、2、3、4、5、6、7、8、9。

(2) 基数：数制所使用数码的个数。例如二进制的基数为 2，十进制的基数为 10。

(3) 位权：数制中某一位上的 1 所表示数值的大小(所处位置的价值)。例如十进制数的

123 中 1 的位权是 100，2 的位权是 10，3 的位权是 1。

1．十进制数

十进制是日常生活和工作中最常用的进位计数制。在十进制数中，每一位有 0～9 十个数码，基数是 10，超过 9 的数必须用多位数表示，其中低位和相邻高位之间的关系是"逢十进一"，故称为十进制。十进制数的特点如下：

(1) 数值部分用 0，1，2，3，4，5，6，7，8，9 这 10 个不同的数码来表示；

(2) 十进制数中的 10 称为基数，采用"逢十进一"的原则；

(3) 每个位数的位值，或称"权"，均是基数 10 的某次幂。例如 678.43 这个十进制数，小数点左边第一位是个位，表示 8×10^0，小数点左边第二位是十位，表示 7×10^1 等，整个数可以写成：

$$678.43 = 6 \times 10^2 + 7 \times 10^1 + 8 \times 10^0 + 4 \times 10^{-1} + 3 \times 10^{-2}$$

上面的写法叫作"按权展开"，每一位表示的数值不仅取决于该位的数码本身，还取决于所在位的位值——权。我们把按进位的原则进行计数的方法，称为进位计数制。

2．二进制数

在计算机内部，一切信息，包括数值、字符、指令等的存放、处理和传送均采用二进制数的形式。二进制中每一位仅有 0 和 1 两个数码，基数为 2，低位和相邻位间的进位关系是"逢二进一"。二进制数的特点如下：

(1) 只有 0 和 1 两个数码；

(2) 基数为 2，采用"逢二进一"的原则；

(3) 各位上的权均是 2 的某次幂。

例如：

$$(1101.11)_2 = 1 \times 2^3 + 1 \times 2^2 + 0 \times 2^1 + 1 \times 2^0 + 1 \times 2^{-1} + 1 \times 2^{-2} = (13.75)_{10}$$

在二进制数的运算过程中，除了"逢二进一、借一当二"，采用 0、1 计数之外，其他运算规律与十进制数的运算相同。

3．八进制数

在某些场合有时也使用八进制。八进制数的每一位有 0～7 共八个不同的数码，计数的基数为 8。低位和相邻的高位之间的进位关系是"逢八进一"。八进制数的特点如下：

(1) 八进制的数码为 0，1，2，3，4，5，6，7 共 8 个；

(2) 基数是 8，采用"逢八进一"的原则；

(3) 各位上的权均是 8 的某次幂。

例如：

$$(576.2)_8 = 5 \times 8^2 + 7 \times 8^1 + 6 \times 8^0 + 2 \times 8^{-1} = (382.25)_{10}$$

4．十六进制数

十六进制数的每一位有十六个不同的数码，分别用 0～9、A(10)、B(11)、C(12)、D(13)、E(14)、F(15) 表示。十六进制数的特点如下：

(1) 十六进制数的数码为 0，1，2，…，9，A，B，C，D，E，F 共 16 个；

(2) 基数为 16，采用"逢十六进一"的原则；

(3) 每一位上的权均是 16 的某次幂。

例如：

$$(3AB.11)_{16} = 3 \times 16^2 + A \times 16^1 + B \times 16^0 + 1 \times 16^{-1} + 1 \times 16^{-2} = (939.06640625)_{10}$$

在十六进制数的运算过程中，除了"逢十六进一、借一当十六"，采用 0 到 F 计数之外，运算规律与十进制数的运算相同。

为了区别不同进制的数字，书中约定对于任一 R 进制的数 N，记作 $(N)_R$。例如二进制数 1101，表示为 $(1101)_2$ 或者 1101B；十进制数 123，表示为 $(123)_{10}$ 或者 123D；八进制数 576，表示为 $(576)_8$ 或者 576O；十六进制数 3AB，表示为 $(3AB)_{16}$ 或者 3ABH。四种计数制的对应关系如表 1-2 所示。

表 1-2　四种计数制的对应表

十进制	二进制	八进制	十六进制	十进制	二进制	八进制	十六进制
0	0000	0	0	8	1000	10	8
1	0001	1	1	9	1001	11	9
2	0010	2	2	10	1010	12	A
3	0011	3	3	11	1011	13	B
4	0100	4	4	12	1100	14	C
5	0101	5	5	13	1101	15	D
6	0110	6	6	14	1110	16	E
7	0111	7	7	15	1111	17	F

1.4.2　不同进制数之间的转换

不同进制数据的转换原则是该数整数部分与小数部分分别转换。

1. 二进制数、八进制数、十六进制数转换为十进制数

转换规则为"按权相加"，即将它们写成按位权展开的多项式之和，再按十进制运算规则求和，即可得到对应的十进制数。如：

将二进制数 $(1101.01)_2$ 转换成十进制数：

$$(1101.01)_2 = 1 \times 2^3 + 1 \times 2^2 + 0 \times 2^1 + 1 \times 2^0 + 0 \times 2^{-1} + 1 \times 2^{-2} = (13.25)_{10}$$

把八进制数 $(576.2)_8$ 转换成十进制数：

$$(576.2)_8 = 5 \times 8^2 + 7 \times 8^1 + 6 \times 8^0 + 2 \times 8^{-1} = (382.25)_{10}$$

把十六进制数 $(1AD)_{16}$ 转换成十进制数：

$$(1AD)_{16} = 1 \times 16^2 + 10 \times 16^1 + 13 \times 16^0 = (429)_{10}$$

2. 十进制数转换为二进制数、八进制数、十六进制数

整数部分和小数部分必须分别遵守不同的转换规则，如果将十进制数转换为二进制数，其规则为：

整数部分将十进制数连续用基数 2 去除，直到商数到 0 为止，每次除得的余数依次由下向上排列即可，这种方法称为"除 2 取余"法。

小数部分将十进制数小数部分连续乘以 2，取每次所得乘积的整数部分，依次由上向下排列即可，这种方法称为"乘 2 取整"法。

(1) 将十进制数$(25)_{10}$转换成二进制数：

结果为

$$(25)_{10} = (11001)_2$$

(2) 将十进制数$(0.6875)_{10}$转换成二进制数：

$$0.6875 \times 2 = 1.375 \qquad 取整为 1 \quad 上$$
$$0.375 \times 2 = 0.75 \qquad 取整为 0 \quad \downarrow$$
$$0.75 \times 2 = 1.5 \qquad 取整为 1$$
$$0.5 \times 2 = 1.0 \qquad 取整为 1 \quad 下$$

结果为

$$(0.6785)_{10} = (0.1011)_2$$

(3) 将十进制数$(132.525)_{10}$转换成八进制数(小数部分保留 2 位有效数字)：

$$
\begin{array}{r|l}
8 & 132 \qquad 余数 4 \quad 上 \\
8 & 16 \qquad 余数 0 \quad \uparrow \\
8 & 2 \qquad 余数 2 \quad 下 \\
& 0
\end{array}
$$

通过对整数部分进行转换，得到$(132)_{10} = (204)_8$。

$$0.525 \times 8 = 4.2 \qquad 取整为 4 \quad 上$$
$$0.2 \times 8 = 1.6 \qquad 取整为 1 \quad 下$$

通过对小数部分进行转换，得到$(0.525)_{10} = (0.41)_8$。

将整数部分与小数部分合起来，结果为

$$(132.525)_{10} = (204.41)_8$$

需要注意，十进制数的小数常常不能精确地换算为等值的二进制数、八进制数、十六进制数，有换算误差存在，转换后的二进制数、八进制数或十六进制数根据字长限制取有限位的近似值。

3．二进制数转换为八进制数、十六进制数

由于八进制数、十六进制数可以简化书写，便于记忆，而且与二进制数之间转换方便、直观，因此汇编语言及机器指令、数据的书写多采用八进制或十六进制。

八进制数、十六进制的基数与二进制的基数有内在联系，即 $2^3 = 8$、$2^4 = 16$，因此，每一位八进制数可以转换为三位二进制数，每位十六进制数可转换为四位二进制数，转换直接且方便。

将二进制数以小数点为界，左右分别按三位一组进行划分，不足三位者用零补齐，即

可直接换算出对应的八进制数。同理，将二进制数以小数点为界，左右分别按四位一组划分，不足四位者用零补齐，即可换算出对应的十六进制数。将八进制数转换为二进制数只需把各自对应的三位二进制数写出即可，将十六进制数转换为二进制数只需把各自对应的四位二进制数写出即可。

(1) 将二进制数$(10110111.101)_2$转换成八进制数：

$$(\underline{010}\ \underline{110}\ \underline{111}\ .\ \underline{101})_2 = (267.5)_8$$
$$2\quad 6\quad 7\quad .\quad 5$$

(2) 将二进制数$(1010111.110)_2$转换成十六进制数：

$$(\underline{0101}\ \underline{0111}\ .\ \underline{1100})_2 = (57.C)_{16}$$
$$5\quad 7\quad .\quad C$$

(3) 将八进制数$(150.72)_8$转换成二进制数：

$$(150.72)_8 = (\underline{001}\ \underline{101}\ \underline{000}\ .\ \underline{111}\ \underline{010})_2 = (1101000.11101)_2$$
$$1\quad 5\quad 0\quad .\quad 7\quad 2$$

(4) 将十六进制数$(B7.A8)_{16}$转换成二进制数：

$$(B7.A8)_{16} = (\underline{1011}\ \underline{0111}\ .\ \underline{1010}\ \underline{1000})_2 = (10110111.10101)_2$$
$$B\quad 7\quad .\quad A\quad 8$$

1.4.3　计算机采用二进制的原因

日常生活中人们习惯使用十进制，但是计算机领域最常用的是二进制，这是因为计算机是由千千万万个电子元件(如电容、电感、三极管等)组成的，这些电子元件一般只有两种稳定的工作状态，即"通"与"断"，所以使用二进制数"0"和"1"表示是最理想的，因为二进制最简单，数码只有0和1，计算的速度也是最快的，和计算机追求的速度不谋而合，而不论是十六进制、十进制还是八进制都没有二进制快。

计算机采用二进制的优势是运算器的电路在物理上很容易实现，运算简便、运行可靠。具体地说，表现在以下几个方面：

(1) 技术实现简单。计算机是由逻辑电路组成的，逻辑电路通常只有两个状态：开关的接通与断开，这两种状态正好可以用"1"和"0"表示。

(2) 简化运算规则。两个二进制数的和、积运算组合各有三种，运算规则简单有利于简化计算机内部结构，提高运算速度。

(3) 适合逻辑运算。逻辑代数是逻辑运算的理论依据，二进制只有两个数码，正好与逻辑代数中的"真"和"假"相吻合。

(4) 易于进行转换。二进制数与十进制数易于互相转换。

(5) 用二进制表示数据具有抗干扰能力强、可靠性高等优点。因为每位数据只有高、低两个状态，当受到一定程度的干扰时，仍能可靠地分辨出它是高还是低。

在计算机内部使用二进制是再自然不过的，但是在人机交流上，二进制有致命的弱点——数字的书写特别冗长。为了解决这个问题，在计算机的理论和应用中还使用两种辅助的进位制——八进制和十六进制。

1.4.4　计算机中的数据

计算机中的数据(或信息)分为数值型和非数值型。非数值型数据包括字符、图像、声音等。由于计算机只能处理二进制数据，所以，数值型的数据信息需要转换成对应的二进制数据；而非数值型数据信息则采用二进制数编码来表示。

1. 数据的概念

数据是可以由人工或自动化手段加以处理的事实、概念、场景和指示的表示形式，包括各种文字、字符、符号、声音和图像等，数据可以输入计算机进行处理，并得到所需要的结果。

2. 数据的单位

在计算机中，数据的常用单位有位、字节和字。

(1) 位(bit)。计算机只认识由 0 和 1 组成的二进制数，二进制数中的每个 0 或 1 就是数据信息的最小单位，称为"位"。

(2) 字节(Byte)。字节是计算机中存储器容量的基本单位，1 个字节包含 8 个二进制位，即 8 bit。字节也叫作 Byte，通常缩写为 B。

在计算机中，除了用字节表示存储容量的单位外，还可使用千字节(KB)、兆字节(MB)、吉字节(GB)和太字节(TB)，它们之间的换算关系为

$$1\ B = 8\ bit$$
$$1\ KB = 2^{10}\ B = 1024\ B$$
$$1\ MB = 2^{10}\ KB = 1024\ KB = 2^{20}\ B$$
$$1\ GB = 2^{10}\ MB = 2^{20}\ KB = 2^{30}\ B$$
$$1\ TB = 2^{10}\ GB = 2^{20}\ MB = 2^{30}\ KB = 2^{40}\ B$$

(3) 字(Word)。字是计算机内部进行信息交换、数据处理的基本单元，1 个字由一个字节或几个字节构成，与具体的机型有关。字通常记为 Word，可缩写为 W。

一个字所包含的二进制位数称为字长，字长是计算机性能的重要指标。计算机的字长通常有 8 位、16 位、32 位和 64 位之分。

1.4.5　ASCII 码

任何形式的数据进入计算机后都必须用二进制编码形式表示。对英文字母、数字字符和标点符号等字符的二进制编码称为字符编码。ASCII 码是目前计算机中最普遍采用的一种字符编码。

ASCII 码(American Standard Code for Information Interchange)称为"美国信息交换标准代码"，是美国的字符代码标准，并被国际标准化组织(ISO)确定为国际标准，成为了一种国际上通用的字符编码。每个 ASCII 码占用一个字节，由 8 个二进制位组成，每个二进制位为 0 或 1。ASCII 码有 7 位码和 8 位码两种形式，国际上通用的是 7 位码，共有 $2^7 = 128$ 个不同的编码值，包括 26 个大写英文字母、26 个小写英文字母、0~9 共 10 个数字、34 个通用控制字符和 32 个专用字符(标点符号和运算符)，如表 1-3 所示。

表 1-3　标准 ASCII 码表

$d_3d_2d_1d_0$ \ $d_6d_5d_4$	000	001	010	011	100	101	110	111
0000	NUL	DLE	SP	0	@	P	`	p
0001	SOH	DC1	!	1	A	Q	a	q
0010	STX	DC2	"	2	B	R	b	r
0011	ETX	DC3	#	3	C	S	c	s
0100	EOT	DC4	$	4	D	T	d	t
0101	ENQ	NAK	%	5	E	U	e	u
0110	ACK	SYN	&	6	F	V	f	v
0111	BEL	ETB	'	7	G	W	g	w
1000	BS	CAN	(	8	H	X	h	x
1001	HT	EM	)	9	I	Y	i	y
1010	LF	SUB	*	:	J	Z	j	z
1011	VT	ESC	+	;	K	[	k	{
1100	FF	FS	,	<	L	\	l	|
1101	CR	GS	-	=	M	]	m	}
1110	SO	RS	.	>	N	^	n	~
1111	SI	US	/	?	O	_	o	DEL

例如字符"A"的 ASCII 码为$(1000001)_2$，对应的十六进制数为$(41)_{16}$，十进制数为$(65)_{10}$。常用西文字符的 ASCII 码如表 1-4 所示。

表 1-4　常用西文字符的 ASCII 码

西文字符	ASCII 码(十进制数)	十六进制数
空格	32	20H
0~9	48~57	30H~39H
A~Z	65~90	41H~5AH
a~z	97~122	61H~7AH

1.4.6　汉字编码

ASCII 码对于汉字字符完全不适用，因为它最多只能规定 128 个字符的不同编码。为了满足国内在计算机中使用汉字的需要，中国国家标准总局于 1980 年发布了 GB 2312 编码。几乎所有的中文系统和国际化的软件都支持 GB 2312。

GB 2312 由 6763 个常用汉字和 682 个全角的非汉字字符组成。由于字符数量比较大，GB 2312 采用了二维矩阵编码法对所有字符进行编码。首先构造一个 94 行 94 列的方阵(每一行称为一个"区"，每一列称为一个"位")，然后将所有字符依照一定的规律填写到方阵中。这样所有的字符在方阵中都有一个唯一的位置，这个位置可以用区号、位号组合表示，称为字符的"区位码"。编码范围为 0101~9494，转换为十六进制为 0101H~5E5EH。在区位码中，1~15 区为非汉字图形区，16~87(10H~57H)区是汉字区，88~94 是保留区，其中 16~55 区为一级汉字，56~87 区为二级汉字。

在 GB 2312 中，每个汉字的编码为 16 位二进制数，如"中"字的编码为 0101011001010000。

由于汉字是象形文字，其形状和笔画多少差异极大，而且汉字数量较多，不能由西文键盘直接输入，所以必须用编码转换后存放到计算机中再进行处理操作。汉字编码主要包括汉字输入码、汉字信息交换码、汉字内码、汉字字形码及汉字地址码等。

(1) 汉字输入码。汉字输入码也称外码，是指输入汉字时的编码，由键盘上的字符和数字按键组成。

(2) 汉字信息交换码。为了便于计算机系统之间能准确无误地交换汉字信息，规定了一种专门用于汉字信息的统一编码，这种编码称为汉字信息交换码。

(3) 汉字内码。汉字内码是指汉字在计算机内部存储和处理的代码，简称为机内码或内码。一个汉字输入到计算机后便转换为机内码，汉字的机内码占两个字节，分别称为高位字节与低位字节。同一个汉字的外码可以不同，但其机内码是统一的。

(4) 汉字字形码。汉字字形码也称字模或汉字输出码。计算机对各种文字等信息进行二进制编码处理后，必须通过字形输出码转换为人们看得懂的文字格式，即字形码，然后才能通过输出设备输出。

汉字信息处理流程是指汉字输入、处理和输出的过程，实际上就是汉字各种代码之间的转换过程，如图 1-33 所示。

图 1-33　汉字信息处理系统的模型

1.5　计算机安全使用常识

随着计算机应用的推广，计算机病毒的滋扰也愈加频繁，特别是网络技术的普及，为计算机病毒的扩散与传播提供了一条便利的途径，所以我们随时都要防范计算机病毒的入侵。一不小心感染病毒，轻则系统运行变慢、文件损坏，重则导致计算机瘫痪。

1.5.1　认识计算机病毒

计算机病毒是指人为编制的或者在计算机程序中插入的，破坏计算机功能或者毁坏数据、影响计算机使用，并能自我复制的一组计算机指令或程序代码。它可以把自己复制到存储器中或其他程序中，进而破坏计算机系统，干扰计算机的正常工作。这与生物病毒的一些特性很类似，因此称为计算机病毒。

计算机病毒可以感染(复制)到可执行文件、程序文件或磁盘引导区中的程序上，然后再通过这些媒介向外传播。

1.5.2　计算机病毒的特征

就像传染病是人类的克星一样，计算机病毒是计算机的克星，我们必须充分认识它，时时防范，不能掉以轻心。计算机病毒虽然种类繁多、千奇百怪，但一般都具有以下主要特征。

1．传染性

传染性是计算机病毒的基本特性。当使用软盘、光盘、U 盘等交换数据或者上网冲浪时，计算机病毒就可能由一个程序传染到另一个程序，从一台计算机传染到另一台计算机，从一个网络传染到其他网络，从而使计算机工作失常甚至瘫痪。同时，被传染的程序、计算机系统或网络系统又成为新的传染源。

计算机病毒的传播途径主要是数据交换感染，如果我们的计算机不与外界的任何数据发生交换，就不会感染病毒。

2．破坏性

在一定条件下，病毒程序会自动运行，对计算机进行破坏，主要包括两个方面：一是占用系统资源，降低计算机的工作效率，盗取用户账号或密码信息等；二是破坏或删除程序或数据文件，干扰或破坏计算机系统的运行，甚至导致整个系统瘫痪。

3．潜伏性

大多数计算机病毒在侵入计算机系统以后，破坏性有可能不会马上表现出来。它往往会在系统内潜伏一段时间，等待发作条件的成熟，病毒发作之前在系统中没有表现症状，而触发条件一旦得到满足，病毒就会发作，对计算机造成危害。例如"黑色星期五"病毒，不到预定时间一点都觉察不出来。

4．寄生性

计算机病毒往往不是独立的小程序，而是寄生在其他程序之中，当用户执行这个程序时病毒才发作。

5．隐蔽性

病毒一般是具有很高编程技巧、短小精悍的程序。如果不经过代码分析，感染了病毒的程序与正常程序是不容易区别的。计算机病毒的隐蔽性主要有两个方面：一是指传染的隐蔽性，大多数病毒在传染时速度是极快的，不易被人发现；二是病毒程序存在的隐蔽性，一般的病毒程序都隐藏在正常程序中或磁盘较隐蔽的地方，也有个别的以隐含文件形式出现，目的是不让用户发现它的存在。

另外，计算机病毒还具有可执行性、可触发性、多变性、攻击性、针对性和不可预见性等特征。

1.5.3 计算机病毒的发展

计算机刚刚诞生，就有了计算机病毒的概念。1949 年，计算机之父冯·诺依曼在《复杂自动机组织论》中便定义了计算机病毒的概念——即一种"能够实际复制自身的自动机"。

20 世纪 80 年代，由于 IBM PC 系列微型计算机自身的弱点，尤其是 DOS 操作系统的开放性，给计算机病毒的制造者提供了可乘之机。因此，装有 DOS 操作系统的微型计算机成为病毒攻击的主要对象。世界各地的计算机用户遇到了形形色色的计算机病毒，如 Brain、大麻、IBM 圣诞树、黑色星期五等。

1988 年 11 月，美国 23 岁的研究生罗特·莫里斯制作了一个蠕虫病毒，通过 Internet 网络致使 6000 多台计算机受到感染，直接经济损失达 9600 万美元，这是人类第一次感受到计算机病毒的切肤之痛。

时至今日，计算机技术突飞猛进的发展，计算机病毒也从未停止过脚步。只要计算机技术有新的发展，计算机病毒技术就立刻有新的突破。DOS 操作系统出现不久，就有了针对它的计算机病毒；随着 Windows 的出现，又出现了专门攻击 Windows 格式文件的计算机病毒；微软提供了宏指令，立刻出现了宏病毒；主板厂家为方便用户，开发了无跳线、可用软件修改系统参数的计算机主板，结果出现了史上有名的可以毁坏计算机硬件的 CIH 病毒。

因此，只要出现了一项新的计算机技术，利用这项新技术编制的新计算机病毒就会随着产生。它就像幽灵一样，困扰着计算机用户。

在计算机病毒的发展历程中出现过几种有名的病毒，下面简单了解一下。

❖ Elk Cloner(1982 年)：它被看作攻击个人计算机的第一款全球病毒。

❖ Brain(1986 年)：Brain 是第一款攻击微软的 DOS 操作系统的病毒。

❖ Morris(1988 年)：Morris 最初的设计目的并不是搞破坏，而是用来测量网络的大小。但是，由于程序的循环没有处理好，计算机会不停地执行、复制 Morris，最终导致死机。

❖ CIH(1998)：CIH 是迄今为止破坏性最严重的病毒，也是世界上首例破坏硬件的病毒。该病毒发作时，不仅会破坏硬盘的引导区和分区表，还会破坏计算机系统 BIOS，导致主板损坏。

❖ Melissa(1999 年)：Melissa 即"美丽杀手"病毒，通过电子邮件传播。当用户打开一封携带此病毒的电子邮件的附件时，病毒会自动发送到用户通讯簿中的前 50 个地址，进而呈几何级数方式传播，短短数小时即可传遍全球。它导致了历史上第二次重大的计算机病毒灾难。

❖ Love bug(2000 年)：该病毒通过 Internet 网络的电子邮件功能传播，造成全世界(包括我国在内)空前的计算机系统破坏，也称为"爱虫"计算机病毒。

❖ 红色代码(2001 年)：红色代码被认为是史上代价最高昂的计算机病毒之一，除了会篡改网站外，被感染的系统性能也会严重下降。

❖ 冲击波(2003 年)：冲击波英文名称是 Blaster，也被称为 Lovsan 或 Lovesan。它利用了微软软件中的一个缺陷，对系统端口进行疯狂攻击，可以导致系统崩溃。

❖ 震荡波(2004 年)：震荡波是又一个利用 Windows 缺陷进行攻击的蠕虫病毒，可以导致计算机崩溃并不断重启。

❖ 熊猫烧香(2007 年)：熊猫烧香病毒会使所有程序图标变成"熊猫烧香"样式，并使它们不能应用。

1.5.4 计算机病毒的分类

计算机病毒的种类多达数万余种，而且每天都有新的病毒出现，因此计算机病毒的种类会越来越多。计算机病毒的分类方法很多，下面介绍几种最常见的分类方法。

1．按破坏性分类

根据病毒的破坏性，可以分为以下两类：

(1) 良性病毒。良性病毒一般对计算机中的程序和数据没有破坏作用，只是占用 CPU 和内存资源，降低系统运行速度。这种病毒发作时，会干扰系统的正常运行，一旦清除后，系统可恢复正常工作。

(2) 恶性病毒。恶性病毒对计算机系统具有较强的破坏性，病毒发作时，会破坏计算机中的程序或数据、删改系统文件、重新格式化硬盘、使用户无法打印，甚至中止系统运行等。由于这种病毒破坏性较强，有时即使清除了病毒，系统也难以恢复。

2．按寄生方式和传染对象分类

根据病毒的寄生方式和传染对象，可分为以下四种：

(1) 引导型病毒。引导型病毒主要感染磁盘的引导扇区。计算机中病毒后，病毒程序占据了引导模块的位置并获得控制权，将真正的引导区内容转移或替换，待病毒程序执行后，再将控制权交给真正的引导区内容，执行系统引导程序。此时系统看似正常运转，实际上病毒已隐藏在系统中伺机传染。

(2) 文件型病毒。文件型病毒是一种专门传染扩展名为 COM、EXE 等可执行文件的病毒，该病毒寄生于可执行文件中，当运行可执行文件时，病毒也同步运行。大多数文件型病毒都会把它们的程序代码复制到可执行文件的开头或结尾处，使可执行文件的长度变长，病毒发作时，会占用大量 CPU 和内存，使被感染的可执行程序速度变慢，甚至会导致程序无法运行。

(3) 混合型病毒。混合型病毒综合了引导型和文件型病毒的特性，既感染引导区又感染文件，因此扩大了传染途径。不管以哪种方式传染，都会在开机或执行程序时感染其他磁盘或文件，它的危害更大。

(4) 宏病毒。宏病毒是一种寄生于文档或模板宏中的计算机病毒，它的感染对象主要是 Office 组件或类似的应用软件。一旦打开感染宏病毒的文档，宏病毒就会被激活，进入计算机内存并驻留在 Normal 模板上。

3．按病毒特有的算法分类

根据病毒特有的算法，可将其分为以下三种：

(1) 伴随型病毒。这一类病毒并不改变文件本身，而是根据算法产生 EXE 文件的伴随体，具有同样的名称和不同的扩展名(COM)。

(2) "蠕虫"型病毒。这一类病毒主要是采用"蠕虫"技术，通过计算机网络从一台机器的内存传播到其他机器的内存。虽然不会改变文件和资料信息，但会导致网络拥塞，消耗系统资源。

(3) 寄生型病毒。寄生型病毒依附在系统的引导扇区或文件中，通过系统的功能进行传播。

1.5.5 计算机病毒的防范

尽管计算机病毒具有隐藏性，但有时通过观察计算机出现的异常情况，还是可以初步判断计算机是否感染了病毒。

1．计算机病毒的特征

当计算机被病毒感染时，常常会出现一些异常现象，如数据无故丢失、内存变小、显示屏上出现奇怪的文字、运行速度不正常等。平时，如果正常使用的计算机出现了以下症状，可能是感染了病毒，一定要及时采取措施，避免或减少病毒造成的损害。

- ❖ 计算机运行速度明显变慢。
- ❖ 计算机系统中的文件大小发生变化。
- ❖ 计算机屏幕上突然出现一些杂乱无章的内容。
- ❖ 一些运行正常的程序突然出现了异常或不合理的结果。
- ❖ 计算机突然不能正常启动或总是莫名其妙地死机。
- ❖ 原本很大的内存，在运行程序时出现内存不够的信息。
- ❖ 磁盘上仍有可用空间，但是不能存储文件或在打印文件时出现问题。
- ❖ 计算机运行时出现尖叫声、报警声甚至是演奏某种音乐等。
- ❖ 文件丢失或无法打开。
- ❖ 自动链接陌生网站。
- ❖ 鼠标光标自动移动。
- ❖ 系统不识别硬盘。
- ❖ 键盘输入异常。
- ❖ 异常要求用户输入密码。
- ❖ 文件无法正确读取、复制或打开。
- ❖ 命令执行出现错误。
- ❖ 文件的日期、时间、属性等发生异常变化。
- ❖ 虚假报警。
- ❖ 时钟倒转。有些病毒会令系统时间倒转，逆向计时。
- ❖ 系统异常重新启动。
- ❖ Word 或 Excel 提示执行"宏"。

2．计算机病毒的传播

计算机病毒产生的原因很多，传播的途径也很多，下面几种情况最容易传染病毒。

(1) 多人共用一台计算机。在多人共用的计算机上，由于每个人对病毒的防范意识不同，使用的文件来源各异，这样就为病毒的传播造成了可乘之机。

(2) 从网络上下载文件或者浏览不良网站。目前，互联网是计算机病毒的主要传播途径。从网络上下载文件、接收电子邮件、QQ 传输文件等都可能传染病毒，另外一些不良网站也是病毒的滋生地。

(3) 盗版光盘与软件。来路不明的盗版光盘或软件极有可能携带病毒。

(4) U 盘或 MP3 等 USB 设备。现在 USB 外接技术越来越强大，U 盘、移动硬盘、数码相机、MP3 等都可以与计算机直接相连，所以也成了病毒传播的途径之一。因此，在使用外来 USB 设备时，一定要先查杀病毒。

3．计算机病毒的防范

计算机病毒的危害极大，在日常工作中一定要注意防范，及时采取措施，不给病毒以可乘之机。为了防止计算机感染病毒，要注意以下几个方面：

(1) 安装反病毒软件。

(2) 在公用计算机上用过的软盘或 U 盘，要先查毒和杀毒后再在自己的计算机上使用，避免感染病毒。

(3) 使用正版软件，不使用盗版软件。

(4) 在互联网上下载文件时要注意先杀病毒。接收电子邮件时，不随便打开不熟悉或地址奇怪的邮件，要直接删除它。

(5) 计算机中的重要数据要做好备份，一旦计算机染上病毒，也可以及时补救。

(6) 当计算机出现异常时，要及时查毒并杀毒。

(7) 使用 QQ 聊天时，不要接收陌生人发送的图片或单击陌生人发送的网址。

(8) 关闭或删除系统中不需要的服务，如 FTP 客户端、Telnet 和 Web 服务器。

1.5.6　360 杀毒软件

虽然计算机病毒的种类越来越多，表现形式也多种多样，但是，完全没有必要"谈毒色变"。各种反病毒软件就是计算机病毒的克星，只要在计算机中安装一款专业的杀毒软件，就可以拦截病毒的入侵，使计算机健康地运行。常用的杀毒软件有 360 杀毒、瑞星杀毒、金山毒霸等。

360 杀毒是360 安全中心出品的一款免费的云安全杀毒软件。360 杀毒具有查杀率高、资源占用少、升级迅速等优点。360 杀毒软件无缝整合了国际知名的 BitDefender 病毒查杀引擎，并增加了 360 云查杀引擎，双引擎无缝切换，拥有完善的病毒防护体系。它首次使用了 360 安全中心"系统文件智能修复"和"系统金钟罩"技术，对于被感染的操作系统文件能够从 360 安全中心服务器上自动下载干净版本进行智能修复。如图 1-34 所示为 360 杀毒软件下载界面。

图 1-34　360 杀毒软件下载界面

本 章 习 题

一、填空题

1. 一个完整的计算机系统包括_____系统和_____系统两大部分。

2. 冯·诺依曼计算机具体由五大功能模块组成，即运算器、_____、_____、输入设备和输出设备，这五大部分相互配合，协同工作。

3. 目前流行的微型计算机的基本结构从外观上看都是由主机、_____、键盘、鼠标等组成的。_____是微型计算机的核心，主要由系统主板、_____、内存、硬盘、光盘驱动器、显示器适配器(显卡)、电源等构成。

4. 数制也称_____，是用一组固定的符号和统一的规则来表示数值的方法。人们通常采用的数制有十进制、_____、_____和十六进制。

5. _____称为"美国信息交换标准代码"，是美国的字符代码标准，并被国际标准化组织(ISO)确定为国际标准，成为了一种国际上通用的字符编码。

6. 将下列不同进制数进行转换。

(1) $(235)_D = ($　　　　$)_B = ($　　　　$)_H = ($　　　　$)_O$

(2) $(25.875)_D = ($　　　　$)_B = ($　　　　$)_H = ($　　　　$)_O$

(3) $(67)_H = ($　　　　$)_B = ($　　　　$)_D = ($　　　　$)_O$

(4) $(510)_O = ($　　　　$)_B = ($　　　　$)_H = ($　　　　$)_D$

(5) $(1100100)_B = ($　　　　$)_D = ($　　　　$)_H = ($　　　　$)_O$

(6) $(11001010100001)_B = ($　　　　$)_D = ($　　　　$)_H = ($　　　　$)_O$

二、简答题

1. 按照计算机处理对象的方式可以将其分为哪几类？

2. 衡量 CPU 的主要性能指标有哪些？选购内存时要注意什么问题？

3. 存储容量的主要单位有哪几种？写出它们之间的换算关系。

4. 日常工作中如何防范计算机病毒？当计算机出现异常时怎么办？

第 2 章 Windows 10 操作系统及应用

计算机的工作离不开操作系统。一台刚刚组装起来的计算机，在没有安装任何软件的情况下，是不能运行与工作的，此时的计算机称为"裸机"。要想让计算机正常运行起来，必须安装操作系统与应用软件。

操作系统是必须配置的最基本的软件，它统一管理计算机的硬件资源和软件资源，控制计算机的各个部件进行协调工作。同时操作系统也是人与计算机进行交流的桥梁，我们是通过与操作系统"对话"来使用和控制计算机的。目前的主流操作系统是 Windows 10，本章主要学习操作系统的相关知识与 Windows 10 的基本操作。

2.1 操作系统概述

计算机系统是由硬件与软件组成的一个相当复杂的系统，有着丰富的软件和硬件资源，为了合理地管理这些资源，并使各种资源得到充分利用，必须有一组专门的系统软件来对各种资源进行管理，这个系统软件就是操作系统(Operating System，OS)。

2.1.1 操作系统的概念

操作系统是直接控制和管理计算机系统资源(硬件资源、软件资源和数据资源)，并为用户充分使用这些资源提供交互操作界面的程序集合，是直接运行在"裸机"上的最基本的系统软件，任何其他软件都必须在操作系统的支持下才能运行。

操作系统是系统软件的核心，也是计算机系统的"总调度"，计算机各部件之间相互配合、协调一致地工作，都是在操作系统的统一指挥下才得以实现的。

计算机硬件、操作系统、应用软件以及用户数据之间的层次关系如图 2-1 所示，核心是计算机硬件，最外层是用户数据，操作系统是桥梁。用户与计算机之间的交流，没有操作系统是无法完成的，用户、软件与计算机硬件之间的关系如图 2-2 所示。

图 2-1 硬件、操作系统与应用软件之间的关系

图 2-2 用户、软件与硬件的关系

2.1.2　操作系统的作用与功能

从用户的角度看，操作系统的作用主要有三个：一是提供用户与计算机之间的交互操作界面；二是提高系统资源的利用率，通过对计算机软件、硬件资源进行合理的调度与分配，改善资源的共享和利用状况，最大限度地发挥计算机系统的工作效率；三是为用户提供软件开发和运行的环境。

操作系统主要用于管理硬件资源与软件资源。从资源管理的角度看，操作系统主要有五大功能：处理器管理、设备管理、存储管理、作业管理和文件管理。

1．处理器管理

处理器(CPU)管理又称进程管理，主要是对 CPU 的控制与管理。CPU 是计算机系统的核心部件，是最宝贵的资源，其利用率的高低将直接影响计算机的效率。当有一个(或多个)用户提交作业请求时，操作系统将协调各作业之间的运行，使 CPU 资源得到充分利用。

2．设备管理

计算机系统中有各种各样的外部设备，设备管理是计算机外部设备与用户之间的接口。其功能是对设备资源进行统一管理，自动处理内存和设备间的数据传递，从而减轻用户为这些设备设计输入/输出程序的负担。

3．存储管理

存储管理是对内存的分配与管理，只有当程序和数据调入内存中，CPU 才能直接访问和执行。计算机内存中有成千上万个存储单元，何处存放哪个程序，何处存放哪个数据，都需要由操作系统来统一管理，以达到合理利用内存空间的目的，并且保证程序的运行和数据的访问相对独立和安全。

4．作业管理

在操作系统中，用户请求计算机完成一项完整的工作任务称为一个作业。作业管理解决的是允许谁来使用计算机和怎样使用计算机的问题。功能表现为作业控制和作业调度，当有多个用户同时要求使用计算机时，允许哪些作业进入，不允许哪些作业进入，以及如何执行作业等。

5．文件管理

文件是存储在一定介质上、具有某种逻辑结构的信息集合，它可以是程序或者用户数据。当使用文件时，需要从外存储器中调入内存，计算机才能执行。操作系统的文件管理功能就是对这些文件的组织、存取、删除、保护等进行管理，以便用户能方便、安全地访问文件。

2.1.3　操作系统的分类

操作系统是计算机所有软件的核心，是计算机与用户的接口，负责管理所有计算机资源，协调和控制计算机的运行。操作系统种类繁多，很难用单一标准统一分类。下面从不同的角度对操作系统进行分类。

(1) 根据操作系统的使用环境和对作业处理方式，可将操作系统分为批处理操作系统

(如 DOS)、分时操作系统(如 Linux)、实时操作系统(如 RTOS)。

(2) 根据操作系统所支持的用户数目，可将操作系统分为单用户操作系统(如 MSDOS、Windows)、多用户操作系统(如 UNIX、Linux)。

(3) 根据操作系统的应用领域，可将操作系统分为桌面操作系统、服务器操作系统、嵌入式操作系统。

(4) 根据操作系统的源码开放程度，可将操作系统分为开源操作系统(如 Linux、FreeBSD)和闭源操作系统(如 Mac OS X、Windows)。

(5) 根据操作系统同时管理的作业数目，可以将操作系统分为单任务操作系统和多任务操作系统。

(6) 根据操作系统用户界面的形式，可将操作系统分为字符界面操作系统(如 UNIX、DOS)和图形界面操作系统(如 Windows、Mac OS X)。

2.1.4 主流操作系统简介

随着计算机技术的发展，操作系统的发展也日新月异，由最初的 DOS 操作系统、Windows 3.x、Windows 95、Windows 98、Windows XP、Windows 7、Windows 8 一直到 Windows 10 操作系统，操作系统的功能越来越强大。除此以外，还有 Linux、UNIX、OS/2、Netware 等操作系统。作为个人计算机而言，主流操作系统仍然是 Windows 系统。下面介绍几种常见的 Windows 系统版本。

1. Windows XP 操作系统

以前，Windows 操作系统分为两大路线：一是单机操作系统 Windows 9X 系列；二是网络操作系统 Window NT 系列。

Windows XP 是微软公司于 2001 年底推出的新一代视窗操作系统，它既支持 Windows 9X 系列，也支持 Windows NT 系列，是目前为止口碑最好的一款产品，其中 XP 是 Experience 的缩写，即"体验"的意思。Microsoft 公司希望这款操作系统能够在全新技术和功能的引导下，给广大用户带来全新的操作系统体验。Windows XP 的经典桌面是"蓝天白云"，如图 2-3 所示。

图 2-3　Windows XP 的经典桌面

Windows XP 采用的是 Windows NT/2000 的核心技术，具有运行可靠、稳定而且速度快的特点，这为计算机的安全、正常、高效运行提供了保障。它不但使用更加成熟的核心技术，而且外观设计也焕然一新，桌面风格清新明快、优雅大方，给人以良好的视觉享受。

2．Windows Vista 操作系统

Windows Vista 是 Microsoft 公司在 2007 年 1 月发布的一款操作系统，与前一版本相比，它包含了上百种新功能。其中，比较个性化的功能有被称为 Windows Aero 的全新界面风格、加强后的搜寻功能、新的多媒体创作工具，以及重新设计的网络、音频、输出和显示子系统。图 2-4 所示为 Windows Vista 的桌面。

图 2-4　Windows Vista 桌面

Windows Vista 实际上就是 Windows NT 6.0，与 Windows XP 相比，它在界面、安全性和软件驱动性上有了很大的改进。Windows Vista 第一次在操作系统中引入了"Life Immersion"概念，即在操作系统中集成了许多人性化的因素，使操作系统尽最大可能贴近用户，了解用户的感受，从而方便用户的使用。

3．Windows 7 操作系统

Windows 7 作为 Windows Vista 的继任者，其核心版本号是 Windows NT 6.1，它是由 Microsoft 公司开发的具有革命性变化的操作系统。该系统旨在让人们的日常计算机操作更加简单和快捷，为人们提供高效易用的工作环境。图 2-5 所示为 Windows 7 的桌面。

Windows 7 有很多的优势，同时 Windows 7 在设计方面更加模块化。总体来说，Windows 7 相对于 Windows 以前的版本更加先进。

图 2-5　Windows 7 桌面

4．Windows 10 操作系统

2015 年 7 月 29 日，由微软公司开发的应用于计算机、平板电脑、手机、Xbox 和服务器端等的操作系统，即 Windows 10 操作系统正式版发布，如图 2-6 所示。Windows 10 操作系统共有 7 个版本，其中包括家庭版(Home)、专业版(Professional)、企业版(Enterprise)、教育版(Education)、移动版(Mobile)、移动企业版(Mobile Enterprise)、专业工作站版(Windows 10 Pro for Workstations)。Windows 10 操作系统吸取了 Windows 7 和 Windows 8 操作系统的优点，与以前的版本相比，Windows 10 具有以下优点：

❖　**更易用**：Windows 10 增加了许多方便用户的设计，比如在"开始"菜单里添加 Cortana(小娜)语音助手、动态磁贴、Microsoft Edge(附带阅读视图的 PDF 阅读器)浏览器、地图、墨迹书写、面向触控屏设备的 Continuum 平板电脑模式、Windows Hello(脸部识别、虹膜、指纹登录)等功能。这些新功能令 Windows 10 成为最易用的操作系统。

❖　**更快速**：Windows 10 大幅缩减了 Windows 的启动时间，根据实际测试，系统安装在三星 840 EVO 250 GB 固态硬盘上，Windows 10 在快速启动机制下开机启动的平均耗时是 5.346 s，而 Windows 7 平均耗时是 9.882 s。Windows 10 在启动时间上比其他 Windows 系统要快许多。

❖　**更简单**：Windows 10 在"开始"菜单右侧增加了 Modern 风格，直接浏览单击动态磁贴图标即可打开某程序。增加的 Cortana(小娜)智能助理不仅可以搜索硬盘内的文件、系统设置、已安装的应用程序，还可以搜索互联网的相关信息，用户使用更加简单方便。

❖　**更安全**：Windows 10 改进了基于角色的计算方案和用户账户管理，改进了安全功能的合法性，并把数据保护和管理扩展到外围设备；同时也开启了企业级的数据保护和权限许可，还引入了 Windows Hello、Microsoft Passport、Device Guard 等安全功能。

❖　**更好的连接**：Windows 10 进一步增强了移动工作能力，无论何时何地、任何设备都能访问数据和应用程序。无线连接、管理和安全功能得到进一步扩展，性能与功能以及

新兴的移动硬件得到优化，拓展了多设备同步、管理和数据保护功能。

图 2-6　Windows 10 桌面

2.2　Windows 10 基本操作

计算机中安装了 Windows 10 操作系统以后，只要接通电源，按下机箱的 Power 按钮，稍等片刻便可以进入 Windows 10 中文版工作环境。如果是第一次登录 Windows 10 系统，将会看到一个非常简洁的桌面，只有一个回收站图标，如图 2-7 所示。

这样的桌面看起来很整洁干净，但使用起来并不方便，所以我们希望把经常使用的图标放到桌面上。这时可以在桌面的空白处单击鼠标右键，从弹出的快捷菜单中选择【个性化】命令，在打开的窗口左侧单击【主题】选项，在窗口右侧【相关的设置】栏中单击【桌面图标设置】选项，则弹出【桌面图标设置】对话框，如图 2-8 所示，选择自己经常使用的图标，单击 确定 按钮。这样，经常使用的图标就出现在桌面上了，这些图标称为桌面元素。

图 2-7　第一次登录 Windows 10 的桌面

图 2-8　【桌面图标设置】对话框

2.2.1 认识桌面图标

当安装了应用程序以后，Windows 桌面上的图标就会多起来，总体上分为系统图标与快捷方式图标。不同的计算机，桌面上的图标可能是不同的，但是系统图标都是相同的，下面以列表的形式对各个图标进行介绍，如表 2-1 所示。

表 2-1　系统图标的作用

图　标	作　用
ThinkPad	ThinkPad 类似于以前的"我的文档"，但是功能更丰富，它是一个用户的账户，通过它可以查看或管理个人文档，如文档、图片、音乐、视频、下载的文件等
此电脑	任何一台计算机上都有"此电脑"图标，双击它可以打开资源管理器，从而查看并管理相关的计算机资源，如打印机、驱动器、网络连接、共享文档以及控制面板等
网络	如果计算机已经接入了局域网，双击该图标，在打开的窗口中可以看到网络中的可用资源，包括所能访问的服务器
回收站	回收站用于暂时存放被删除的文件。回收站最大的作用在于：如果用户由于误操作不慎删除了某些文件，可以将它及时地恢复回来
控制面板	控制面板是对计算机软、硬件及计算机状态和安全的设置与管理

除了上面介绍的系统图标以外，在桌面上还有一些图标(如左下角的箭头图标)，这一类图标称为快捷方式图标。不同计算机桌面上的快捷方式图标是不同的。快捷方式图标记录了它所指向的对象路径，可以说它是一个指针，直接指向相应的文件或对象。

2.2.2 【开始】菜单与任务栏

桌面最下方的矩形条称为"任务栏"，它是桌面的重要组成部分，用于显示正在运行的应用程序或打开的窗口。任务栏的左侧■按钮，称为【开始】按钮，单击它将弹出【开始】菜单。基于传统的"开始"菜单，Windows 10 操作系统引入了 Metro 界面的图片磁贴的显示方式，方便用户快速、灵活选择应用程序。

1.【开始】菜单

【开始】菜单是我们执行任务的一个标准入口、一条重要通道，通过它可以打开文档、启动应用程序、关闭系统、搜索文件等。单击【开始】按钮或者按下键盘中的 Win 键，可以打开【开始】菜单，如图 2-9 所示。

【开始】菜单分为三个基本部分：

(1) 左边窗格提供了对常用文件夹、文件、设置和功能的访问，还可以注销 Windows 或关闭计算机。

（2）中间窗格显示"所有应用"，包含计算机安装的所有应用程序的列表。在 Windows 10 系统"所有应用"窗格中，增加了个人智能助理 菜单命令项，Cortana 结合了功能强大的 Bing 搜索引擎，它可以帮助用户查找资料信息、跟踪程序包、管理日历，具有聊天功能，还可以推送更新的资讯信息等。另外，Windows 10 系统在"开始"菜单里还提供了一种新的浏览器 ⓔ Microsoft Edge。Microsoft Edge 引入新的 Edge HTML 引擎，简化网页界面信息，并增加了一些用户注释功能的笔记功能，所以用户可以更加方便、流畅地浏览网页内容。

（3）右边窗格是 Windows 10 操作系统提供的动态磁贴区域。磁贴的形式可以是文字或图片。如需将某应用程序添加至动态磁贴区域，选中某应用程序拖至动态磁贴区域即可，或右击某应用程序，在弹出的快捷菜单中选择【固定到"开始"屏幕】命令。

图 2-9　【开始】菜单

【开始】菜单的含义在于它通常用于启动或打开某项内容，是打开计算机程序、文件或设置的门户，具体功能描述如下：

❖　**启动程序**：通过【开始】菜单中的【所有应用】命令，可以启动安装在计算机中的所有应用程序。

❖　**打开窗口**：通过【开始】菜单可以打开常用的工作窗口，如"文件资源管理器""文档"和"图片"等。

❖　**管理计算机**：通过【开始】菜单中的控制面板、管理工具、实用程序可以对计算机进行设置与维护，如个性化设置、备份、整理碎片等。

❖　**关机功能**：计算机关机必须通过【开始】菜单进行操作，另外，还可以重启、待机、注销用户等。

❖　**帮助信息**：通过【开始】菜单可以获取相关的帮助信息。

2．任务栏

顾名思义，任务栏就是用于执行或显示任务的"专栏"，它是一个矩形条，由"开始""搜索框""任务视图""快速启动栏""系统图标显示区"和"显示桌面"按钮组成。如图2-10所示。

图2-10　任务栏

(1) 搜索框位于"开始"按钮之后，是 Windows 10 新增的快捷按钮。搜索框与 Cortana 集成一体，用于搜索应用程序、文件、设置及网页信息等。

(2) 任务视图位于"搜索框"之后，是 Windows 10 新增的快捷按钮，它实现了多个应用程序间的切换。单击 ▦ 按钮，在桌面上显示已经启动的程序界面，方便用户快速切换应用程序。

(3) 快速启动栏位于"任务视图"之后，提供了若干应用程序图标，单击某程序图标，可以快速启动相应的程序。如果要将一个经常使用的应用程序图标添加到快速启动栏中，可以在桌面上拖动快捷方式图标到快速启动栏上，当出现一条竖直的线"|"时释放鼠标即可。

(4) 任务栏的中间是主体部分，显示了正在执行的任务。当不打开窗口或程序时，它是一个蓝色条；如果打开了窗口或程序，任务栏的主体部分将出现一个个按钮，分别代表已打开的不同窗口或程序，单击这些按钮，可以在打开的窗口之间切换。

(5) 系统图标区显示了系统时间、声音控制图标、网络连接状态图标等。另外，一些应用程序最小化以后，其图标也会出现在这个位置上。

(6) 显示桌面位于任务栏的最右端，当打开的窗口过多时，单击"显示桌面"区域可以快速转入显示桌面。

2.2.3　桌面图标的管理

桌面上的图标并不是固定不变的，可以进行添加、删除、设置大图标显示等，本节主要介绍桌面图标的基本管理，如图标的排列、任务栏的设置等。

1．排列桌面图标

当桌面上的图标太多时，往往会产生凌乱的感觉，这时需要对它进行重新排列。在 Windows 10 系统中，通过【排序方式】命令来排列，具体操作步骤如下：

(1) 在桌面上的空白位置处单击鼠标右键。

(2) 在弹出的快捷菜单中指向【排序方式】命令，则弹出下一级子菜单，如图2-11所示。

(3) 在子菜单中选择相应的命令，可以按照所选的方式重新排列图标，一共有四种排列方式：

❖ 【名称】：选择该命令，将按桌面图标名称的字母顺序排列图标。

图2-11　【排序方式】子菜单

❖　【大小】：选择该命令，将按文件大小顺序排列图标。如果图标是某个程序的快捷方式图标，则文件大小指的是快捷方式文件的大小。

❖　【项目类型】：选择该命令，将按桌面图标的类型顺序排列图标。例如桌面上有多个 Photoshop 图标，则它们将排列在一起。

❖　【修改日期】：选择该命令，将按快捷方式图标最后的修改时间排列图标。

2．查看桌面图标

桌面图标的大小是可以改变的，并且可以控制显示与隐藏。在【查看】命令的子菜单中提供了三组命令，最上方的三个命令用于更改桌面图标的大小，中间的两个命令用于控制图标的排列，如图 2-12 所示。

(1) 在桌面的空白位置处单击鼠标右键。

(2) 在弹出的快捷菜单中指向【查看】命令，则弹出下一级子菜单。

图 2-12　【查看】子菜单

(3) 根据需要选择相应的子菜单命令即可。

❖　【大图标】【中等图标】【小图标】：选择这几个命令，可以更改桌面图标的大小。

❖　【自动排列图标】：选择该命令，图标将自动从左向右以列的形式排列。

❖　【将图标与网格对齐】：屏幕上有不可视的网格，选择该命令，可以将图标固定在指定的网格位置上，使图标相互对齐。

❖　【显示桌面图标】：选择该命令，桌面上将显示图标；否则看不到桌面图标。

3．调整任务栏的大小

默认情况下，任务栏是被锁定的，即不可以随意调整任务栏。但是，取消任务栏的锁定之后，用户可以对任务栏进行适当的调整。例如可以改变任务栏的高度，具体操作步骤如下：

(1) 在任务栏的空白位置处单击鼠标右键，在弹出的快捷菜单中选择【锁定任务栏】命令，取消锁定状态，如图 2-13 所示。

(2) 将光标指向任务栏的上方，当光标变为"↕"形状时向上拖动鼠标，可以拉高任务栏，如图 2-14 所示。

(3) 如果任务栏过高，可以再次将光标指向任务栏的上方，当光标变为"↕"形状时向下拖动鼠标，将任务栏压低，如图 2-15 所示。

图 2-13　取消锁定状态　　　图 2-14　拉高任务栏　　　图 2-15　压低任务栏

2.2.4　窗口的操作

Windows 即"窗口"的意思，Windows 操作系统就是以窗口的形式来管理计算机资源的，窗口作为 Windows 的重要组成部分，构成了用户与 Windows 之间的桥梁。因此，认识并掌握窗口的基本操作是使用 Windows 操作系统的基础。

1．窗口的组成

不同程序的窗口有不同的布局和功能，下面以最常见的【此电脑】窗口为例，介绍其各组成部分。【此电脑】窗口主要由标题栏、快速访问工具栏、菜单栏、控制按钮区、地址栏、搜索框、列表区、信息栏、工作区、窗口边框、视图按钮等部分组成。

在桌面上双击"此电脑"图标，可以打开【此电脑】窗口，这是一个典型的 Windows 10 窗口，构成窗口的各部分如图 2-16 所示。

图 2-16　【此电脑】窗口

❖　标题栏：标题栏位于窗口的最上方，在标题栏上显示该窗口的名称。标题栏右侧有三个控制按钮，分别是最小化按钮、最大化/还原按钮、关闭按钮。

❖　快速访问工具栏：快速访问工具栏位于标题栏的左侧，默认按钮包括"属性""新建文件夹"和显示"视图"设置功能。单击 ▼ 按钮，弹出【自定义快速访问工具栏】下拉列表，用户可以勾选列表中的选项命令添加至快速访问工具栏中。

❖　菜单栏：菜单栏位于标题栏的下方，通常由【文件】【计算机】和【查看】等菜单项组成。菜单栏包含了当前窗口或窗口内容的操作命令设置。菜单栏的右侧有"展开功能区/最小化功能区"和"帮助"两个功能按钮。

　　❖　控制按钮区：控制按钮区在地址栏的左侧位置，主要包括"返回""前进"和"上移到前一个目录位置"三个控制按钮。单击 ✔ 按钮，弹出下拉菜单，单击某一目录可以快速进入该位置。

　　❖　地址栏：地址栏位于菜单栏的下方，用于显示当前所处的路径，采用了叫作"面包屑"的导航功能，如果要复制当前地址，只要在地址栏空白处单击鼠标，即可让地址栏以传统的方式显示，地址栏右侧为"刷新"按钮。

　　❖　搜索框：搜索框位于地址栏的右侧，用于搜索计算机和网络中的信息，并不是所有的窗口都有搜索框。

　　❖　列表区：列表区位于控制按钮区的下方，又称为导航窗格，列表区中显示了电脑现有的目录项，单击某项可以快速转至其文件或目录位置。在列表区中，单击 ▼ 按钮表示该目录项可以展开子目录项；单击 ▶ 按钮表示该目录项可以收缩或隐藏其子目录项。

　　❖　工作区：这是窗口最主要的部分，用来显示窗口的内容，我们就是通过这里操作计算机的，如查找、移动、复制文件等。

　　❖　信息栏：信息栏位于列表区下方，用来显示该窗口的状态。例如选择了部分文件时，信息栏中将显示选择的文件个数、修改日期等。

　　❖　窗口边框：窗口边框即窗口的边界，它是用于改变窗口大小的主要工具。

　　❖　视图按钮：视图按钮位于信息栏的右侧，包括"在窗口中显示每一项的相关信息"和"使用大缩略图显示项"两个按钮，即实现"详细信息"和"大图标"查看方式。

2．最小化、最大化/还原与关闭窗口

　　在每个窗口的右上角都有三个窗口控制按钮，其中，单击"最小化"按钮 ➖，如图 2-17 所示，窗口将化为一个按钮停放在任务栏上；单击"最大化"按钮 ☐，如图 2-18 所示，可以使窗口充满整个 Windows 桌面，处于最大化状态，这时"最大化"按钮变成了"还原"按钮 ❑；单击"还原"按钮 ❑，如图 2-19 所示，窗口又恢复到原来的大小。

图 2-17　单击"最小化"按钮　　　　图 2-18　单击"最大化"按钮　　　图 2-19　单击"还原"按钮

　　当需要关闭窗口时，直接单击标题栏右侧的"关闭"按钮 ✕ 即可。另外，单击菜单栏中的【文件】/【关闭】命令，也可以关闭窗口。

3．移动窗口

　　移动窗口就是改变窗口在屏幕上的位置，移动窗口的方法非常简单，将光标移到地址栏上方的空白处，按住鼠标左键并拖动鼠标到目标位置处，释放鼠标左键，即完成窗口的移动。

　　另外，还可以使用键盘移动窗口，方法是按住 Alt 键的同时敲击空格键，这时将打开控制菜单，再按下 M 键(即 Move 的第一个字母)，然后按下键盘上的方向键移动窗口，当到达目标位置后，按下回车键即可。

4．调整窗口大小

当窗口处于非最大化状态时，可以改变窗口的大小。将光标移到窗口边框上或者右下角，当光标变成双向箭头时按住鼠标左键拖动鼠标，就可以改变窗口的大小，如图 2-20 所示。

图 2-20　改变窗口大小时的三种状态

2.2.5　认识对话框

在 Windows 操作系统中，对话框是一个非常重要的概念，它是用户更改参数设置与提交信息的特殊窗口，在进行程序操作、系统设置、文件编辑时都会用到对话框。

1．对话框与窗口的区别

一般情况下，对话框中包括以下组件：标题栏、要求用户输入信息或设置的选项、命令按钮，如图 2-21 所示。

图 2-21　对话框的组成

初学者一定要将对话框与窗口区分开，这是两个完全不同的概念，它们虽然有很多相同之处，但是区别也是明显的，主要表现在以下几个方面：

(1) 作用不同。窗口用于操作文件，而对话框用于设置参数。

(2) 概念的外延不同。从某种意义来说，窗口包含对话框，也就是说，在窗口环境下通过执行某些命令，可以打开对话框；反之则不可以。

(3) 外观不同。窗口没有【确定】或【取消】按钮，而对话框都有这两个按钮。

(4) 操作不同。窗口可以最小化、最大化/还原操作，也可以调整大小，而对话框一般是固定大小。

2. 对话框的组成

构成对话框的组件比较多，但是，并不是每一个对话框中都必须包含这些组件，一个对话框可能只用到几个组件。常见的组件有选项卡、单选按钮、复选框、文本框、下拉列表、列表、数值框与滑块等，下面我们逐一介绍各个组件。

(1) 选项卡。选项卡也叫标签，当一个对话框中的内容比较多时，往往会以选项卡的形式进行分类，在不同的选项卡中提供相应的选项。一般地，选项卡都位于标题栏的下方，单击某个选项卡就可以在不同的选项卡之间进行切换，如图 2-22 所示。

(2) 单选按钮。单选按钮是一组相互排斥的选项，在一组单选按钮中，任何时刻只能选择其中的一个，被选中的单选按钮内有一个圆点，未被选中的单选按钮内无圆点，它的特点是"多选一"，如图 2-23 所示。

图 2-22　选项卡

图 2-23　单选按钮

(3) 复选框。复选框之间没有约束关系，在一组复选框中，可以同时选中一个或多个复选框。它是一个小方框，被选中的复选框中有一个对勾，未被选中的复选框中没有对勾，它的特点是"多选多"，如图 2-24 所示。

(4) 文本框。文本框是一个矩形方框，它的作用是允许用户输入文本内容，如图 2-25 所示。

图 2-24　复选框　　　　　　　　　　　　图 2-25　文本框

(5) 下拉列表。下拉列表是一个矩形框，显示当前的选定项，但是其右侧有一个小三角形按钮，单击它可以打开一个下拉列表，其中有很多可供选择的选项，如图 2-26 所示。如果选项太多，不能一次显示出来，将出现滚动条。

(6) 列表。与下拉列表不同，列表直接列出所有选项供用户选择，如果选项较多，列表的右侧会出现滚动条。通常情况下，一个列表中只能选择一个选项，选中的选项以深色显示，如图 2-27 所示。

图 2-26　下拉列表

图 2-27　列表

（7）数值框。数值框实际上是由一个文本框加上一个增减按钮构成的，所以可以直接输入数值，也可以通过单击增减按钮的上下箭头改变数值，如图 2-28 所示。

（8）滑块。滑块在对话框中出现的概率不大，它由一个标尺与一个滑块共同组成，拖动滑块可以改变数值或等级，如图 2-29 所示。

图 2-28　数值框

图 2-29　滑块

2.2.6　关于菜单

Windows 操作系统中的"菜单"是指一组操作命令的集合，它是用来实现人机交互的主要形式，通过菜单，用户可以向计算机下达各种命令。Windows 中有四种类型的菜单，分别是：【开始】菜单、标准菜单、快捷菜单与控制菜单。

1.【开始】菜单

前面我们已经对【开始】菜单进行了详细介绍，它是 Windows 操作系统特有的菜单，主要用于启动应用程序、获取帮助和支持、关闭计算机等操作。

2. 标准菜单

标准菜单是指菜单栏上的下拉菜单，它往往位于窗口标题栏的下方，集合了当前程序的特定命令。程序不同，其对应的菜单也不同。单击菜单栏的菜单名称，可以打开一个下拉式菜单，其中包括了许多菜单命令，用于相关操作。图 2-30 所示是【此电脑】窗口的标准菜单。

3. 快捷菜单

在 Windows 操作环境下，任何情况下单击鼠标右键，都会弹出一个菜单，这个菜单称为"快捷菜单"。实际上，我们在学习前面的内容时已经接触到了"快捷菜单"。

快捷菜单是智能化的，它包含了一些用来操作该对象的快捷命令。在不同的对象上单击鼠标右键，弹出的快捷菜单中的命令是不同的，图 2-31 所示是在桌面上单击鼠标右键时出现的快捷菜单。

图 2-30　标准菜单　　　　　　图 2-31　在桌面上单击右键时的快捷菜单

4．控制菜单

在任何一个窗口标题栏区域内单击鼠标右键，都可以弹出一个菜单，这个菜单称为"控制菜单"，其中包括还原、移动、大小、最小化、最大化和关闭等命令，如图 2-32 所示。在使用键盘操作 Windows 10 时，控制菜单非常有用。

另外，在窗口的地址栏上单击鼠标右键，也可以弹出一个菜单。该菜单中的命令是对地址的相关操作，如图 2-33 所示。

图 2-32　控制菜单　　　　　　　　图 2-33　在窗口的地址栏上单击右键

2.3　文件管理与磁盘维护

如果把一台计算机比作一个房间，那么文件就相当于房间中的物品。随着时间的推移，物品会越来越多，如果不善于管理，房间就会凌乱不堪。同样，计算机也是如此，当文件越来越多时，如果管理不善，就会造成工作效率降低，甚至影响计算机的运行速度。所以，一定要会管理自己的计算机。

2.3.1 文件与文件夹

文件与文件夹是 Windows 操作系统中的两个概念，首先要理解它们，这样才有利于管理计算机。

1．文件

文件是指存储在计算机中的一组相关数据的集合。这里可以这样理解：计算机中出现的所有数据都可以称为文件，例如程序、文档、图片、动画、电影等。

文件分为系统文件和用户文件，一般情况下，操作者不能修改系统文件的内容，但可以根据需要创建或修改用户文件。

为了区别不同的文件，每一个文件都有唯一的标识，称为文件名。文件名由名称和扩展名两部分组成，两者之间用分隔符"."分开，即"名称.扩展名"，例如"课程表.docx"，其中"课程表"为名称，由用户定义，代表了一个文件的实体；而".docx"为扩展名，由计算机系统自动创建，代表了一种文件类型。常见文件的扩展名如表 2-2 所示。

表 2-2　常见文件及其扩展名

文件类型	扩展名	文件类型	扩展名
命令文件	.com	批处理文件	.bat
可执行文件	.exe	Flash 动画文件	.swf
文本文件	.txt	C 语言源文件	.c
Word 文档文件	.docx/.doc	视频文件	.avi
工作簿文件	.xlsx/.xls	位图文件	.bmp
数据库文件	.dat	压缩文件	.rar
网页文件	.html	备份文件	.bak

一般情况下，一个文件(用户文件)名称可以任意修改，但扩展名不可修改。在命名文件时，文件名要尽可能精炼达意。在 Windows 操作系统下命名文件时，要注意以下几项：

- ❖ Windows 10 支持长文件名，最长可达 256 个有效字符，不区分大小写。
- ❖ 文件名称中可以有多个分隔符"."，以最后一个作为扩展名的分隔符。
- ❖ 文件名称中除开头以外的任何位置都可以有空格。
- ❖ 文件名称的有效字符包括汉字、数字、英文字母及各种特殊符号等，但文件名中不允许有/、?、\、*、"、<、>等。
- ❖ 在同一位置的文件不允许重名。

2．文件夹

文件夹是用来组织和管理磁盘文件的一种数据结构，一个文件夹中可以包含若干个文件和子文件夹，也可以包含打印机、字体以及回收站中的内容等资源。

文件夹的命名与文件的命名规则相同，但是文件夹通常没有扩展名，其名字最好是易于记忆、便于组织管理的名称，这样有利于查找文件。

对文件夹进行操作时，如果没有指明文件夹，则所操作的文件夹称为当前文件夹。当前文件夹是系统默认的操作对象。

3．文件的路径

由于文件夹与文件、文件夹与文件夹之间是包含与被包含的关系，这样一层一层地包含下去，就形成了一个树状的结构。我们把这种结构称为"文件夹树"，这是一种非常形象的叫法，其中"树根"就是计算机中的磁盘，"树枝"就是各级子文件夹，而"树叶"就是文件，如图 2-34 所示。

图 2-34　文件夹树结构

从树根出发到任何一个树叶有且仅有一条通道，这条通道就是路径。路径用于指定文件在文件夹树中的位置。例如对于计算机中的"文件 3"，我们应该指出它位于哪一个磁盘驱动器下，哪一个文件夹下，甚至哪一个子文件夹下……以此类推，一直到指向最终包含该文件的文件夹，这一系列的驱动器号和文件夹名就构成了文件的路径。

计算机中的路径以反斜杠"\"表示，例如有一个名称为"photo.jpg"的文件，位于 C 盘的"图像"文件夹下的"照片"子文件夹中，那么它的路径就可以写为"C:\图像\照片\photo.jpg"。

2.3.2　文件与文件夹的管理

随着计算机使用时间的推移，文件会越来越多，有系统自动产生的，也有用户创建的，所以必须有效地管理好这些文件。对文件的管理主要包括新建、删除、移动、复制、重命名等操作，通过这些操作，对文件进行有选择地取舍，有秩序地存放。

1．新建文件夹

文件夹的作用就是存放文件，可以对文件进行分类管理。在 Windows 操作系统下，用户可以根据需要自由创建文件夹，具体操作方法如下：

(1) 打开【此电脑】窗口。

(2) 在列表区窗格中选择要在其中创建新文件夹的磁盘或文件夹。

(3) 单击【主页】菜单，在"新建"功能组中单击【新建文件夹】按钮，即可在指定位置创建一个新的文件夹。

(4) 创建了新的文件夹后，可以直接输入文件夹名称，按下回车键或在名称以外的位置处单击鼠标，即可确认文件夹的名称。

2. 重命名文件与文件夹

管理文件与文件夹时，应该根据其内容进行命名，这样可以通过名称判断文件的内容。如果需要更改已有文件或文件夹的名称，可以按照如下步骤进行操作：

(1) 选择要更改名称的文件或文件夹。

(2) 使用下列方法之一激活文件或文件夹的名称。

❖ 单击文件或文件夹的名称。

❖ 单击【主页】菜单，在"组织"功能组中单击【重命名】按钮。

❖ 在文件或文件夹名称上单击鼠标右键，从弹出的快捷菜单中选择【重命名】命令。

❖ 按下 F2 键。

(3) 输入新的名称，然后按下回车键确认。输入新名称时，扩展名不要随意更改，否则会影响文件的类型，导致打不开文件。

3. 选择文件与文件夹

对文件与文件夹进行操作前必须先选择操作对象。如果要选择某个文件或文件夹，只需用鼠标在【此电脑】窗口中单击该对象即可将其选择。

(1) 选择多个相邻的文件或文件夹。要选择多个相邻的文件或文件夹，有两种方法可以实现。最简单的方法是直接使用鼠标进行框选，这时被鼠标框选的文件或文件夹将同时被选择，如图 2-35 所示。

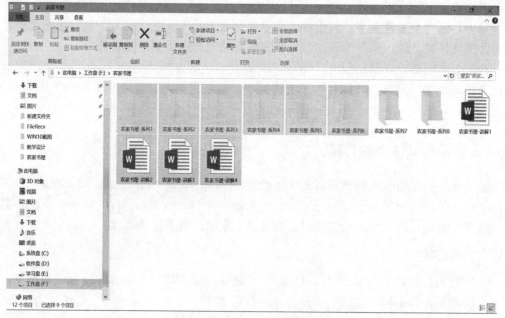

图 2-35　框选文件或文件夹

另外，单击要选择的第一个文件或文件夹，然后再按住 Shift 键单击要选择的最后一个文件或文件夹，这时两者之间的所有文件或文件夹均被选择。

(2) 选择多个不相邻的文件或文件夹。如果要选择多个不相邻的文件或文件夹，首先单击要选择的第一个文件或文件夹，然后按住 Ctrl 键分别单击其他要选择的文件或文件夹即可，如图 2-36 所示。

图 2-36 选择多个不相邻的文件或文件夹

如果不小心多选择了某个文件，可以按住 Ctrl 键的同时继续单击该文件，则可以取消选择。

(3) 选择全部文件与文件夹。如果要在某个文件夹下选择全部的文件与子文件夹，可以单击【主页】菜单，在"选择"功能组中单击【全部选择】按钮，或者按下"Ctrl + A"键。

4．复制和移动文件与文件夹

在实际应用中，有时用户需要将某个文件或文件夹复制或移动到其他地方，以方便使用，这时就需要用到复制或移动操作。复制和移动操作基本相同，只不过两者完成的任务不同。复制是创建一个文件或文件夹的副本，原来的文件或文件夹仍存在；移动就是将文件或文件夹从原来的位置移走，放到一个新位置。

方法一 使用拖动的方法。

如果要使用鼠标拖动的方法复制或移动文件和文件夹，可以按照下述步骤操作：

(1) 选择要复制或移动的文件或文件夹。

(2) 将光标指向所选的文件或文件夹，如果要复制，则按住 Ctrl 键的同时向目标文件夹拖动鼠标，这时光标的右下角出现一个"＋"号和复制提示，如图 2-37 所示。

图 2-37 复制提示

(3) 如果要移动，则直接按住鼠标左键向目标文件夹拖动鼠标，当光标移动到目标文件夹右侧时，则光标右下角出现移动提示，如图 2-38 所示。如果目标文件夹与移动的文件或文件夹不在同一个磁盘上，需要按住 Shift 键后再拖动鼠标。

图 2-38　移动提示

(4) 释放鼠标即可完成文件或文件夹的复制或移动操作。

方法二　使用【复制(剪切)】与【粘贴】命令。

如果要使用菜单命令复制或移动文件和文件夹，可以按照下述步骤操作：

(1) 选择要复制或移动的文件或文件夹。

(2) 单击【主页】菜单，在"剪贴板"功能组中单击【复制】或【剪切】按钮，将所选的内容送至 Windows 剪贴板中。

(3) 选择目标文件夹。

(4) 单击【主页】菜单，在"剪贴板"功能组中单击【粘贴】按钮，则所选的内容将被复制或移动到目标文件夹中。

使用菜单命令复制(或移动)文件和文件夹是最容易理解的操作。除此之外，也可以在快捷菜单中执行【复制】【剪切】与【粘贴】命令，当然，还可以按下"Ctrl + C(X)"键和"Ctrl + V"键。

方法三　使用【复制(移动)到文件夹】命令。

除了前面介绍的两种方法之外，用户还可以利用【主页】菜单，在"组织"功能组中单击【复制到】或【移动到】按钮来复制或移动文件和文件夹，具体操作步骤如下：

(1) 选择要复制或移动的文件或文件夹。

(2) 单击【主页】菜单，在"组织"功能组中单击【复制到】或【移动到】按钮，弹出下拉式菜单，如图 2-39 所示。

(3) 在弹出的下拉式菜单中选择复制或移动文件或文件夹的目标位置，若没有目标文件夹位置，在下拉式菜单中选择【选择位置...】命令，在弹出【复制(移动)项目】对话框中选择目标文件夹，如图 2-40 所示。如果没有目标文件夹，也可以单击【新建文件夹】按钮，创建一个新目标文件夹。

图 2-39　执行【复制到文件夹】命令　　　　图 2-40　选择目标文件夹

(4) 单击【复制】按钮或【移动】按钮，在弹出的【正在复制(移动)】消息框中显示了复制(移动)的进程与剩余时间，该消息框消失后即可完成复制或移动操作。

5. 删除文件与文件夹

经过长时间的工作，计算机中总会出现一些没用的文件。这样的文件多了，就会占据大量的磁盘空间，影响计算机的运行速度。因此，对于一些不再需要的文件或文件夹，应该将它们从磁盘中删除，以节省磁盘空间，提高计算机的运行速度。删除文件或文件夹的操作步骤如下：

(1) 选择要删除的文件或文件夹。

(2) 按下 Delete 键，或者单击【主页】菜单，在"组织"功能组中单击【删除】按钮，在弹出下拉式菜单中选择【回收】命令，如图 2-41 所示。

图 2-41　【删除文件】对话框

(3) 单击【是】按钮，则将文件删除到回收站中。如果删除的是文件夹，则它所包含的子文件夹和文件将一并被删除。

值得注意的是，从 U 盘、可移动硬盘、网络服务器中删除的内容将直接被删除，回收站不接收这些文件。另外，当删除的内容超过回收站的容量或者回收站已满时，这些文件将直接被永久性删除。

6. 文件与文件夹的视图方式

文件和文件夹的视图方式是指在【此电脑】窗口中显示文件和文件夹图标的方式。Windows 10 操作系统提供了"超大图标""中图标""列表"等多种视图方式。更改默认视图方式的操作步骤如下：

(1) 打开【此电脑】窗口。

(2) 单击【查看】菜单，在"布局"功能组中选择相应的命令按钮可以在各视图之间切换，如图 2-42 所示。

图 2-42 【查看】菜单

图 2-43 选择不同的视图方式

除了上面介绍的基本方法以外，还可以通过以下两种方法更改文件和文件夹的视图方式。

❖ 在【此电脑】窗口右下角有两个视图按钮，分别是【在窗口中显示每一项的相关信息】和【使用大缩略图显示项】视图方式，如图 2-43 所示。

❖ 在窗口的工作区中单击鼠标右键，在弹出的快捷菜单中选择【查看】命令，在其子菜单中也可以选择需要的视图方式。

2.3.3 使用回收站

回收站可以看作是办公桌旁边的废纸篓，只不过它回收的是硬盘驱动器上的文件。只要没有清空回收站，就可以查看回收站中的内容，并且可以还原。但是一旦清空了回收站，其中的内容将永久性消失，不可以还原了。

1．还原被删除的文件

如果要将已删除的文件或文件夹还原，可以按如下步骤操作：

(1) 双击桌面上的回收站图标，打开【回收站】窗口，该窗口中显示了回收站中的所有内容。

(2) 如果要全部还原，则不需要做任何选择，直接单击【管理】/【回收站工具】菜单，在"还原"功能组中单击【还原所有项目】按钮即可，如图 2-44 所示。

图 2-44 还原所有项目

(3) 如果只需要还原一个或几个文件，则在【回收站】窗口中选择要还原的文件，单击【管理】/【回收站工具】菜单，在"还原"功能组中单击【还原选定的项目】按钮，如图 2-45 所示。

图 2-45　还原选定的文件

2．清空回收站

当用户确信回收站中的某些或全部信息已经无用，就可以将这些信息彻底删除。如果要清空整个回收站，可以按如下步骤操作：

(1) 双击桌面上的回收站图标，打开【回收站】窗口。

(2) 单击【管理】/【回收站工具】菜单，在"管理"功能组中单击【清空回收站】按钮，如图 2-46 所示。

图 2-46　清空回收站的操作

(3) 这时弹出一个提示信息框，要求用户进行确认，确认后即可清空回收站，将文件或文件夹彻底从硬盘中删除。

还有一种更快速的清空回收站的方法：直接在桌面上的回收站图标上单击鼠标右键，从弹出的快捷菜单中选择【清空回收站】命令。

2.3.4　磁盘维护

Windows 提供了很多简单易用的系统工具，这使得管理磁盘不再是一件困难的事。用户可以随时对磁盘进行相关的操作，使磁盘驱动器保持在最佳的工作状态。

1．格式化磁盘

使用新磁盘之前都要先对磁盘进行格式化。格式化操作将为磁盘创建一个新的文件系统，包括引导记录、分区表以及文件分配表等，使得磁盘的空间能够被重新利用。格式化磁盘的步骤如下：

(1) 打开【此电脑】窗口。

(2) 在要格式化的磁盘上单击鼠标右键，从弹出的快捷菜单中选择【格式化】命令(或者单击【管理】/【驱动器工具】菜单，在"管理"功能组中单击【格式化】按钮)，将弹出【格式化】对话框，如图 2-47 所示。

在对话框中设置格式化磁盘的相关选项。

❖ 容量：用于选择要格式化磁盘的容量，Windows 将自动判断容量。

❖ 文件系统：用于选择文件系统的类型，一般应为 NTFS 格式。

❖ 分配单元大小：用于指定磁盘分配单元的大小或簇的大小，推荐使用默认设置。

❖ 卷标：用于输入卷的名称，以便今后识别。卷标最多可以包含 11 个字符(包含空格)。

❖ 格式化选项：用于选择格式化磁盘的方式。

(3) 单击【开始】按钮，则开始格式化磁盘。当下方的进度条达到 100%时，表示格式化操作完成，如图 2-48 所示。

图 2-47 【格式化】对话框   图 2-48 完成格式化操作

(4) 单击【确定】按钮，然后关闭【格式化】对话框即可。

格式化操作是破坏性的，所以格式化磁盘之前，一定要对重要资料进行备份，没有十足的把握不要轻易格式化磁盘，特别是电脑中的硬盘。

2. 磁盘清理

Windows 在使用特定的文件时，会将这些文件保留在临时文件夹中；浏览网页的时候会下载很多临时文件；有些程序非法退出时也会产生临时文件……时间久了，磁盘空间就会被过度消耗。如果要释放磁盘空间，逐一去删除这些文件显然是不现实的，而磁盘清理程序可以有效解决这一问题。

磁盘清理程序可以帮助用户释放磁盘上的空间，该程序首先搜索驱动器，然后列出临时文件、Internet 缓存文件和可以完全删除的不需要的文件，具体使用方法如下：

(1) 打开【开始】菜单，选择【所有应用】/【Windows 管理工具】/【磁盘清理】命令，打开【磁盘清理：驱动器选择】对话框，如图 2-49 所示。

(2) 在【驱动器】下拉列表中选择要清理的驱动器，然后单击【确定】按钮，这时弹出【磁盘清理】提示框，提示正在计算所选磁盘上能够释放多少空间，如图 2-50 所示。

图 2-49　【磁盘清理：驱动器选择】对话框　　　　图 2-50　【磁盘清理】提示框

(3) 计算完成后，则弹出【***的磁盘清理】对话框，告诉用户所选磁盘的计算结果，如图 2-51 所示。

(4) 在【要删除的文件】列表中勾选要删除的文件，然后单击【确定】按钮，即可对所选驱动器进行清理，如图 2-52 所示。

图 2-51　【***的磁盘清理】对话框　　　　图 2-52　磁盘清理过程

3. 查看磁盘属性

有时我们需要查看磁盘的容量与剩余空间，甚至需要改变磁盘驱动器的名称。这时可以通过磁盘的【属性】对话框完成，具体操作步骤如下：

(1) 打开【此电脑】窗口。

(2) 在要查看磁盘属性的驱动器图标上单击鼠标右键，从弹出的快捷菜单中选择【属性】命令，则弹出【属性】对话框，如图 2-53 所示。

(3) 通过该对话框可以了解磁盘的总容量、空间的使用情况、采用的文件系统等基本属性，也可以重新命名磁盘驱动器，或者单击【磁盘清理】按钮对磁盘进行清理。

(4) 切换到【工具】选项卡，还可以对该磁盘进行查错、优化和碎片整理等操作，如图 2-54 所示。

图 2-53 【属性】对话框

图 2-54 【工具】选项卡

4. 磁盘查错

当使用计算机一段时间以后，由于频繁地向硬盘上安装程序、删除程序、存入文件、删除文件等，可能会产生一些逻辑错误，这些逻辑错误会影响用户的正常使用，如报告磁盘空间不正确、数据无法正常读取等，利用 Windows 10 的磁盘查错功能可以有效地解决上述问题，具体操作方法如下：

(1) 打开【此电脑】窗口，在需要查错的磁盘上单击鼠标右键，从弹出的快捷菜单中选择【属性】命令。

(2) 在打开的【属性】对话框中切换到【工具】选项卡，单击【检查】按钮。

(3) 在弹出的【错误检查】对话框中，给出"在此驱动器上未发现任何错误，不需要扫描此驱动器"结果。如果需要继续扫描该驱动器，单击"扫描驱动器"文字链接，进行错误检查，如图 2-55 所示。

(4) 磁盘管理程序开始检查磁盘，这个过程不需要操作，等待一会儿将出现磁盘检查结果，如果有错误则加以修复；如果没有错误，单击【关闭】按钮即可，如图 2-56 所示。

图 2-55 设置检查选项

图 2-56 检查结果

磁盘检查程序事实上是磁盘的初级维护工具，建议用户定期(如每一个月或两个月)检查磁盘。另外，如果觉得磁盘有问题，也要先运行磁盘检查程序进行检查。

5. 磁盘优化

在使用计算机的过程中，由于经常对文件或文件夹进行移动、复制和删除等操作，在磁盘上会形成一些物理位置不连续的磁盘空间，即磁盘碎片。这样，由于文件不连续，所以会影响文件的存取速度。使用 Windows 10 系统提供的【碎片整理和优化驱动器】命令，可以重新安排文件在磁盘中的存储位置，合并可用空间，从而可以提高磁盘的使用性能。磁盘优化的具体操作步骤如下：

(1) 打开【开始】菜单，选择【所有应用】/【Windows 管理工具】/【碎片整理和优化驱动器】，打开【优化驱动器】对话框，如图 2-57 所示。

图 2-57　【优化驱动器】对话框

(2) 在对话框下方的列表中选择要优化的磁盘，单击【分析】按钮，系统将对所选磁盘进行分析，并给出碎片的百分比。

(3) 用户可以根据分析结果决定是否进行磁盘优化，例如要对 F 盘进行碎片整理，则选择 F 盘后单击【优化】按钮，系统开始整理碎片，如图 2-58 所示。

图 2-58　磁盘碎片整理的过程

(4) 根据磁盘碎片的严重程度不同，不同分区碎片整理的时间不尽相同，与其他Windows 系统相比，Windows 10 系统的碎片检查和整理速度都快很多。

需要注意的是，在整理磁盘碎片时应耐心等待，不要中途停止。最好关闭所有的应用程序，不要进行读、写操作，如果对整理的磁盘进行了读、写操作，磁盘碎片整理程序将重新开始整理。

为了减少用户对 Windows 的管理工作，Windows 10 系统提供了自动优化驱动器的功能。磁盘自动优化的具体操作步骤如下：

(1) 双击【此电脑】，在弹出的窗口右击某一个需要优化的驱动器，在弹出的快捷菜单中单击【属性】命令。

(2) 弹出【属性】对话框，单击【工具】选项卡，在【对驱动器进行优化和碎片整理】栏单击【优化】按钮，同样可以打开【优化驱动器】对话框。

(3) 设置优化频率。单击【更改设置】按钮，弹出【优化驱动器】对话框，选中【按计划运行】复选框，优化频率分别为每天、每周或每月，如图 2-59 所示。

图 2-59 【优化驱动器】频率设置

(4) 添加需要优化的驱动器。在【驱动器】选项中，单击【选择】按钮，弹出【优化驱动器】对话框，在【选择要定期优化的驱动器】列表中选中所需要优化的驱动器复选框，并选中【自动优化新驱动器】复选框，单击【确定】按钮，如图 2-60 所示。

图 2-60 【优化驱动器】设置

2.4　Windows 10 系统环境设置

每次打开计算机都是相同的桌面，时间长了就会产生"审美疲劳"。为了让每个人的计算机都"有所不同"，Windows 10 操作系统允许用户设置系统环境，例如设置桌面主题、外观、锁屏界面、屏幕保护、系统时间与日期等，通过更改这些选项，可以让计算机更好地为自己服务，更加突出计算机的个性化。

2.4.1　更改桌面背景

计算机桌面背景实际上是一张图片，是可以更改的。用户可以把系统自带的图片设置为桌面背景，也可以选择自己制作的图片或照片作为桌面背景。改变桌面背景的操作步骤如下：

(1) 在桌面的空白处单击鼠标右键，从弹出的快捷菜单中选择【个性化】命令，打开【个性化】窗口，选择【背景】选项，在其窗口右侧区域即可设置桌面背景，如图 2-61 所示。

图 2-61　【个性化】窗口

(2) 设置桌面背景。桌面背景包含图片、纯色和幻灯片放映三种选择方式，如图 2-62 所示。用户选择【背景】/【图片】方式，在图片缩略图中选择要设置的背景图片。也可以单击【浏览】按钮，选择本地图片(如照片、绘画作品等)作为桌面背景图片设置。

(3) 当选择了图片作为桌面背景时，在对话框下方的【图片位置】下拉列表中可以设置图片的显示方式，分别为"填充""适应""拉伸""平铺""居中"和"跨区"。用户可以根据需要进行选择。

图 2-62　【桌面背景】对话框

(4) 如果不想使用图片，希望桌面背景是纯色，可以在【背景】下拉列表中选择"纯色"，然后在下方的列表中选择一种预置的颜色即可，如图 2-63 所示。

图 2-63　选择纯色为桌面背景

2.4.2　设置锁屏界面

在【个性化】窗口，用户还可以根据自己的习惯或喜好，设置锁屏状态的背景和显示详细状态的一些应用情况，具体操作步骤如下：

(1) 在桌面的空白处单击鼠标右键，从弹出的快捷菜单中选择【个性化】命令，打开【个性化】窗口。

(2) 在【个性化】窗口中单击【锁屏界面】选项，在其窗口右侧区域即可设置用于锁屏的背景，包括 Windows 聚焦、图片和幻灯片放映三种选择方式，添加显示详细状态的应用信息，比如天气、日历、应用商店等，如图 2-64 所示。

图 2-64　【锁屏界面】设置

(3) 选择【Windows 聚焦】方式，可以在【预览】区域查看设置的锁屏图片样式效果，或者按 "Windows+L" 组合键，系统进入锁屏状态，如图 2-65 所示。

图 2-65　系统【锁屏】状态

2.4.3　设置主题

Windows 10 操作系统在窗口外观和效果样式的设置上有了很多改进，采用无边框设计的窗口，扁平化设计的图标，视觉效果更美观、简洁和现代化感，而且允许用户对窗口的颜色、透明效果等进行更改。主题包括自定义主题和应用主题两种类型。其中自定义主题，用户可自定义背景、颜色、声音和鼠标光标等设置；应用主题是系统已设置好的主题模板颜色，直接单击【应用主题】栏的图标即可生效。Windows 10 默认的背景主题颜色为黑色。自定义设置主题颜色具体操作步骤如下：

(1) 在桌面的空白处单击鼠标右键，从弹出的快捷菜单中选择【个性化】命令，打开【个性化】窗口。

(2) 在【个性化】窗口中单击【主题】选项，在其窗口右侧区域即可设置主题颜色，如图 2-66 所示。

图 2-66 【主题】设置

(3) 设置桌面、窗口主题颜色。单击【颜色】选项，在【选择颜色】栏中即可让 Windows 从背景中自动选取一种主题颜色，也可在【Windows 颜色】栏中选取自己喜欢的主题色，如图 2-67 所示。

图 2-67 【颜色】设置

2.4.4 设置屏幕保护程序

Windows10 提供了屏幕保护程序功能，当电脑在指定的时间内没有任何操作时，屏幕保护程序就会运行。要重新工作时，只需按任意键或者移动鼠标即可。设置屏幕保护程序的操作步骤如下：

(1) 在桌面的空白处单击鼠标右键，从弹出的快捷菜单中选择【个性化】命令，打开【个性化】窗口。

(2) 单击【锁屏界面】选项，窗口右侧区域弹出【锁屏界面】设置，鼠标拖曳垂直滚动条至底部，在【锁屏界面】窗口的下方单击"屏幕保护程序设置"文字链接，如图 2-68 所示，则弹出【屏幕保护程序设置】对话框，在【屏幕保护程序】下拉列表中可以选择要使用的屏幕保护程序，在【等待】选项中可以设置等待时间，就是启动屏幕保护程序的等待时间，如图 2-69 所示。

　　显示器工作时，电子枪不停地逐行发射电子束，荧光屏上有图像的地方就显示一个亮点，如果长时间让屏幕显示一个静止的画面，那些亮点的地方容易老化。为了不让电脑屏幕长时间地显示一个画面，所以要设置屏幕保护。

图 2-68　【锁屏界面】对话框

图 2-69　【屏幕保护程序设置】对话框

　　(3) 如果要设置更丰富的参数，可以单击【设置】按钮。例如选择"3D 文字"屏幕保护，单击【设置】按钮将打开【3D 文字设置】对话框，在该对话框中可以对屏幕保护程序进行更多选项的设置，如图 2-70 所示。

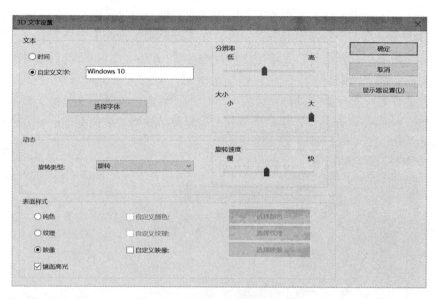

图 2-70 【3D 文字设置】对话框

(4) 依次单击【确定】按钮，完成屏幕保护程序的设置。当计算机空闲达到指定的时间时就会启动屏幕保护程序。

2.4.5 更改显示器的分辨率

显示器的分辨率影响着屏幕的可利用空间。分辨率越大，工作空间越大，显示的内容越多。更改显示器分辨率的操作步骤如下：

(1) 在桌面上的空白处单击鼠标右键，从弹出的快捷菜单中选择【显示设置】命令，打开【设置】对话框。

(2) 单击【显示】选项，窗口右侧区域弹出【显示】设置，在【分辨率】下拉列表拖动滑块，即可选择屏幕分辨率，如图 2-71 所示。

图 2-71 改变屏幕分辨率

2.4.6　添加或删除应用程序

安装 Windows 系统时，为了节约计算机空间，很多组件没有安装。需要使用的时候，可以通过控制面板进行添加或删除程序，具体操作方法如下：

(1) 在桌面上双击"控制面板"图标，打开控制面板，如图 2-72 所示。控制面板有三种查看方式，分别是类别、大图标、小图标，用户可以根据习惯选择不同的显示方式。

图 2-72　控制面板

(2) 在【类别】查看方式下单击【程序】下方的"卸载程序"文字链接，则打开【程序和功能】窗口，如图 2-73 所示。

图 2-73　【程序和功能】窗口

(3) 启用或关闭 Windows 功能。在窗口左侧单击"启用或关闭 Windows 功能"文字链接，则弹出【Windows 功能】对话框。如果要删除程序则取消该项的选择；如果要添加程序，则勾选该项，如图 2-74 所示。

图 2-74　【Windows 功能】对话框

　　单击【确定】按钮，则程序开始更新，更新完毕后自动关闭【Windows 功能】对话框，如图 2-75 所示。

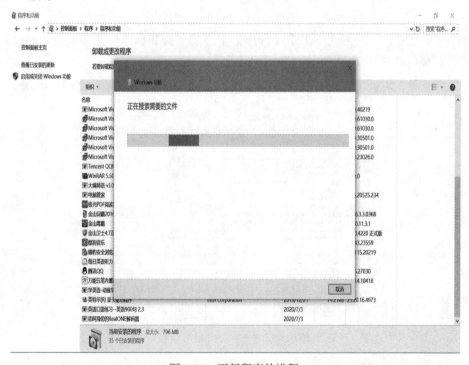

图 2-75　更新程序的进程

　　(4) 若要卸载应用程序，可在【卸载或更改程序】下拉列表中选定需要卸载的应用程序，单击【卸载/更改】按钮，在弹出的提示框中确认操作即可，如图 2-76 所示。

图 2-76　卸载"酷狗音乐"提示框

2.4.7　用户管理

Windows 10 支持多个用户使用计算机，每个用户都可以设置自己的账户和密码，并在系统中保持自己的桌面外观、图标及其他个性化设置，不同的账户互不干扰。Windows 10 创建新账户分为【家庭】和【其他用户】两种类型。创建【家庭】账户是针对一个家庭合用一台电脑的情况下，设置家庭中每位成员系统的运行环境。

1．创建新账户*

创建新账户的操作方法如下：

(1) 在桌面上双击"控制面板"图标，打开控制面板。

(2) 在【类别】查看方式下单击【用户账户】下方的"更改账户类型"文字链接，如图 2-77 所示，则弹出【管理账户】窗口。

图 2-77　添加或删除用户账户

---

* 本书中"帐户"应为"账户"，此是软件问题。

大学计算机基础教程(第二版)

(3) 在【管理账户】窗口的下方单击"在电脑设置中添加新用户"文字链接，可创建新账户，如图 2-78 所示。

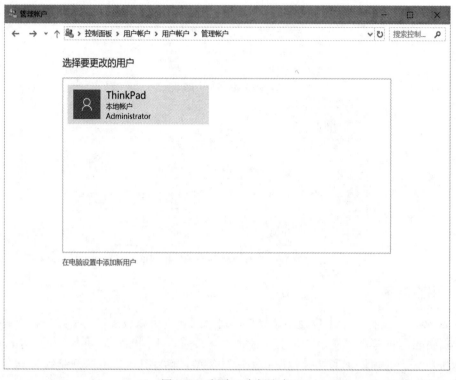

图 2-78　创建一个新账户

(4) 打开【设置】对话框，在窗口左侧【账户】栏中选择【家庭和其他用户】，如图 2-79 所示。

图 2-79　命名账户并选择账户类型

(5) 在窗口右侧区域选择【其他用户】类型，单击"将其他人添加到这台电脑"文字链接。

· 78 ·

(6) 弹出【Microsoft 账户】对话框，依次输入新用户的账号名称、安全密码等，单击【下一步】即可，如图 2-80 所示。

图 2-80　创建的新用户

2．更改用户账户

创建了新账户后，可以更改该账户的相关信息，如账户密码、图片、名称等。例如我们要为"Leo"账户更改密码，可以按如下步骤操作：

(1) 在桌面上双击"控制面板"图标，打开控制面板。

(2) 在【类别】查看方式下单击【用户账户】下方的"更改账户类型"文字链接，弹出【管理账户】窗口，单击"Leo"用户图标，如图 2-81 所示。

图 2-81　选择要更改的用户

(3) 弹出"更改 Leo 的账户"信息窗口，如图 2-82 所示。单击"更改密码"文字链接，则进入"更改 Leo 的密码"页面，输入密码时需要确认一次，每次输入时必须以相同的大小写方式输入，如图 2-83 所示。

图 2-82　创建密码

图 2-83　账户重置密码

(4) 单击【更改密码】按钮，则为该账户重置密码，并重新返回上一窗口，这时可以继续设置其他选项，如果想结束操作，关闭窗口即可。

❖ 单击"更改账户名称"文字链接，可以对账户进行重新命名。

❖ 单击"更改密码"文字链接，可以为账户重置新登录密码。

❖ 单击"更改账户类型"文字链接，可以重新指定账户类型，改为管理员或标准用户。

❖ 单击"删除账户"文字链接，可以删除该账户。

❖ 单击"管理其他账户"文字链接，可以选择其他用户账户的设置管理。

2.5　Windows 10 实用应用软件

Windows 10 操作系统有一个强大的附件功能，其中包括许多实用的小程序，可以帮助我们解决一些工作、学习与生活中遇到的问题。例如可以处理简单的文本文件、可以利用计算器处理工作中的数据，还可以播放电影、录制声音等。下面介绍几个有代表性的小程序，希望大家掌握它们的基本使用方法。

2.5.1 计算器

Windows 10 中的计算器提供了标准型、科学型、程序员和日期计算四种类型。使用标准型计算器可以做一些简单的加减运算；使用科学型计算器可以做一些高级的函数计算；使用程序员类型的计算器可以在不同的进制之间转换；使用日期计算类型的计算器可以做一些日期的统计计算。

在桌面上单击【开始】/【所有应用】/【Windows 附件】/【计算器】命令，可以打开计算器，默认情况下打开的是标准型计算器，它与我们生活中的计算器具有相同的外观，如图 2-84 所示。

如果要进行其他专业运算，则需要更多的功能，单击导航按钮 ，如图 2-85 所示，从中选择相应的命令即可切换计算器的类型。例如选择【日期计算】命令，则切换为日期计算类型的计算器，如图 2-86 所示。

图 2-84 【标准】计算器　　　图 2-85 计算器类型选择　　　图 2-86 【日期计算】计算器

Windows 10 中计算器的功能大大增强，绝不仅限于简单的计算，除了四种基本的计算器类型以外，在标准型模式下，还可以选择【单位转换】命令，其中，功率、角度、面积、能量、时间、速率等常用物理量的单位换算一应俱全，如图 2-87 所示。

图 2-87 单位转换功能

2.5.2 截图工具

截图工具是 Windows 10 中自带的一款用于截取屏幕图像的工具，使用它能够将屏幕中显示的内容截取为图片，并保存为文件或复制到其他程序中。

在桌面上单击【开始】/【所有应用】/【Windows 附件】/【截图工具】命令，启动截图工具以后，整个屏幕变成半透明的状态，它提供了 4 种截图方式，单击【新建】按钮右侧的三角箭头，在打开的下拉列表中可以看到这 4 种方式，如图 2-88 所示。

❖ 【任意格式截图】：选择该方式，在屏幕中按下鼠标左键并拖动，可以将屏幕上任意形状和大小的区域截取为图片。

❖ 【矩形截图】：这是程序默认的截图方式。选择该方式，在屏幕中按下鼠标左键并拖动，可以将屏幕中的任意矩形区域截取为图片。

❖ 【窗口截图】：选择该方式，在屏幕中单击某个窗口，可将该窗口截取为完整的图片。

❖ 【全屏幕截图】：选择该方式，可以将整个屏幕中的图像截取为一张图片。

使用任何一种方式截图以后，会弹出【截图工具】窗口，如图 2-89 所示，在工具栏中有一些简单的图像编辑按钮，用于对截图进行编辑，如复制、保存、延迟、绘制标记等。

图 2-88　4 种截图方式

图 2-89　【截图工具】窗口

2.5.3　媒体播放器

Windows Media Player 是系统自带的一款多功能媒体播放器，可以播放 CD、MP3、WAV和 MIDI 等格式的音频文件，也可以播放 AVI、WMV、VCD/DVD 光盘和 MPEG 等格式的视频文件。

在桌面上单击【开始】/【所有应用】/【Windows 附件】/【Windows Media Player】命令，可以打开 Windows Media Player 的工作界面，如图 2-90 所示。

图 2-90　Windows Media Player 的工作界面

按下 Alt 键或者在标题栏下方单击鼠标右键，可以打开一个菜单，从中选择【文件】/【打开】命令，如图 2-91 所示，这时将弹出【打开】对话框，从中选择要播放的音频或视频文件即可。

图 2-91　执行【打开】命令

当播放音频或视频时，Windows Media Player 播放器窗口的下方有一排播放控制按钮，如图 2-92 所示，用于控制视频或音频文件的播放，当光标指向这些按钮时，就会出现相应的提示信息。

图 2-92　播放控制按钮

这些按钮的功能如下：

❖　进度条：位于控制按钮的上方，进度滑块代表了播放进程，也可以拖动它控制播放进度。

❖　无序播放 ：单击该按钮可以控制播放列表中的文件无序播放。

❖　重复 ：单击该按钮，则播放列表中的文件将重复播放。

❖　停止 ：单击该按钮，停止播放视频或音频文件。

❖　播放/暂停 ：单击该按钮，可以播放声音文件。当播放文件时，该按钮变为暂停按钮，单击它时暂停播放。

❖　后退 ：单击该按钮，可以后退到播放列表中的上一个文件。

❖　前进 ：单击该按钮，可以前进到播放列表中的下一个文件。

❖　静音 ：单击该按钮，可以在关闭声音和打开声音两种状态间切换。

❖　音量 ：通过拖动音量滑块，可以调节正在播放的视频或音频文件的音量。

2.5.4 写字板

写字板是 Windows 系统自带的一个文档处理程序，利用它可以在文档中输入文本，插入图片、声音和视频等，还可以对文档进行编辑，设置格式和打印等。写字板其实就是一个小型的 Word 软件，虽然功能比 Word 软件弱一些，但是应对一些普通的文字工作绰绰有余。

在桌面上单击【开始】/【所有应用】/【Windows 附件】/【写字板】命令，打开【写字板】窗口，如图 2-93 所示。【写字板】窗口由标题栏、功能区、标尺、文档编辑区和状态栏组成。

图 2-93 【写字板】窗口

❖ 标题栏：位于窗口的最顶端，左侧是快速访问工具，中间是标题，右侧是控制按钮。

❖ 功能区：全新的功能区使写字板更加简单易用，其选项均已展开显示，而不是隐藏在菜单中。它集中了最常用的工具，以便用户更加直观地访问它们，从而减少菜单查找操作。

❖ 标尺：用于控制段落的缩进。

❖ 文档编辑区：用于输入文字或插入图片，完成编辑与排版工作。

❖ 状态栏：显示当前文档的状态参数。

启动写字板程序以后，系统会自动创建一个文档，这时直接输入文字即可。写字板的操作与后面要介绍的 Word 2016 基本一样，只是功能弱一些，这里不再详述。

默认情况下，写字板处理的文档是 RTF 文档，另外还有纯文本文档、Office Open XML 文档、OpenDocument 文档等。

❖ RTF 文档：这种类型的文档可以包含格式信息(如不同的字体、字符格式、制表符格式等)。

❖ 纯文本文档：这种类型的文档不含任何格式信息，不能设置字符格式和段落格式，只能简单地输入文字。

❖ Office Open XML 文档：从 Office 2007 开始，Office Open XML 文件格式已经成为 Office 默认的文件格式，它改善了文件和数据管理、数据恢复以及与行业系统的互操作性。

❖ OpenDocument 文档：这是一种基于 XML 规范的开放文档格式。

❖ Unicode 文本文档：包含世界所有撰写系统的文本，如罗马文、希腊文、中文、平假文和片假文等。

2.6　使用中文输入法

使用电脑时遇到的第一个问题就是汉字的输入。如何才能快速地与电脑进行交流，除了要加强练习之外，选择一种合适的输入法是至关重要的。Windows 10 系统内置了很多输入法，如智能 ABC 输入法、全拼输入法、双拼输入法、微软拼音输入法等。

2.6.1　键盘与鼠标的操作

键盘与鼠标是最重要的输入设备，输入文字当然离不开键盘与鼠标，因此熟练使用键盘与鼠标是提高工作效率的基础与前提。

1．键盘的操作

常见的电脑键盘有 101 键、102 键和 104 键之分，但是各种键盘的键位分布是大同小异的。按照键的排列可以将键盘分为三个区域：字符键区、功能键区、数字键区(也称数字小键盘)，如图 2-94 所示为键盘结构示意图。

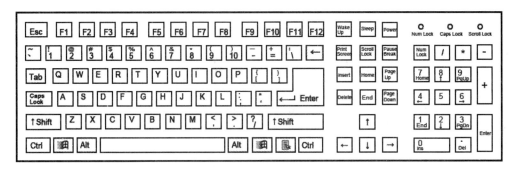

图 2-94　键盘结构示意图

(1) 字符键区：由于键盘的前身是英文打字机，键盘排列方式已经标准化。因此，电脑的键盘最初就全盘采用了英文打字机的键位排列方式。该功能区主要用于输入字符或数据信息。

(2) 功能键区：在键盘的最上一排，主要包括 F1～F12 这 12 个功能键，用户可以根据自己的需要来定义它们的功能，以减少重复击键的次数。

(3) 数字键区：又称小键盘区，安排在整个键盘的右部，它原来是为专门从事数字录入的工作人员提供方便的。

电脑键盘中几种常用键位的功能如下：

❖　Enter 键：回车键。将数据或命令送入电脑时即按回车键。

❖　Space 键：空格键。空格键用于输入空格，向右移动光标。它是在键盘中最长的键，由于使用频繁，所以它的形状和位置左右手都很容易控制。

❖　BackSpace 键：退格键。有的键盘也用"←"表示退格键。按下它可使光标后退一格，删除当前光标左侧的一个字符。

❖ Shift 键：上档键。由于整个键盘上有 30 个双字符键(即每个键面上标有两个字符)，并且英文字母还分大小写，因此通过上档键可以转换。

❖ Ctrl 键：控制键。该键一般不单独使用，通常和其他键组合使用，例如 Ctrl+S 表示保存。

❖ Esc 键：退出键。退出键用于退出当前操作。

❖ Alt 键：换档键。换档键与其他键组合成特殊功能键。

❖ Tab 键：制表定位键。一般按下此键可使光标移动 8 个字符的距离。

❖ 光标移动键：用箭头↑、↓、←、→ 分别表示上、下、左、右移动光标。

❖ 屏幕翻页键：PgUP(PageUp)向上翻一页；PgDn(PageDown)向下翻一页。

❖ Print Screen 键：打印屏幕键。打印屏幕键用于把当前屏幕显示的内容复制到剪贴板中或打印出来。

了解了键盘的基本结构与功能以后，接下来应该掌握如何使用键盘。使用键盘的关键是正确的指法，掌握了正确的指法，养成了良好的习惯，才能真正提高键盘输入速度，体会到电脑的高效率。

第一，十指要分工明确，各负其责。双手各指严格按照明确的分工轻放在键盘上，大拇指自然弯曲放于空格键处，用大拇指击空格键。双手十指的分工情况如图 2-95 所示。

图 2-95　十指的分工

第二，平时手指稍弯曲拱起，手指稍斜垂直放在键盘上。指尖后的第一关节微成弧形，轻放键位中央。

第三，要轻击键而不是按键。击键要短促、轻快、有弹性、节奏均匀。任一手指击键后，只要时间允许都应返回基本键位，不可停留在已击键位上。

第四，用拇指侧面击空格键，右手小指击回车键。

2．鼠标的操作

鼠标作为电脑的必备输入设备，主要用于 Windows 环境中，取代键盘的光标移动键，使移动光标更加方便、准确。正确握鼠标的方法是：用右手自然地握住鼠标，掌跟轻抚于桌面，拇指放在鼠标的左侧，无名指和小指放在鼠标的右侧，轻轻夹持住鼠标，食指和中指分别放在鼠标左、右两个按键上，如图 2-96 所示。操作时食指控制左键与滚轮，中指控制右键；移动鼠标时，手掌跟不动，靠腕力轻移鼠标。

图 2-96　正确握鼠标的姿势

鼠标的操作方式主要有以下几种：

(1) 单击。单击是指快速地按下并释放鼠标左键。如果不做特殊说明，单击就是指按下鼠标的左键。单击是最为常用的操作方法，主要用于选择一个文件、执行一个命令、按下一个工具按钮等。

(2) 双击。双击是指连续两次快速地按下并释放鼠标左键。注意，双击的间隔不要过长，如果双击鼠标的间隔过长，则系统会认为是两次单击，这是两种截然不同的操作。双击主要用于打开一个窗口、启动一个软件，或者打开一个文件。

(3) 右击。右击(也叫单击右键或右单击)是指快速地按下并释放鼠标右键。在 Windows 操作系统中，右击的主要作用是打开快捷菜单，执行其中的相关命令。

在任何时候单击鼠标都将弹出一个快捷菜单，该菜单中的命令随着工作环境、右击位置的不同而发生变化。

(4) 拖动。拖动是指将光标指向某个对象以后，按下鼠标左键不放，然后移动鼠标，将该对象移动到另一个位置，然后再释放鼠标左键。拖动主要用于移动对象的位置、选择多个对象等操作。

(5) 指向。指向是指不对鼠标的左、右键作任何操作，移动鼠标的位置，这时可以看到光标在屏幕上移动。指向主要用于寻找或接近操作对象。

2.6.2　安装与删除输入法

安装了 Windows10 以后，系统会自动安装微软拼音、微软五笔等中文输入法。用户可以根据需要添加与删除输入法。

1. 内置输入法的添加与删除

内置输入法是指 Windows 10 系统自带的输入法。对于这类输入法，我们可以按照如下方法添加与删除：

(1) 单击【开始】按钮，在弹出的【开始】菜单中选择【设置】命令，或按"Win+I"组合键，弹出【Windows 设置】界面，如图 2-97 所示。

(2) 单击【时间和语言】图标，选择【语言】选项卡，单击【选项】按钮，如图 2-98 所示。

图 2-97　【Windows 设置】对话框

图 2-98　【语言】选项对话框

(3) 弹出【语言选项：中文(简体，中国)】对话框，单击【添加键盘】图标，在弹出的列表中选择需要添加的输入法，如图 2-99 所示。

图 2-99　添加新的输入法

如果要删除输入法，则在列表中选择要删除的输入法，单击【删除】按钮即可。

2．外部输入法的安装

外部输入法是指非 Windows 系统自带的输入法，例如"万能五笔字型"输入法。这类输入法的安装方法与应用程序类似。找到输入法的安装程序，双击它进行安装即可，如图 2-100 所示。

图 2-100　万能五笔字型安装程序

2.6.3　选择输入法

输入中文时首先要选择自己会使用的中文输入法。Windows 系统内置了很多中文输入法，要在各中文输入法之间进行切换，可以按"Shift+Ctrl"键进行切换。操作方法是，先按住 Ctrl 键不放，再按 Shift 键，每按一次 Shift 键，会在已经安装的输入法之间按顺序循环切换。

另外，选择输入法的常规方法是：单击任务栏右侧的输入法指示器，可以打开一个输入法列表，如图 2-101 所示，在输入法列表中单击要使用的输入法即可。

图 2-101　输入法列表

2.6.4　中文输入法使用通则

通常情况下，中文输入法有两个重要组成部分，分别是输入法状态条、外码输入窗口与候选窗口。下面以"万能五笔输入法"为例介绍各部分的作用。

1．输入法状态条

当我们选择了一种中文输入法时，例如选择了"万能五笔输入法"，这时就会显示一个输入法状态条，如图 2-102 所示。

图 2-102　输入法状态条

(1) 中/英文切换按钮。单击该按钮，可以在当前的汉字输入法与英文输入法之间进行切换。除此之外，还有一种快速切换中、英文输入法的方法，即按"Ctrl+Space"键。

(2) 输入法名称。这里显示了输入法的名称。

(3) 全角/半角切换按钮。单击该按钮，可以在全角/半角方式之间进行切换。全角方式时，输入的数字、英文等均占两个字节，即一个汉字的宽度；半角方式时，输入的数字、英文等均占一个字节，即半个汉字的宽度。除此之外，按"Shift+Space"键，可以快速地在全角、半角之间进行切换。

(4) 中/英文标点切换按钮。单击该按钮，可以在中文标点与英文标点之间进行切换。如果该按钮显示空心标点，表示对应中文标点；如果该按钮显示实心标点，表示对应英文标点。除此之外，还有一种快速切换中/英文标点的方法，即按"Ctrl+.(句点)"键。

(5) 软键盘开关按钮。单击该按钮，可以打开或关闭软键盘。默认情况下打开的是标准 PC 键盘。当需要输入一些特殊字符时，可以在软键盘开关按钮上单击鼠标右键，这时会出现一个快捷菜单，如图 2-103 所示，选择其中的命令可以打开相应的软键盘，用于输入一些特殊字符。

(6) 简/繁体切换按钮。单击该按钮，可以在简体与繁体之间进行切换。

(7) 主菜单。单击该按钮，弹出设置菜单，如图 2-104 所示，主要用于设置输入法的词库管理、更换皮肤、反查/词组联想、繁简切换、软键盘、纯五笔、五笔拼音混输和纯拼音等。

图 2-103　快捷菜单　　　　　图 2-104　"主菜单"设置

需要注意的是，中文输入法不同，其输入法状态条的外观也不同；即使相同的中文输入法，其版本也影响着输入法状态条的外观，但是基本功能部分是类似的。

2. 外码输入窗口与候选窗口

外码输入窗口用于接收键盘的输入信息，在输入过程中才出现外码输入窗口。而候选窗口是指供用户选择文字的窗口，该窗口只在有重码或联想情况下才出现，而且其外观形式因输入法的不同而不同。以"万能五笔输入法"为例，如图 2-105 所示。在候选窗口中单击所需的文字，或者按下文字前方的数字键，可以将文字输入到当前文档中。如果候选窗口中没有所需的文字，可以按">"键向后翻页，按"<"键向前翻页，直到找到所需的文字

为止。

图 2-105　外码输入窗口与候选窗口

2.6.5　几个特殊的标点符号

在中文输入法状态下，有几个特殊的标点符号需要初学者掌握，避免在输入文字时找不到这些标点。下面以表格的形式列出，如表 2-3 所示。

表 2-3　几个特殊的标点符号

标点	名称	对应的键
、	顿号	\
——	破折号	_
……	省略号	^
·	间隔号	@
《 》	书名号	< >

本 章 习 题

一、填空题

1. _____是计算机所有软件的核心，是计算机与用户的接口，负责管理所有计算机资源，协调和控制计算机的运行。

2. 为了区别不同的文件，每一个文件都有唯一的标识，称为文件名。文件名由名称和_____两部分组成，两者之间用分隔符"."分开。

3. 计算机的软件系统分为_____和_____。

4. Windows 常见的窗口类型有_____、_____和_____。

5. 在 Windows 中，如果要把整幅屏幕内容复制到剪贴板中，可以按_____键。

二、简答题

1. 怎样复制和移动文件与文件夹?
2. 如何更改桌面主题或背景?
3. 在资源管理器中要对所选定的文件或文件夹进行改名,可以用哪几种方法?
4. 在 Windows 中,控制面板窗口的"添加/删除程序"能实现的功能有哪些?
5. 在 Windows 中,通过哪些途径可以对系统日期或时间进行设置?
6. 操作系统的重要功能包括哪些?
7. 在资源管理器的窗口中可以进行哪些操作?
8. 文件与文件夹有哪几种视图方式?

第 3 章　Word 2016 文字处理

Word 2016 是 Office 2016 中的文字处理组件，是 Office 套装中的主要组件之一。用户利用 Word 2016 可以创建纯文本、图表文本、表格文本等各种类型的文档，还可以使用字体、段落、版式等格式功能进行高级排版。

3.1　概　　述

Office 2016 是微软公司继 Office 2013 之后推出的新一代套装办公软件，具有非常强大的办公功能，其中包含 Word、Excel、PowerPoint、Access、Outlook、OneNote 和 Publisher 等多个组件，相比 Office 2013，Office 2016 增加了许多新功能。

(1) 协同工作功能。Office 2016 新加入了协同工作功能，只要通过共享功能选项发出邀请，就可以让其他使用者一同编辑文件，而且每个使用者编辑过的地方，也会出现提示，让所有人都可以看到哪些内容被编辑过，对于需要合作编辑的文档，这项功能非常方便。

(2) 搜索框功能。打开 Office 2016，在选项卡的最右边有一个"告诉我您想要做什么"的搜索框，在搜索框中输入想要搜索的内容，搜索框会给出相关命令或查找到相应的帮助链接，可以直接选择执行该命令。对于 Office 不熟练的用户来说，会方便很多。

(3) 大容量的云存储空间。Office 2016 为用户配备了 1TB OneDrive 云存储空间，用户可通过 OneDrive 在任何设备上时刻与朋友、家人、项目和文件保持联系。此外，还可以帮助用户从一种设备切换到另一种设备中，并继续当前未完成的 Office 编辑操作，从而实现各种设备之间的无缝衔接型的各种创建和编辑操作。

(4) 插入选项增加了"加载项"功能区。这里主要是微软和第三方开发者开发的一些应用 APP，类似于浏览器扩展文字处理，主要为 Office 提供一些扩充性功能。如用户可以下载一款检查器，帮助检查文档的断字或语法问题等。

(5) 跨设备使用。对于购买 Office 365 版本的用户来讲，可以从 PC、Mac 到 Windows，Apple 和 Android 手机及平板电脑的任何设备上审阅、编辑、分析和演示 Office 2016 文档，而不会受到跨设备的影响。

(6) 轻松共享。新版 Office 在其各个组件的选项卡右侧新增了【共享】功能，只需执行该选项，并单击【保存到云】按钮，即可直接在文档中轻松共享。

本章主要介绍的就是 Word 2016 的基本概念、常用的编辑和排版文档的基础操作。

3.2　认识 Word 2016 界面

无论是办公领域还是一般的文字处理，Word 软件一直担当着重要的角色。它可以方便地制作出文稿、信函、公文、书稿、表格、网页等各种类型的文档。

启动 Word 2016 以后，打开的窗口便是 Word 2016 的工作界面，与早期的版本相比，Word 2016 的界面更加清新，其界面主要由标题栏、快速访问栏、功能区、编辑区和状态栏等部分组成，如图 3-1 所示。

图 3-1　Word 2016 工作界面

1．标题栏

标题栏位于工作界面的最顶端，中间部分用于显示文档名称及软件名称，右侧的按钮分别用于控制窗口的最小化、最大化/还原和关闭。

2．快速访问栏

快速访问栏位于界面左上角，用于显示常用的工具按钮，默认状态下只显示"保存""撤消"等按钮，单击这些按钮可以执行相应的操作。为了提高编辑文档的速度，可以将一些常用的按钮添加到快速访问栏中。单击快速访问栏右侧的小箭头，在打开的下拉菜单中选择相应的命令，即可将命令按钮添加到快速访问栏中，如图 3-2 所示。

如果要添加其他的命令按钮，则选择菜单中的【其他命令】命令，这时将弹出【Word选项】对话框，并自动切换到【快速访问工具栏】选项，在命令列表中选择需要添加的命令，然后单击 添加(A) >> 按钮，最后单击 确定 按钮即可，如图 3-3 所示。

图 3-2　向快速访问栏中添加按钮　　　　　图 3-3　添加其他命令按钮

3．功能区

功能区位于标题栏的下方，由多个选项卡组成，如【文件】【开始】【插入】【设计】【布局】【引用】等。每个选项卡中的按钮按照功能划分为不同的"组"，每个组中有若干的命令按钮，组的名称位于组的下方，有的组右下角有一个小按钮 ，称为对话框启动器按钮，单击它可以打开对话框或窗格，如图 3-4 所示。

图 3-4　功能选项卡与组

在 Word 2016 中，功能区中的各个组会自动适应窗口的大小，有时会根据当前操作的对象自动出现相应的功能按钮。

下面介绍各选项卡的基本功能。

(1)【文件】选项卡。【文件】选项卡是由 Word 2007 中的"Office"按钮演变而来的。单击该选项卡可以打开一个菜单，其中包含了一些常用的命令和功能，如新建、打开、保存、另存为、打印、导出和关闭等，并且可以设置 Word 2016 选项和查看信息。

(2)【开始】选项卡。【开始】选项卡中包括了剪贴板、字体、段落、样式和编辑 5 个组，该选项卡主要用于对 Word 2016 文档进行文字编辑与格式设置，是使用最频繁的一个选项卡。

(3)【插入】选项卡。【插入】选项卡中包括页面、表格、插图、加载项、媒体、链接、批注、页眉和页脚、文本、符号 10 个组，该选项卡主要用于向 Word 2016 文档中插入各种元素，如图像、艺术字、文本框或特殊符号等。

(4)【设计】选项卡。【设计】选项卡包括文档格式和页面背景两个组，其主要作用是对 Word 2016 文档格式进行设计，对背景进行编辑，如配色主题、页面边框等。

(5)【布局】选项卡。【布局】选项卡包括页面设置、稿纸、段落、排列 4 个组，该选项卡主要用于设置 Word 2016 文档的页面样式，如页边距、纸张大小、分栏、稿纸格式等。

(6) 【引用】选项卡。【引用】选项卡包括目录、脚注、引文与书目、题注、索引和引文目录 6 个组，用于实现在 Word 2016 文档中插入目录、脚注等比较高级的编辑功能。

(7) 【邮件】选项卡。【邮件】选项卡包括创建、开始邮件合并、编写和插入域、预览结果和完成 5 个组，该选项卡的作用比较单一，主要用于在 Word 2016 文档中进行邮件合并的操作。

(8) 【审阅】选项卡。【审阅】选项卡包括校对、见解、语言、中文简繁转换、批注、修订、更改、比较和保护 9 个组，主要用于对 Word 2016 文档进行校对和修订等操作，适用于多人协作处理 Word 长文档。

(9) 【视图】选项卡。【视图】选项卡包括视图、显示、显示比例、窗口和宏 5 个组，主要用于切换文档视图、预览视图、排列窗口等。

(10) 【告诉我您想要做什么】文本框。可以在【告诉我您想要做什么】文本框中输入关键字进行搜索，可以搜索出对应关键字的命令或者相关帮助选项。

4. 编辑区

编辑区位于 Word 工作界面的正中央，是输入文本、编辑文本和文档排版的工作区域。当文档内容超出窗口范围时，通过拖动滚动条上的滚动块，可以使文档窗口上下或左右滚动，以显示窗口外被挡住的文档内容。

5. 状态栏

状态栏位于工作界面的最下方，显示当前文档的状态参数和 Word 的各种信息，如文档的总页数、字数、当前页码等，还有插入/改写状态转换按钮、拼写和语法状态检查按钮、视图快捷方式、显示比例等。

3.3 文档的基本操作

在编辑文档内容之前，必须熟练掌握文档的基本操作，如创建文档、保存文档、打开文档等。

3.3.1 创建文档

要编辑新文档时需要先创建新文档。一般启动 Word 2016 会自动创建一个空白的新文档，名称为"文档 1"。再启动该程序，则又创建了一个空白的新文档，名称为"文档 2"，以此类推，可以创建"文档 3""文档 4"……。

另外，启动了 Word 2016 以后，单击快速访问工具栏中的【创建文档】按钮 □ 或者按下"Ctrl + N"键，也可以快速地创建一个空白的新文档，如图 3-5 所示。

Word 2016 还为用户提供了许多模板，如报告、求职信、简历、书法字帖等，可以帮助用户快速创

图 3-5 创建空白的新文档

建含有格式的文档。下面介绍如何基于模板创建新文档，具体操作步骤如下：

(1) 打开【文件】选项卡，单击【新建】命令。

(2) 这时窗口的中间部分将显示可用模板，用户可以选择需要创建的文档类型，例如可以选择"空白文档""书法字帖""基本报表""平衡报告"等，如图 3-6 所示。

(3) 直接单击需要的模板或鼠标右键单击选择的模板，在弹出菜单中单击【创建】选项，即可基于模板创建文档。

图 3-6　基于模板创建新文档

3.3.2　保存文档

编辑完文档之后，一定要保存文档，因为在编辑文档的过程中，文档保存在计算机内存中，一旦断电或非法操作就会前功尽弃。保存文档的操作步骤如下：

(1) 打开【文件】选项卡，执行其中的【保存】命令(或者按下"Ctrl + S"键)，如果是第一次保存，将弹出【另存为】对话框。

(2) 选择保存文档的位置。

(3) 在【文件名】文本框中输入文件名称，如"公式"，然后单击 保存(S) 按钮即可保存文档，如图 3-7 所示。

图 3-7　保存文档

使用 Word 2016 编辑文档时，为了避免出现意外事故，要养成及时保存文档的好习惯，工作一段时间后就要保存一次文件，此时只需按下"Ctrl+S"键即可，不会再弹出【另存为】对话框，而是直接保存对文档的修改。

如果要将一个文档重新命名保存，可以在【文件】选项卡中选择【另存为】命令，然后在弹出的【另存为】对话框中完成保存操作。

Word 2016 提供了自动保存功能，开启该功能以后，Word 2016 每隔一定时间就会将所做的修改保存在一个独立的临时恢复文件中，即使突然发生断电或其他故障，只要重新启动 Word 2016，就会自动恢复文件。设置自动保存文档的操作步骤如下：

(1) 打开【文件】选项卡，单击【选项】命令。

(2) 在打开的【Word 选项】对话框中切换到【保存】选项，如图 3-8 所示。

(3) 设置自动保存选项。

❖ 选择【保存自动恢复信息时间间隔】复选框，可以在其右侧设置自动保存文档的时间间隔，例如 10 分钟，表示每隔 10 分钟自动保存一次文档。

❖ 选择【如果我没保存就关闭，请保留上次自动保留的版本】复选框，如果非法退出 Word，则重新打开 Word 时将恢复到上次自动保存的位置。

(4) 单击 确定 按钮，完成自动保存功能的设置。

图 3-8 【Word 选项】对话框

3.3.3 打开文档

一般来说，我们很难一次将文档处理得十全十美，特别是一篇较长的文档，常常需要打开以前保存过的文档，继续输入或修改。打开文档的具体操作步骤如下：

(1) 打开【文件】选项卡，执行【打开】命令(或者按下"Ctrl + O"键)。

(2) 在弹出的【打开】对话框中选择文档的保存路径，在文件列表中选择要打开的文档，单击 打开(O) 按钮，即可打开所选文档，如图 3-9 所示。

图 3-9　打开所选文档

打开 Word 2016 文档时，如果单击 打开(O) 按钮右侧的三角箭头，这时将打开一个下拉
列表，在这里提供了几种打开 Word 2016 文档的方式。如
果要以某种方式打开，直接选择相应的选项即可，如图 3-10
所示。下面重点介绍两种打开方式。

❖　选择【以只读方式打开】命令：将以只读方式打
开文档，该文档不允许用户修改，即使修改也不能保存。

❖　选择【以副本方式打开】命令：将创建当前文档
的副本并打开副本。

图 3-10　打开文档的几种方式

3.4　文本的编辑操作

掌握了文档的基本操作以后，就可以向文档中输入内容并进行编辑。当向文档中输入
文字以后，可以对文字进行选择、移动与复制、删除、查找与替换等操作。

3.4.1　输入文档内容

创建了 Word 2016 文档之后，在编辑区中会出现一个闪烁的垂直光标"|"，称为插入
点光标，这时就可以向编辑区中输入内容了。输入的内容总是位于插入点光标的位置。

1. 输入文本

在 Word 2016 中既可以输入汉字，也可以输入英文字母。一般情况下，刚进入 Word 2016
时输入法为英文输入法，要输入汉字必须先切换到中文输入法状态。在输入文本的过程中，
按下"Ctrl+空格键"可以在中、英文输入法之间切换。输入文本的基本操作如下：

(1) 选择一种中文输入法，即可在编辑区中输入所需内容。在输入过程中，当文本到
达右边界时会自动换行；如果完成了一个自然段的输入，则需要按回车键换行。

(2) 如果要输入英文，则切换到英文输入法。输入英文时，英文单词之间用空格分开。
另外，Word 2016 会自动进行拼写检查，错误的单词下面会显示红色的波浪线。

2．插入符号

使用 Word 2016 输入文本时，经常会用到各种各样的符号，例如人民币符号、温度符号、数学符号等，这些符号无法通过键盘直接输入，但可以利用 Word 2016 提供的插入符号功能将所需符号插入到文本中。插入符号的基本操作步骤如下：

(1) 将光标定位在要插入符号的位置处。

(2) 在【插入】选项卡的"符号"组中单击 Ω 按钮，在打开的下拉列表中可以选择所需的符号，如图 3-11 所示。

(3) 如果列表中没有所需的符号，可以选择【其他符号】选项，在弹出【符号】选项卡中选择所需的符号，单击 插入(I) 按钮，即可将其插入到光标位置处，如图 3-12 所示。

图 3-11　在列表中选择符号

图 3-12　选择其他符号

3．插入日期和时间

在录入文字的过程中，如果需要录入日期和时间，除了可以直接输入以外，也可以通过对话框快速插入到文档中，具体操作步骤如下：

(1) 在需要插入日期和时间的位置处单击鼠标，定位光标。

(2) 在功能区中切换到【插入】选项卡，在"文本"组中单击 日期和时间 按钮，则弹出【日期和时间】对话框。

(3) 在【可用格式】列表中选择所需的日期或时间格式，然后单击 确定 按钮，即可在光标位置处插入日期和时间，如图 3-13 所示。

图 3-13　选择日期或时间格式

4．插入公式

Word 2016 提供了多种常用的公式，用户可以根据需要直接插入这些内置公式，以提高工作效率。插入公式的基本操作步骤如下：

(1) 将光标定位在要插入公式的位置处。

(2) 在【插入】选项卡的"符号"组中单击 π 按钮下方的三角按钮，在打开的内置公式列表中选择需要的公式即可，如图 3-14 所示。

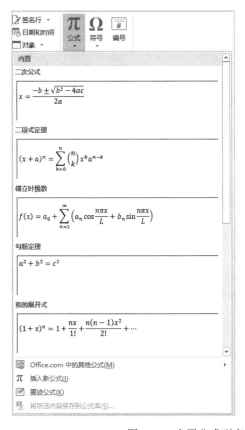

$$(x + a)^n = \sum_{k=0}^{n} \binom{n}{k} x^k a^{n-k}$$

$$x = \frac{-b \pm \sqrt{b^2 - 4ac}}{2a}$$

$$(1 + x)^n = 1 + \frac{nx}{1!} + \frac{n(n-1)x^2}{2!} + \cdots$$

$$\sin \alpha \pm \sin \beta = 2 \sin \frac{1}{2}(\alpha \pm \beta) \cos \frac{1}{2}(\alpha \mp \beta)$$

图 3-14　内置公式列表与插入到文档中的效果

(3) 如果选择【插入新公式】选项，这时将出现【公式工具】的【设计】选项卡，如图 3-15 所示，同时 Word 2016 文档中将创建一个空白公式框架。

图 3-15　公式工具的【设计】选项卡

(4) 通过键盘并结合【设计】选项卡中的"符号"和"结构"组中的功能按钮，可以完成任意公式的输入。

默认情况下，"符号"组中显示的是"基础数学"符号。除此之外，Word 2016 还提供了"希腊字母""字母类符号""运算符""箭头""求反关系运算符""手写体"等多种符号供用户使用。在"符号"组中单击【其他】按钮，则打开【符号】面板，如图 3-16 所示，单击顶部名称右侧的三角形按钮，在打开的菜单中可以看到 Word 2016 提供的其他符号类别，选择需要的类别即可将其显示在"符号"组中。

图 3-16　其他公式符号

3.4.2　选择文本

在 Word 2016 中编辑文本时，要遵循"先选择，后操作"的原则。选择的文本在屏幕上以蓝底显示。Word 2016 提供了多种选择文本的方法。

1. 基本选择法

在要选择文本的开始位置处单击鼠标，定位插入点光标，然后按住鼠标左键向右拖动到要选择文本的结束位置处释放鼠标，即可选择中间的文本，如图 3-17 所示。

图 3-17　拖动鼠标选择文本

如果要选择大范围的文本，可以先将插入点光标定位在要选择文本的开始位置，然后按住 Shift 键在要选择文本的结束位置单击鼠标。

如果要选择一个文字或词语，可以直接双击该文字或单词。

如果要选择一个句子，可以按住 Ctrl 键的同时单击该句中的任意位置(注意，一个句号代表一句)。

如果要选择分散的文本，先拖动鼠标选中第一个文本块，然后按住 Ctrl 键，再通过拖动鼠标选择其他位置的文本。

如果要选择一个垂直的文本块，可以先按住 Alt 键，再通过拖动鼠标进行选择。

2．利用选定栏

在 Word 2016 文本区的左侧有一个垂直的空白区域，称为选定栏，当将光标移动到选定栏上时，光标将变为向右倾斜的箭头，选定栏的作用就是选择文本。

❖ 在选定栏上单击鼠标，则选择光标对应的一行文本。在选定栏上拖动鼠标，可以选择连续的多行。

❖ 在选定栏上双击鼠标，则选择光标对应的一段文本。

❖ 在选定栏上连续单击三次鼠标，可选择全篇。另外，按下"Ctrl + A"键也可以选择全篇。

3．利用"Shift + 方向键"

除了使用鼠标选择文本外，还可以使用键盘选择文本，主要有两种方式：一种是使用 F8 键进行扩展选择；另一种是使用 Shift 键与方向键(或翻页键)配合选择文本。

使用 F8 键选择文本的方法是：第一次按 F8 键，激活"扩展"模式，这时状态栏中出现"扩展式选定"提示；第二次按 F8 键，选择插入点光标所在的单词；第三次按 F8 键，选择插入点光标所在的一句话；第四次按 F8 键，选择插入点光标所在的一个段落；第五次按 F8 键，选择整篇文档。

使用 Shift 键与方向键(或翻页键)选择文本的方法比较复杂一些，下面以列表的形式进行介绍，如表 3-1 所示。

表 3-1 用键盘选择文本

选 择 文 本	键 盘 操 作
选择一个或多个字符、一行或多行	Shift + ←、→、↑、↓方向键
选择到首行或末行	Shift + Home 或 Shift+End
选择到段首或段末	Shift + Ctrl + ↑ 或 Shift + Ctrl + ↓
选择到上一屏或下一屏	Shift + PgUp 或 Shift + PgDn
选择到文档开始或结尾	Shift + Ctrl + Home 或 Shift + Ctrl + End
全选	Ctrl + A 或 Ctrl + 小键盘数字 5

3.4.3 删除文本

当文档中出现一些不需要的内容时要及时删除。在 Word 2016 中删除文本的方法比较多，操作也比较简单。

❖ 如果要删除当前光标之后的一个字符，按下 Delete 键即可。

❖ 如果要删除当前光标之前的一个字符，按下 Backspace 键即可。

❖ 如果要删除大段的内容,需要先选择要删除的文本,然后按下 Delete 键或 Backspace

键即可。

3.4.4 移动与复制文本

在 Word 2016 中编辑文本时，如果对文档中某些句子或段落的位置不满意，可以移动其位置，另外还可以对其进行复制操作。

1. 移动文本

移动文本的操作步骤如下：

(1) 选择要移动的文本，将光标指向选择的文本，按住鼠标左键拖动至目标位置，如图 3-18 所示。

(2) 拖动至目标位置后释放鼠标左键，即可将所选文本移动到目标位置，如图 3-19 所示。

图 3-18　移动文本的过程　　　　　　图 3-19　移动后的结果

使用鼠标拖动的方法移动文本的优点是方便快捷，但有时候定位不太准确，而且对于远距离(如从一页移动到另一页)的移动也不方便。因此，通常情况下，可以利用剪切与粘贴的方法移动文本，具体操作步骤如下：

(1) 选择要移动的文本。

(2) 在【开始】选项卡中单击 ✂剪切 按钮(或按下"Ctrl + X"键)，将所选文本剪切至剪贴板中。

(3) 将光标定位在目标位置处，目标位置既可以是同一个文档中的不同页面，也可以是不同的文档之间。

(4) 在【开始】选项卡中单击 📋 按钮(或按下"Ctrl + V"键)粘贴文本，则完成文本的移动。

在 Word 2016 中，将剪贴板中的文本粘贴至目标位置时，文本的旁边会出现一个粘贴选项按钮，单击该按钮可以打开如图 3-20 所示的下拉菜单，选择菜单中的命令可以确定被粘贴文本的格式。

图 3-20　粘贴选项按钮

❖ 选择【保留源格式】📋 选项时，可以保留被粘贴文本的原有格式，而不管 Word 2016 的当前设置。

❖ 选择【合并格式】⬚ 选项时，可以将被粘贴文本的格式设置为目标位置文本的格式。

❖ 选择【只保留文本】⬚ 选项时，可以删除被粘贴文本的原有格式，将要粘贴的内容转换为纯文本格式。

❖ 选择【设置默认粘贴】选项时，可以打开【Word 选项】对话框，设置复制、剪切与粘贴的参数选项。

2. 复制文本

编辑文档时，要重复的文本内容可以通过复制来完成。与移动文本类似，在 Word 2016 中也有两种不同的文本复制方法，即利用鼠标操作和按钮进行文本复制。通过拖动鼠标复制文本的操作步骤如下：

(1) 选择要复制的文本。

(2) 将光标指向选择的文本，按住 Ctrl 键的同时拖动鼠标至目标位置处释放鼠标左键，即可将所选文本复制到目标位置处。

利用按钮复制文本的操作步骤如下：

(1) 选择要复制的文本。

(2) 在【开始】选项卡中单击 ⬚复制 按钮(或按下"Ctrl + C"键)，复制所选的文本内容。

(3) 将光标定位在目标位置处，既可以是同一个文档中的不同页面，也可以是不同的文档之间。

(4) 在【开始】选项卡中单击 ⬚ 按钮(或按下"Ctrl + V"键)粘贴文本，则可以完成文本的复制。

3.4.5　查找和替换文本

编辑文本时经常需要查找和替换某些文本，如果逐字逐句地查找与替换，不但费时费力而且效率极低，利用 Word 2016 提供的查找和替换功能，可以快速、准确地解决这个问题。

1. 查找文本

Word 2016 增加了快速查找功能，在【视图】选项卡的"显示"组中勾选【导航窗格】选项，可以打开【导航】窗格，如图 3-21 所示。

图 3-21　勾选【导航窗格】选项

另外也可以在【开始】选项卡的"编辑"组中单击 ⬚查找 ▾ 按钮(或者按下"Ctrl + F"键)打开【导航】窗格。在【导航】窗格的搜索栏中输入需要查找的内容，按下回车键，Word 2016 会在文档中用黄色背景将查找到的内容标记出来，如图 3-22 所示。

图 3-22　利用【导航】窗格查找文本

如果要使用传统的【查找和替换】对话框进行查找，需要在【开始】选项卡的"编辑"组中单击 查找 按钮右侧的三角箭头，或者在【导航】窗格搜索栏的右侧单击三角箭头，在打开的列表中选择【高级查找】选项，这时会弹出【查找和替换】对话框。

在【查找内容】文本框中输入要查找的文本，如"电脑"，单击 查找下一处(F) 按钮，如图 3-23 所示，这时 Word 2016 将自动从光标处向后开始查找指定的文本，如果找到，则找到的文本将以蓝底显示。如果要继续查找，再单击 查找下一处(F) 按钮，当搜索到文档结尾时，则弹出提示信息，如图 3-24 所示。

图 3-23　输入要查找的文本

图 3-24　提示信息

2．替换文本

编辑文档时，如果要将某些文本替换成另外的文本，如要将"电脑"替换为"计算机"，而文章中不止一处出现"电脑"这一词汇，这时使用替换功能非常方便，具体操作步骤如下：

(1) 在【开始】选项卡的"编辑"组中单击 替换 命令，则弹出【查找和替换】对话框，在【查找内容】文本框中输入要被替换的文本，如"电脑"；在【替换为】文本框中输入要替换的文本，如"计算机"，如图 3-25 所示。

(2) 单击 替换(R) 按钮，可以查找一处替换一处；单击 全部替换(A) 按钮，则直接全部替换。

图 3-25　【查找和替换】对话框

3.5　文档的基本编排

如果一篇文章从头到尾都是一样的文字与格式，不加修饰，就会显得很呆板，没有灵气，所以在 Word 中输入文本以后，还需要对它们进行适当的编排，以期得到更加规范与美观的文档。

3.5.1　设置文本格式

文本是构成文档的基本要素，良好的文本格式可以使文档显得生动活泼，富有美感。在 Word 2016 中设置文本格式时可以采用两种方法：一是使用浮动工具栏；二是使用【开始】选项卡的"字体"组。

在 Word 2016 中选择文本时，文本的右上角将显示一个浮动工具栏，如果需要使用它，可以将光标指向它，这时浮动工具栏由半透明状态变为不透明状态；如果不想使用它，可以不必理会，它会自动消失，如图 3-26 所示。通过浮动工具栏可以快速地设置基本的文本格式与段落格式。

在【开始】选项卡的"字体"组中可以更全面地设置文本格式，如图 3-27 所示。为了便于描述，我们统一使用"字体"组来设置文本格式。

图 3-26　浮动工具栏

图 3-27　【开始】选项卡的"字体"组

1. 设置文本字体

字体是指文本的形体，Windows 系统提供了多种字体，如果用户要使用更多的字体，则需要另行安装。设置字体的操作步骤如下：

(1) 选择要改变字体的文本。

(2) 在【开始】选项卡的"字体"组中打开"字体"下拉列表，选择所需字体的名称，如"方正大黑简体""方正大标宋简体"等。

2. 设置文本字号

字号有两种表示方法：一种是中文表示，如二号、五号等，字号越大对应的文本越小；

另一种是数字表示(即磅值)，如 9、11、20 等，数值越大对应的文本越大。设置文本字号的操作步骤如下：

(1) 选择要改变字号的文本。

(2) 在【开始】选项卡的"字体"组中打开"字号"下拉列表，选择所需字体的字号，如"一号""三号"等。

另外，在"字体"组中单击【增大字体】按钮 A 或【缩小字体】按钮 A，可以在当前字号的基础上增大或减小字号。

如果"字体"下拉列表中没有所需的字号，用户可以直接在文本框中输入表示磅值的数字，自行设置文本字号，如输入 100，按下回车键确认。

3. 设置文本颜色

编辑文档时，尤其是报刊、杂志，对于特殊的内容可以设置为不同的颜色，这样不但可以使文档给人以赏心悦目的感觉，而且整个版面也会突出重点。设置文本颜色的具体操作步骤如下：

(1) 选择要改变颜色的文本。

(2) 在【开始】选项卡的"字体"组中单击 A 按钮右侧的小箭头，在打开的下拉列表中可以设置文本的颜色。

4. 设置文本字形与效果

字形是指对文本进行加粗、倾斜、下画线等修饰，这些设置可以联合使用。另外，Word 2016 还提供了一些特殊、复杂的文本格式，如上下标、删除线、边框和底纹等格式。设置文本字形与效果的操作步骤如下：

(1) 选择要改变字形的文本。

(2) 在【开始】选项卡的"字体"组中单击相应的按钮即可设置字形与效果。

❖ 单击 B 按钮，可以将文本加粗(快捷键"Ctrl + B")。

❖ 单击 I 按钮，可以将文本倾斜(快捷键"Ctrl + I")。

❖ 单击 U 按钮，可以为文本添加下画线(快捷键"Ctrl + U")。单击 U 按钮右侧的小箭头，在打开的下拉列表中可选择不同的线型，并且可以设置下画线的颜色。

❖ 单击 abc 按钮，可以在文本的中间位置添加一条删除线。

❖ 单击 x₂ 按钮，可以将所选文字设置为下标，使其位于基线下方。

❖ 单击 x² 按钮，可以将所选文字设置为上标，使其位于基线上方。

❖ 单击 A 按钮，可以将所选文字应用外观效果，如阴影、发光、映像等。

❖ 单击 ab 按钮，可以用不同颜色突出显示文本，就像用荧光笔标记文本。

5. 使用【字体】对话框

【开始】选项卡的"字体"组中提供的文本效果比较少，如果要设置更多的文本格式，可以在【字体】对话框中设置，具体操作步骤如下：

(1) 选择要设置格式的文本。

(2) 在【开始】选项卡中单击"字体"组右下角的 按钮，打开【字体】对话框，如图 3-28 所示。在【字体】选项卡中可以设置更丰富的文本格式，如字体、字号、颜色、下画线、着重号、效果等。

(3) 设置好参数以后，单击 确定 按钮即可得到相应的文本效果。图 3-29 所示是几种特殊文本格式的效果。

图 3-28　【字体】对话框

图 3-29　几种特殊文本格式的效果

H_2O+CO_2　下标

海信®　上标

月光如银色的清纱照普阿塘　双删除线

字间距　着重号

在【字体】对话框的【高级】选项卡中还可以设置字符间距与位置。字符间距就是相邻字符之间的距离。处理各种格式的文本时，如果需要将文本排列得紧密或稀松一些，可以通过设置字符间距来实现。位置是指字符在垂直方向上的排列，即距离基线的距离。设置字符间距与位置的操作步骤如下：

(1) 选择要设置字符间距的文字。

(2) 在【开始】选项卡中单击"字体"组右下角的 按钮，打开【字体】对话框，切换到【高级】选项卡。在【间距】下拉列表中选择"加宽"或"紧缩"，在其右侧的【磅值】文本框中输入数值，可以设置字符间距，如图 3-30 所示。

(3) 用同样的方法，在【位置】下拉列表中选择"提升"或"降低"，然后在右侧的【磅值】文本框中输入数值，可以调整字符的位置。

(4) 设置参数以后单击 确定 按钮，即可得到相应的效果。

图 3-30　【高级】选项卡

3.5.2　设置段落格式

段落是指以回车符为标志的一段文字。在 Word 2016 中，用户可以设置段落的对齐方式、段落缩进、段间距与行间距等。

1．设置对齐方式

段落的对齐方式是指页面中的段落在水平方向上的对齐方式，包含左对齐、右对齐、居中、两端对齐和分散对齐等方式。设置段落对齐方式的操作步骤如下：

(1) 将光标定位在要设置对齐方式的段落中。

(2) 在【开始】选项卡的"段落"组中单击不同的对齐方式按钮，可以设置段落的对齐。

❖ 单击 ▤ 按钮，可以使段落中的各行左边对齐，右边可以不对齐。

❖ 单击 ▤ 按钮，可以使段落居中排列，距页面的左、右边距相等。

❖ 单击 ▤ 按钮，可以使段落中各行右边对齐，左边可以不对齐。

❖ 单击 ▤ 按钮，可以使段落中的每行首尾同时对齐，自动调整字符间距。但是，如果最后一行文字不满一行，则保持左对齐。

❖ 单击 ▤ 按钮，可以使段落中的所有行都首尾对齐，自动调整字符间距，即使最后一行文字不满一行，也保持首尾对齐。

图 3-31 所示分别为段落的五种对齐效果。

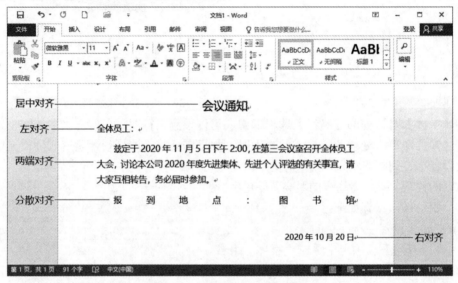

图 3-31　段落的五种对齐效果

2. 设置段落缩进

一般情况下，段落文字都具有不同的缩进方式，这可以使文本显得整齐有序，方便阅读。设置段落缩进是指更改段落相对于左、右页边距的距离。Word 2016 中的段落缩进有首行缩进、悬挂缩进、左缩进和右缩进 4 种缩进方式。

在 Word 2016 中，可以使用标尺设置段落的缩进，操作步骤如下：

(1) 勾选【视图】选项卡中的标尺按钮 ☑标尺，显示标尺。

(2) 将光标定位于要设置缩进的段落中。

(3) 拖动水平标尺上的缩进标记，如图 3-32 所示，即可完成段落的缩进设置。

图 3-32　水平标尺上的缩进标记

除了使用标尺设置段落的缩进外,也可以在【开始】选项卡的"段落"组中单击 按钮,减小段落的缩进量;单击 按钮,增加段落的缩进量。

使用标尺设置段落缩进比较方便,但是并不十分精确,可以使用【段落】对话框设置每一段文字的首行缩进 2 个字符,具体操作步骤如下:

(1) 选择要缩进的一个或多个段落。

(2) 在【开始】选项卡中单击"段落"组右下角的 按钮。

(3) 打开【段落】对话框,在【缩进】选项组中可以设置段落的缩进,例如在【特殊格式】下拉列表中选择"首行缩进",缩进量为"2 字符",如图 3-33 所示。

(4) 单击 确定 按钮,则所选的段落首行将缩进 2 个字符。

图 3-33　设置缩进参数

3. 设置行间距和段间距

行间距是指段落内行与行之间的距离,段间距是指上一段落的最后一行和下一段落的第一行之间的距离。适当地调整段间距和行间距,可以使文档清晰、美观。

在【开始】选项卡的"段落"组中单击 按钮,在打开的下拉列表中选择间距值,可以快速地设置行间距,也可以增加段前和段后的间距量,如图 3-34 所示。

图 3-34　选择间距值

如果要对行间距或段间距进行更多的控制,需要在【段落】对话框中进行设置,操作步骤如下:

(1) 选择要调整间距的行或段落内容。

(2) 在【开始】选项卡中单击"段落"组右下角的 按钮,打开【段落】对话框。

(3) 在【间距】选项组中设置行或段落的间距值,其中【段前】【段后】选项用于设置段间距;【行距】选项用于设置行距,在其下拉列表中有"单倍行距""1.5 倍行距""2 倍行距""最小值""固定值""多倍行距"等,如图 3-35 所示。

图 3-35 选择行间距

(4) 单击 确定 按钮，完成间距设置。

3.5.3 项目符号和编号列表

一般情况下，项目符号用于没有层次结构的段落内容，而编号则用于层次结构明显的段落内容。

1．添加项目符号

通常情况下，要创建和使用项目符号的段落都是一些无序文本，即段落之间是并列的关系，不存在前后顺序问题。添加项目符号的基本操作步骤如下：

(1) 选择要添加项目符号的段落。

(2) 在【开始】选项卡的"段落"组中单击 按钮，则直接添加默认的项目符号，如图 3-36 所示。

图 3-36 添加默认的项目符号

（3）如果需要使用不同的项目符号，则单击 按钮右侧的三角箭头，在打开的下拉列表中选择其他项目符号，如图 3-37 所示。

图 3-37　选择其他项目符号

（4）如果列表中没有需要的项目符号样式，可以选择【定义新项目符号】选项，打开【定义新项目符号】对话框，如图 3-38 所示。

（5）单击 符号(S)... 按钮，在打开的【符号】对话框中选择一个符号，如图 3-39 所示，然后单击 确定 按钮，返回【定义新项目符号】对话框。

图 3-38　【定义新项目符号】对话框　　　　　　　图 3-39　选择符号

（6）在【定义新项目符号】对话框中再单击 确定 按钮，则为所选段落设置了自定义的项目符号。

2．使用图片作为项目符号

为了使 Word 文档更加美观，用户可以自己动手制作图片，将它作为项目符号使用，这样可以使文档更有个性，更具吸引力。使用图片作为项目符号的操作步骤如下：

（1）在文档中选择要添加项目符号的段落。

（2）参照前面的方法，打开【定义新项目符号】对话框，单击 符号(S)... 按钮。

（3）在打开的【插入图片】对话框中选择一种图片文件的来源，如【从文件】，如图

3-40 所示。在弹出的【插入图片】对话框中选择需要的图片，单击 [插入(S)] 按钮，如图 3-41 所示。

图 3-40 插入图片对话框　　　　　　图 3-41 选择要使用的图片

(4) 在【定义新项目符号】对话框中单击 [确定] 按钮，则使用选择的图片作为项目符号，如图 3-42 所示。

PDCA 分析工具
- ☑ 分析现状，找出问题
- ☑ 分析各种影响因素或原因
- ☑ 找出主要影响因素
- ☑ 针对主要原因制定措施计划
- ☑ 执行、实施计划

图 3-42 使用图片作为项目符号

3．使用编号

Word 2016 的编号功能是很强大的，可以轻松地设置多种格式的编号以及多级编号等。默认情况下，编号是由阿拉伯数字构成的。Word 2016 提供了 7 种标准的编号样式，并且也允许用户自定义编号。使用编号的操作步骤如下：

(1) 选择要添加编号的段落。

(2) 在【开始】选项卡的"段落"组中单击 按钮，则直接添加默认的编号，如图 3-43 所示。

(3) 如果需要使用其他形式的编号，则单击 按钮右侧的小箭头，在打开的下拉列表中选择一种形式的编号即可，如图 3-44 所示。

图 3-43 添加默认的编号　　　　　　图 3-44 选择其他编号

(4) 如果想自己定义编号形式，可以在列表中选择【定义新编号格式】选项，打开【定义新编号格式】对话框，在【编号格式】文本框中设置编号，如图 3-45 所示。

(5) 单击 **确定** 按钮，则为所选段落添加了自定义编号，如图 3-46 所示。

图 3-45　定义新编号格式　　　　　图 3-46　自定义编号效果

3.5.4　复制格式

格式刷是 Word 2016 中非常强大的功能之一，有了格式刷功能，可以将工作变得更加简单省时。当为文档中大量的内容重复添加相同的格式时，就可以利用格式刷来完成。它可以对既有的文本格式(既可以是字符格式，也可以是段落格式)进行复制并应用到其他文本上，从而提高文档的编排效率。复制格式的具体操作步骤如下：

(1) 选择含有要复制格式的文本。

(2) 在【开始】选项卡的"剪贴板"组中单击 **格式刷** 按钮，这时光标将变为刷子形状。如果要进行多次应用，则需要双击 **格式刷** 按钮。

(3) 将刷子形状的光标移动到要复制格式的文本的开始处，按下鼠标左键，拖动鼠标到文本的结尾处。

(4) 释放鼠标，则完成了文本格式的复制。

3.5.5　设置边框与底纹

边框和底纹是一种美化文档的重要方式。为了突出文档中的某些文字或段落，可以给它们添加各种边框、底纹以及丰富多彩的背景图案，这样，页面会更加美观醒目，也能够激发读者的兴趣。

1．添加边框

为了使文档中的某些文字更加醒目或美化整篇文档，可以为其添加漂亮的边框。添加边框的操作步骤如下：

(1) 选择要添加边框的文字或段落。

(2) 在【开始】选项卡的"段落"组中单击 ⊞ 按钮右侧的小箭头，在打开的下拉列表中选择【边框和底纹】选项，如图 3-47 所示。

(3) 打开【边框和底纹】对话框，首先在【应用于】下拉列表中确定要添加边框的是文字还是段落，然后选择边框样式，设置各项参数，如图 3-48 所示。

图 3-47　选择【边框和底纹】选项　　　　　　图 3-48　设置边框样式

(4) 单击 确定 按钮，则为所选内容添加了边框，图 3-49 所示是为段落添加边框后的效果。

图 3-49　添加边框后的效果

在 Word 2016 中还可以添加页面边框。添加页面边框时，边框添加在页边距的位置上。在【边框和底纹】对话框中切换到【页面边框】选项卡，然后在【艺术型】下拉列表中选择一种艺术型边框，如图 3-50 所示，最后确认即可得到漂亮的页面边框，如图 3-51 所示。

图 3-50　选择艺术型边框

图 3-51　页面边框效果

2．添加底纹

对于一些特殊的文档内容，例如要引起读者注意的内容、重点内容等，我们可以为其添加底纹，以示强调。为文本添加底纹的操作步骤如下：

(1) 选择要添加底纹的文本。

(2) 在【开始】选项卡的"段落"组中单击 按钮右侧的小箭头，在打开的下拉列表中选择一种颜色即可，如图 3-52 所示。

(3) 如果要使用更丰富的颜色，则在列表中选择【其他颜色】选项，在打开的【颜色】对话框中进行设置即可，如图 3-53 所示。

图 3-52　为文本添加底纹　　　　　　　　　图 3-53　【颜色】对话框

如果要为整个段落添加底纹，具体操作方法如下：

(1) 选择要添加底纹的段落。

(2) 在【开始】选项卡的"段落"组中单击 按钮右侧的小箭头，在打开的下拉列表中选择【边框和底纹】选项。

(3) 在打开的【边框和底纹】对话框中切换到【底纹】选项卡，在【应用于】下拉列表中选择"段落"选项，然后通过【填充】选项设置颜色，如图 3-54 所示。

(4) 单击 确定 按钮，即可为段落添加底纹，如图 3-55 所示。

图 3-54　为段落添加底纹

图 3-55　添加底纹后的效果

3.6　图文混排技术

　　Word 2016 提供了强大的图文混排功能，可以轻松地实现图文并茂的编排效果。在 Word 2016 中可以使用图形与图像来增强文档的排版效果。图形是在 Word 中绘制或插入的自选图形、艺术字、SmartArt 对象等；图像是来自外部的照片或绘图软件生成的图片文件，如图 3-56 所示。

图 3-56　Word 中使用的两类图形

3.6.1　插入与修饰形状

　　Word 2016 为用户提供了专门的插入形状按钮，使用它可以绘制许多形状。形状就是以前版本中的自选图形，如基本形状、线条、流程图、标注、星与旗帜等。用户可以在文档中使用这些形状，也可以对其进行旋转、添加颜色、与其他图形组合等操作。

1. 插入形状

　　使用 Word 2016 提供的形状功能可以完成一些基本形状的绘制，如流程图、箭头、星形等，可以帮助用户方便地实现图文效果。插入形状的具体操作步骤如下：

　　(1) 在【插入】选项卡的"插图"组中单击 按钮下方的三角箭头，在打开的下拉列表中选择一种形状，如图 3-57 所示。

　　(2) 在页面中单击鼠标，则生成一个预定大小的形状；拖动鼠标，则可以创建任意大小的形状，如图 3-58 所示。

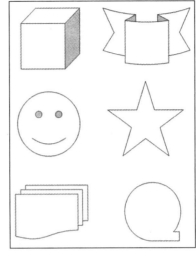

图 3-57　选择形状　　　　　　　　　　图 3-58　创建的图形

2．修饰形状

当在文档中插入了形状以后，将出现【格式】选项卡，主要用于修改与修饰形状。在形状的【格式】选项卡中可以修改形状的大小与位置，改变线型与颜色，设置填充色、阴影与三维效果等。

如果要改变形状轮廓的线型与颜色，可以按照以下步骤操作：

(1) 选择插入的形状，例如"五角星"形状。

(2) 在【格式】选项卡的"形状样式"组中单击 形状轮廓▾ 按钮，在打开的下拉列表中指向【粗细】选项，在其子列表中选择适当的粗细即可，如图 3-59 所示。

(3) 用同样的方法，可以设置虚线线型，如图 3-60 所示。

图 3-59　设置形状轮廓的粗细　　　　　图 3-60　设置形状轮廓的线型

(4) 如果要更改形状轮廓的颜色，直接在【形状轮廓】下拉列表中选择一种颜色即可，如图 3-61 所示。改变了形状轮廓的线型、粗细与颜色后的效果如图 3-62 所示。

图 3-61　设置形状轮廓的颜色

图 3-62　更改后的形状效果

默认情况下，在 Word 2016 中插入的形状没有填充色，只是一个外轮廓。实际上可以为形状填充各种各样的颜色或图案，具体操作步骤如下：

(1) 选择要设置填充效果的形状。

(2) 在【格式】选项卡的"形状样式"组中单击 形状填充 按钮，在打开的下拉列表中选择一种颜色即可，如图 3-63 所示。

图 3-63　为形状填充颜色

(3) 如果要使用渐变色进行填充，可以在【渐变】子列表中选择一种预设的渐变效果，如图 3-64 所示。

(4) 如果要使用其他的渐变色，则在子列表中选择【其他渐变】选项，打开【设置形状格式】对话框，这是一个综合设置对话框，可以设置填充、线条颜色、三维格式、阴影等特殊的效果，如图 3-65 所示。

图 3-64 选择预设的渐变效果

图 3-65 【设置形状格式】对话框

(5) 在【设置形状格式】对话框中设置了一种填充效果后，单击 确定 按钮即可，图 3-66 所示是同一形状的不同填充效果。

图 3-66 同一形状的不同填充效果

在 Word 2016 中插入的大部分形状都可以设置形状效果，如阴影、发光、映像、柔化边缘、棱台等，从而使形状具有三维空间表现力。设置形状效果的具体操作步骤如下：

(1) 选择一个形状。

(2) 在【格式】选项卡的"形状样式"组中单击 形状效果 按钮，在打开的下拉列表中选择一种效果，例如选择【映像】，这时会打开【映像】子列表，如图 3-67 所示。

(3) 选择一种映像效果，则形状就具有了这种映像效果，如图 3-68 所示。

图 3-67 选择映像效果

图 3-68 应用了映射效果的形状

(4) 如果要对映像效果设置更多选项，则需要在【映像】子列表中选择【映像选项】选项，这时将弹出【设置形状格式】对话框，在这里可以设置更多选项。

3.6.2　使用 SmartArt 图形

SmartArt 图形是信息与观点的视觉表达形式，它不需要太多的文字说明，就可以直观地表述出某种综合信息，例如组织结构图、工作流程图、关系图等，可以让用户快速、轻松、有效地获取信息。

1．插入 SmartArt 图形

使用 SmartArt 图形，可以简洁方便地表述某种关系，与文字描述相比，它更加直观、更易于理解。如果要在 Word 文档中使用 SmartArt 图形，可以按如下步骤操作：

(1) 首先定位光标，然后在【插入】选项卡的"插图"组中单击 按钮。

(2) 打开【选择 SmartArt 图形】对话框，如图 3-69 所示。该对话框分为左、中、右三列，左侧一列为 SmartArt 图形的类型，中间一列是子类型，右侧一列是选中的 SmartArt 图形的预览效果，可以根据需要选择合适的 SmartArt 图形。

图 3-69　【选择 SmartArt 图形】对话框

(3) 单击 确定 按钮，则在文档中插入了 SmartArt 图形，如图 3-70 所示。

(4) 在图形中单击文本占位符，输入所需要的内容即可，如图 3-71 所示。

图 3-70　插入的 SmartArt 图形　　　　图 3-71　输入所需的内容

2．修改 SmartArt 图形

在 Word 2016 文档中插入 SmartArt 图形后，其默认的形状数目并不一定符合要求，我

们可以根据需要对其结构与样式进行修改，从而得到自己所需要的效果。下面接着前面的 SmartArt 图形继续操作，具体步骤如下：

(1) 选择 "财务处" 形状，在【设计】选项卡的 "创建图形" 组中单击 添加形状 按钮，在打开的下拉列表中选择【在前面添加形状】选项，如图 3-72 所示。

(2) 在 SmartArt 图形中，"财务处" 形状的前面会出现一个新的形状，如图 3-73 所示。

图 3-72　选择【在前面添加形状】选项

图 3-73　添加的新形状

(3) 在新形状上单击鼠标右键，从弹出的快捷菜单中选择【编辑文字】命令，然后输入 "设备处"，这样就完成了新形状的添加，如图 3-74 所示。

(4) 用同样的方法，选择 "销售处" 形状，然后在【添加形状】下拉列表中选择【在下方添加形状】选项，重复操作两次，结果如图 3-75 所示。

图 3-74　在新形状中输入文字

图 3-75　添加的新形状

(5) 重新选择 "销售处" 形状，在【设计】选项卡的 "创建图形" 组中单击 布局 按钮，在打开的下拉列表中选择【标准】选项，结果如图 3-76 所示。

(6) 参照前面的方法，输入文字，结果如图 3-77 所示。

图 3-76　更改新形状的布局

图 3-77　在新形状中输入文字

除了可以对 SmartArt 图形的结构进行更改以外，也可以更改其颜色或者使用系统提供的 SmartArt 样式，从而使 SmartArt 图形更加漂亮，具体操作步骤如下：

(1) 选择 SmartArt 图形，在【设计】选项卡的"SmartArt 样式"组中单击 按钮，在打开的下拉列表中选择一种主题颜色即可，如图 3-78 所示。

(2) 在【格式】选项卡的"SmartArt 样式"组中单击样式右下角的 按钮，在打开的下拉列表中选择要使用的样式即可，如图 3-79 所示。

图 3-78　选择主题颜色

图 3-79　选择样式

3.6.3　插入艺术字

Word 2016 中的艺术字虽然称为"字"，但是从本质上而言，它是一幅图片，它可以对文档起到一定的装饰作用。在文档中插入艺术字的操作步骤如下：

(1) 将光标定位在要插入艺术字的位置。

(2) 在【插入】选项卡的"文本"组中单击 按钮，在打开的下拉列表中选择一种艺术字的样式，如第三行第四列的艺术字样式，如图 3-80 所示。

(3) 这时文档编辑区中将出现艺术字占位符，提示输入艺术字，根据需要输入文字即可，然后可以设置字体、字号等选项，如图 3-81 所示。

图 3-80　选择艺术字样式

请在此放置您的文字

⇩

大学计算机基础教程

图 3-81　输入艺术字并设置字体、字号

插入艺术字以后，功能区中也会出现【格式】选项卡，通过该选项卡，可以更改艺术字的内容、样式、形状等，也可以设置颜色、阴影或三维效果等，具体操作可以参考形状对象的格式设置。

3.6.4　插入本地图片

插入本地图片是插入本地计算机硬盘中保存的图片，以及链接到本地计算机中的照相机、U 盘与移动硬盘等设备中的图片。在文档中插入图片的操作步骤如下：

(1) 将光标定位在要插入图片的位置。

(2) 在【插入】选项卡的"插图"组中单击【图片】按钮　，则弹出【插入图片】对话框，在左侧的结构列表中选择图片所在的位置，然后在右侧的文件列表中选择要插入的图片，如图 3-82 所示。

图 3-82　选择要插入的图片

(3) 单击　插入(S)　按钮，即可在文档中插入指定的图片。

3.6.5　插入联机图片

在 Word 2016 中，除了插入本地图片之外，还可以插入从网络中搜索到的图片。在文档中插入联机图片的操作步骤如下：

(1) 将光标定位在要插入图片的位置。

(2) 在【插入】选项卡的"插图"组中单击【联机图片】按钮　，在【必应图像搜索】文本框中输入搜索内容，如图 3-83 所示，单击【搜索】按钮或直接按回车键搜索网络图片，然后在展开的搜索列表中选择需要插入的图片，单击　插入　按钮，如图 3-84 所示。在【插入图片】对话框中，还可以选择【OneDrive-个人】选项，插入用户保存在 OneDrive 中的图片。

图 3-83　插入联机图片对话框　　　　　　　图 3-84　　选择图片

3.6.6　编辑图片

在文档中插入图片后，往往需要调整其大小、位置与形态，甚至有时还需要进行裁剪。在 Word 2016 中，选定要编辑的图片时，功能区中将出现【图片工具格式】选项卡，其中提供了各种编辑工具。

1．调整大小和角度

调整图片大小的具体操作步骤如下：

(1) 选择要调整的图片，如图 3-85 所示，这时图片的四周将出现 8 个缩放控制点和一个旋转控制点。

(2) 将光标指向角端的控制点，当光标变为双向箭头时按住左键拖曳鼠标，可以改变图片的大小，如图 3-86 所示。

图 3-85　选择要调整的图片　　　　　　图 3-86　调整图片的大小

(3) 将光标指向旋转控制点，当光标变为 形状时按住左键拖曳鼠标，如图 3-87 所示，当达到一定角度后释放鼠标，即可旋转图片，如图 3-88 所示。

图 3-87　拖动时光标的形状　　　　　　图 3-88　旋转图片

使用上述方法调整图片的大小与角度，虽然操作方便，但是不能精确控制图片的大小和旋转角度。如果要精确调整图片的大小，可以先选择要调整的图片，然后在【格式】选项卡的"大小"组中直接输入【高度】或【宽度】值，即可改变其大小，图 3-89 所示，这两个值可以锁定，调整任意一个值，另一个值随之同步变化。

图 3-89　设置图片的大小

2. 裁剪图片

如果插入到文档中的图片过大，除了可以调整大小以外，还可以进行裁剪操作，使其更符合文档排版的需要。裁剪图片的操作步骤如下：

(1) 选择要裁剪的图片。

(2) 在【格式】选项卡的"大小"组中单击 按钮，则图片周围出现裁剪框，如图 3-90 所示。

(3) 将光标指向裁剪框的控制点上，按住左键拖曳鼠标，即可裁剪图片。通过拖动角端的控制点，可以同时在高度和宽度方向上进行裁剪；而通过拖动边缘上的控制点，则可以单独在高度或宽度方向上进行裁剪。图 3-91 所示是裁剪后的图片效果。

图 3-90　图片周围出现裁剪框

图 3-91　裁剪后的图片效果

3. 旋转与翻转

插入到 Word 2016 文档中的图片，可以进行简单的旋转与翻转操作，具体操作步骤如下：

(1) 选择要旋转与翻转的图片。

(2) 在【格式】选项卡的"排列"组中单击 旋转 按钮，在打开的下拉列表中选择相应选项，如图 3-92 所示。

(3) 选择一个选项后，马上就会得到图片的旋转或翻转效果。

图 3-92　旋转下拉列表

4. 设置漂亮的样式

Word 2016 提供了非常漂亮的图片样式，应用它们可以制作出美观耐看的效果，完全不需要借助图形设计软件就可以完成，既实用又易用。

应用与修改图片样式的操作步骤如下：

(1) 选择要使用样式的图片。

(2) 在【格式】选项卡的"图片样式"组中单击右下角的 ▾ 按钮，在打开的下拉列表中选择要使用的样式即可，如图 3-93 所示。

(3) 单击 图片边框 ▾ 按钮，在打开的下拉列表中选择图片边框的颜色、粗细、线型，如图 3-94 所示。

(4) 单击 图片效果 ▾ 按钮，在打开的下拉列表中可以为图片选择所需的视觉效果，如阴影、映像、发光、柔化边缘、三维旋转等，如图 3-95 所示。

图 3-93　选择要使用的样式

图 3-94　设置图片边框

图 3-95　选择图片效果

3.6.7　使用文本框

文本框是存放文本、图形的矩形容器。它本身也是一种图形对象，使用文本框可以实现更加灵活的排版方式。由于文本框本身可以看作是一种图形，所以插入文本框的方式与插入形状类似，并且可以像处理形状一样处理文本框。

1．插入内置文本框

Word 2016 提供了一些内置的文本框，它们是一些预置的版式，插入内置文本框以后，可以直接得到预期的效果，非常方便。

(1) 在【插入】选项卡的"文本"组中单击 按钮，在打开的下拉列表中选择需要的文本框样式，如图 3-96 所示。

(2) 选择了一种文本框样式以后，则页面出现该文本框，单击其中的文字部分，输入自己所需要的内容即可，如图 3-97 所示。

图 3-96　选择内置文本框样式

图 3-97　插入的文本框

2．绘制文本框

除了使用内置的文本框以外，用户也可以自行绘制文本框。绘制文本框时，既可以先绘制文本框再输入文字，也可以先选择文本，再为其添加文本框。

如果要在文档中绘制一个空文本框，具体操作步骤如下：

(1) 在【插入】选项卡的"文本"组中单击 按钮，在打开的下拉列表中选择【绘制文本框】或【绘制竖排文本框】选项。

(2) 将光标移动到页面内拖动鼠标，即可创建一个空文本框，在文本框中输入所需要的文字即可，如图 3-98 所示。

图 3-98　在空文本框中输入文字

如果要为已有的内容添加文本框，具体操作步骤如下：

(1) 选择要添加文本框的内容，如文字或图片。

(2) 在【插入】选项卡的"文本"组中单击 按钮，在打开的下拉列表中选择【绘制文本框】或【绘制竖排文本框】选项，则为选择的内容添加了文本框。

(3) 根据需要调整其大小与位置即可，如图 3-99 所示。

燕子去了

燕子去了，有再来的时候；杨柳枯了，有再青的时候；桃花谢了，有再开的时候。但是，聪明的，你告诉我，我们的日子为什么一去不复返呢？——是有人偷了他们罢，那是谁？又藏在何处呢？是他们自己逃走了，现在又到了哪里呢？

燕子(Swallow)是雀形
目燕科 74 种鸟类的统称。
形小，翅尖容，凹尾短喙，
足弱小，羽毛不算太多。

我不知道他们给了我多少日子，但我的手确乎是渐渐空虚了，在默默里算着，八千多日子已经从我手中溜去，象针尖上一滴水滴在大海里，我的日子满载时间的流里，没有声音也没有影子。

去的尽管去了，来的尽管来着，去来的中间，又怎样的匆匆呢？早上我起来的时候，小屋里射进两三斜斜的太阳。太阳他有脚啊，轻轻悄悄地挪移了。

图 3-99　为文字添加文本框

插入到文档中的文本框，实际上就是一个小文档窗口，可以向其中输入文字、插入图片或表格等，并且可以对它们进行格式设置。由于文本框本身是一种图形对象，所以可以设置边框、填充颜色、阴影、三维效果、特殊的填充效果等，可以像形状一样进行设置，这里不再重复介绍。

3.6.8　设置图文混排方式

无论是形状、图片、文本框还是艺术字，插入到文档中之后都需要与文本内容混合排列，即"图文混排"。

图文混排的形式多种多样，如图片叠放在文字上方或下方、使文字环绕图片排列等。Word 2016 提供了 8 种文字环绕方式，分别是嵌入型、四周型、紧密型环绕、穿越型环绕、上下型环绕、衬于文字下方、浮于文字上方和编辑环绕顶点。设置图文混排的操作步骤如下：

(1) 选择要图文混排的对象，如形状、图片、文本框或艺术字等。

(2) 在【格式】选项卡的"排列"组中单击 按钮，在打开的下拉列表中选择一种文字环绕方式，如图 3-100 所示。

(3) 这时图形对象与文字之间就呈现出所选择的文字环绕效果，如图 3-101 所示。

图 3-100　文字环绕方式

燕子去了

燕子去了，有再来的时候；杨柳枯了，有再青的时候；桃花谢了，有再开的时候。但是，聪明的，去不复返呢？——是有人偷了他们罢，那是谁？了，现在又到了哪里呢？我不知道他们给了渐空虚了，在默默里算着，八千多日子已经从我手海里，我的日子满载时间的流里，没有声音也没去的尽管去了，来的尽管来着，去来的中间，又怎样的匆匆呢？早上我起来的时候，小屋里射进两三斜斜的太阳。太阳他有脚啊，轻轻悄悄地挪移了。

图 3-101　文字环绕效果

下面介绍一下 Word 2016 中提供的 8 种文字环绕方式。

❖　嵌入型：图片、图形或艺术字等直接在文档的插入点位置嵌入到文字中，它是相对于浮动而言的，可以看作是一个字符，效果如图 3-102 所示。

❖　四周型：文字在图片、图形或艺术字周围以方形边界环绕排列，效果如图 3-103 所示。

图 3-102　嵌入型

图 3-103　四周型

❖　紧密型环绕：文字在图片、图形或艺术字周围以紧密的方式环绕排列，尽可能地少留空白，沿着图形外轮廓进行排列，效果如图 3-104 所示。

❖　穿越型环绕：与紧密型环绕类似，但是可以在开放式图形的内部环绕排列文字。

❖　上下型环绕：当插入图片、图形或艺术字后，文字将排列在它们的上方或下方，左右两侧不出现文字，效果如图 3-105 所示。

图 3-104　紧密型环绕

图 3-105　上下型环绕

❖　衬于文字下方：文字排列不受图片、图形或艺术字的影响，仍然以原来的方式排列，只是图片、艺术字衬在文字下方，效果如图 3-106 所示。

❖　浮于文字上方：文字排列不受图片、图形或艺术字的影响，仍然以原来的方式排列，只是插入的图片、艺术字浮在文字上方，效果如图 3-107 所示。

图 3-106　衬于文字下方

图 3-107　浮于文字上方

❖ 编辑环绕顶点：这种排列方式的效果就是紧密型环绕，但是可以编辑顶点，从而有效地控制文字与图片、图形或艺术字之间的距离，效果如图 3-108 所示。

燕子去了

燕子去了，有再来的时候；杨柳枯了，有再青的时候；桃花谢了，有再开的时候。但是，聪明的，你告诉我，我们的日子为什么一去不复返呢？——是有人偷了他们罢，那是谁？又　　　　　　藏在何处呢？是他们自己逃走了，现在又到了哪　　　　　　里呢？

我不知道他们给　　　　　　了我多少日子，但我的手确乎是渐渐空虚了，在默默　　　　　　里算着，八千多日子已经从我手中溜去，象针尖　　　　　　上一滴水滴在大海里，我的日子满载时间的流里，没有声音也没有影子。

去的尽管去了，来的尽管来着，去来的中间，又怎样的匆匆呢？早上我起来的时候，小屋里射进两三斜斜的太阳。太阳他也有脚啊，轻轻悄悄地挪移了。

图 3-108　编辑环绕顶点

3.7　创建与编辑表格

表格是一种简洁而有效的数据表达方式，结构严谨、效果直观，一张表格往往可以代替很多文字描述。在日常生活中经常接触到表格，例如个人简历、课程表、财务报表等。Word 2016 具有一定的表格处理能力。

3.7.1　创建表格

表格的基本单元称为单元格，即表格中的一个矩形区域，一组水平排列的单元格称为一行，一组垂直排列的单元格称为一列。单元格是用来描述信息的，每个单元格中的信息称为一个项目，项目可以是文字、数据甚至是图形。

1. 插入规则表格

如果要创建一个规则的表格，可以通过以下两种方法实现。

(1) 使用【表格】插入表格列表，具体操作步骤如下：

① 将光标定位在要创建表格的文档中。

② 在【插入】选项卡的"表格"组中单击 按钮，在打开的下拉列表中移动鼠标，选择需要的行数和列数，如图 3-109 所示。

③ 当达到所需要的行数和列数以后单击鼠标，则在光标位置处插入了表格。

(2) 使用【插入表格】命令，具体操作步骤如下：

① 将光标定位在要创建表格的文档中。

② 在【插入】选项卡的"表格"组中单击 按钮，在打开的下拉列表中选择【插入表格】选项。

③ 在弹出的【插入表格】对话框中设置表格的【列数】和【行数】的值，如图 3-110 所示。

图 3-109　选择表格的行数和列数

图 3-110　设置表格的行数和列数

④　单击 确定 按钮，就可以创建规则的表格。

2. 创建快速表格

Word 2016 提供了快速表格功能，它是一组预先设好格式的表格模板，表格模板包含示例数据、外观样式、字体格式等，可以帮助用户快速得到所需要的表格。创建快速表格的具体操作步骤如下：

(1) 在【插入】选项卡的"表格"组中单击 按钮，在打开的下拉列表中指向【快速表格】选项，则出现预置的表格模板列表。

(2) 在表格模板列表中单击需要的表格样式，即可创建一个相应外观的表格，如图 3-111所示。

图 3-111　选择快速表格样式

3. 绘制表格

在日常工作中，经常会接触到不规则的表格，例如个人简历表，对于这样的表格，往往都使用手工绘制的方法来创建，具体操作方法如下：

(1) 在【插入】选项卡的"表格"组中单击 按钮，在打开的下拉列表中选择【绘制表格】选项，则光标变为铅笔状 ✐。

(2) 在页面中拖动鼠标，绘制表格的外边框，这时将自动弹出【布局】选项卡。

(3) 在外边框的内部继续水平或垂直拖动鼠标，绘制出表格的内部线条。

(4) 在绘制表格的过程中，对于多余的线条可以进行擦除。在【布局】选项卡的"绘图"组中单击 按钮，这时光标变为橡皮状 。

(5) 在要删除的线条上拖动鼠标，可以将多余的线条擦除，如图 3-112 所示。

图 3-112　擦除多余的线条

(6) 按下 Esc 键，退出 按钮的工作状态，这时将光标指向表格的线条，则光标将变为双向箭头，按下鼠标左键进行拖动，可以调整表格的行高或列宽。

通过上面的操作(绘制、擦除、调整行高或列宽)，可以得到非常漂亮的不规则表格。

3.7.2　表格的基本操作

创建了表格后，可以对其进行修改。表格不同于文本，它的操作具有特殊性，例如选择文本后按下 Delete 键可以删除文本，而选择表格部分后按下 Delete 键却不能删除表格，只能删除单元格中的内容。

1. 选择单元格

要对表格中的单元格进行操作，首先需要选择单元格，而选择单元格的方法有多种，如选择单一的单元格、连续的单元格、全部单元格等。选择单元格的方法如下：

❖　将光标指向单元格的左下角，当光标变为 形状时单击鼠标，可以选择该单元格，如图 3-113 所示。

❖　将光标定位在单元格中，按住鼠标左键拖动鼠标，可以选择一个连续的矩形单元格区域，如图 3-114 所示。

图 3-113　选择一个单元格　　　　　　　图 3-114　选择多个单元格

❖　将光标指向表格左侧的选定栏上，光标将变为 ⁄⁊ 形状，这时单击鼠标，可以选择一行单元格；按住左键上下拖动鼠标，可以选择连续的多行单元格，如图 3-115 所示。

❖　将光标指向表格的最上方，光标将变为 ↓ 形状，这时单击鼠标，可以选择一列单元格；按住左键左右拖动鼠标，可以选择连续的多列单元格，如图 3-116 所示。

图 3-115　选择多行单元格　　　　　　　图 3-116　选择多列单元格

❖　将光标指向表格，或者在表格中定位光标，这时表格的左上角将出现一个位置句柄，单击位置句柄可以选择整个表格，如图 3-117 所示。

❖　在表格中定位光标，切换到【布局】选项卡，在"表"组中单击【选择】按钮 ，在打开的下拉列表中选择所需的选项，可以选择表格、行、列或单元格，如图 3-118 所示。

图 3-117　选择整个表格　　　　　　　图 3-118　【选择】下拉列表

2. 插入单元格、行或列

制作一个较为复杂的表格时，用户不可能一次性地完成整个表格的绘制工作。当现有的表格不能满足需要时，可以通过在表格中插入行、列、单元格或表格等方式完成复杂表格的设计。

在表格中插入单元格的操作步骤如下：

(1) 将光标定位在要插入单元格的位置。如果要插入多个单元格，应选择相同数目的单元格。

(2) 在【布局】选项卡中单击"行和列"组右下角的 ，在弹出的【插入单元格】对话框中根据需要选择一项，然后单击 确定 按钮，如图 3-119 所示。

图 3-119　【插入单元格】对话框

❖　活动单元格右移：将在所选单元格的左侧插入单元格，其所在行右侧的单元格均向右移。

❖　活动单元格下移：将在所选单元格的上面插入单元格，并将现有单元格下移，表格底部会添加新行。

❖　整行插入：将在所选单元格的上面插入一空行。

❖ 整列插入：将在所选单元格的左侧插入一空列。

如果要在表格的中间位置插入行或列，操作步骤如下：

(1) 将光标定位在要插入行或列的位置，如果要插入多行或多列，应选择相应数目的行或列。

(2) 在【布局】选项卡的"行和列"组中单击相应的按钮，如图 3-120 所示，即可在相应的位置插入行或列。

图 3-120　插入行和列的相应的按钮

如果要在表格的末尾插入行，可以将光标定位在表格右下角的单元格中，按下 Tab 键，即可在表格的末尾插入一行。

3．删除单元格、行或列

制作表格后，用户也可以删除表格中的单元格、行、列或删除整个表格，还可以只删除单元格中的内容。删除单元格、行或列的操作步骤如下：

(1) 选择要删除的单元格、行或列。

(2) 在【布局】选项卡的"行和列"组中单击 ▦ 按钮，在打开的下拉列表中选择相应的选项即可，如图 3-121 所示。

图 3-121　【删除】下拉列表

❖ 选择【删除单元格】选项，将弹出【删除单元格】对话框，与【插入单元格】对话框类似，只是操作结果相反。

❖ 选择【删除列】选项，将删除所选单元格所在的列。

❖ 选择【删除行】选项，将删除所选单元格所在的行。

❖ 选择【删除表格】选项，将删除整个表格。

如果用户只想删除表格内容而不影响表格本身，可以在选择单元格、行或列后按下键盘上的 Delete 键。

4．调整行高和列宽

通常情况下，用户可以使用鼠标调整行高和列宽，方法是将光标指向要修改的行或列的边框，当光标变成双向箭头时按住左键拖动鼠标，就可以自由地调整行高和列宽。如果需要精确地设置行高和列宽，可以按如下步骤操作：

(1) 选择要调整高度或宽度的行或列。

(2) 在【布局】选项卡的"单元格大小"组中直接输入【高度】或【宽度】的值即可，如图 3-122 所示。

图 3-122　精确设置行高和列宽

5．合并与拆分单元格

在实际工作中，我们使用最多的是不规则表格。这种不规则的表格可以通过对规则的表格进行修改后获得。通过合并与拆分单元格，可以帮助我们快速修改表格。

合并单元格是指将多个连续的单元格合并为一个单元格，操作步骤如下：

(1) 选择要合并的多个连续单元格。

(2) 在【布局】选项卡的"合并"组中单击 ▦ 按钮(或者在所选单元格上单击鼠标右键，从弹出的快捷菜单中选择【合并单元格】命令)，则所选单元格被合并为一个单元格，如图 3-123 所示。

图 3-123　合并单元格

拆分单元格是指将一个单元格拆成多个单元格，操作步骤如下：

(1) 在要拆分的单元格中单击鼠标，定位光标。

(2) 在【布局】选项卡的"合并"组中单击 ▦ 按钮(或者在所选单元格上单击鼠标右键，从弹出的快捷菜单中选择【拆分单元格】命令)，则弹出【拆分单元格】对话框，在对话框中设置要拆分的行数或列数。单击 确定 按钮，即可拆分单元格，如图 3-124 所示。

图 3-124　拆分单元格

3.7.3　设置表格属性

Word 2016 中提供了【表格属性】对话框，这是一个综合设置表格参数的工作区域，其中包含表格的对齐方式、文字环绕、行与列属性、单元格的大小与对齐等，在这一个对话框中，可以完成一系列的设置。

如果要对表格的属性进行设置，可以按照如下步骤操作：

(1) 将光标定位在表格的任意位置处。

(2) 在【布局】选项卡的"表"组中单击 按钮，打开【表格属性】对话框。在【表格】选项卡中可以设置表格的属性，如表格宽度、表格与文字的对齐方式、文字是否环绕表格等，如图 3-125 所示。

(3) 切换到【行】选项卡，在这里可以设置行高、是否允许跨页断行等。设置行高时，通过单击 上一行(P) 按钮或 下一行(N) 按钮来确定目标行，如图 3-126 所示。

图 3-125　设置表格属性

图 3-126　设置行属性

(4) 切换到【列】选项卡，在这里可以设置列宽，通过单击 前一列(P) 按钮或 后一列(N) 按钮来确定目标列，如图 3-127 所示。

(5) 切换到【单元格】选项卡，可以设置单元格的宽度、单元格内的文字在垂直方向上的对齐方式，如图 3-128 所示。

图 3-127　设置列属性

图 3-128　设置单元格属性

(6) 单击 确定 按钮，即可完成表格属性的设置。通过这个对话框可以一次完成多种设置，适合对 Word 比较熟练的用户使用。另外，在【可选文字】选项卡中可以设置表格的标题与说明文字，这些文字主要是针对网络而言的，当 Web 浏览器在加载表格的过程中或表格丢失时显示这些文字。

3.7.4　美化表格

编辑完表格之后，用户还需要对其进行美化，其中包括表格中文字的对齐方式、表格边框的处理、底纹的添加等。如果运用得当，会使表格更加规范与美观。

1. 表格中的文字处理

绘制完表格以后，就可以向表格中输入文字了，具体操作步骤如下：

(1) 单击要输入文字的单元格，定位光标。

(2) 选择适当的输入法，输入文字即可。

(3) 一个单元格中的内容输入完毕以后，按下键盘上的 ↑ 、 ↓ 、 ← 、 → 键可以跳到相邻的单元格中进行输入。图 3-129 所示为输入文字后的表格效果。

生产通知单

需方单位名称		合同号	
联系人		联系电话	
序号	制造产品名称	规格型号	数量	技术标准、质量要求
1				
2				
技术说明				

图 3-129　输入文字后的表格效果

输入文字时，如果单元格窄而高，而文字比较多，可以将文字竖排，以达到美观效果。例如图 3-129 中左侧单元格中的文字，竖排效果更理想。更改文字方向的操作如下：

(1) 选择要更改文字方向的单元格。

(2) 在【布局】选项卡的"对齐方式"组中单击 ䷇ 按钮，即可切换文字方向，如图 3-130 所示。反复单击该按钮，可以在横向文字与纵向文字之间循环切换。

生产通知单

图 3-130　竖排文字效果

输入到单元格中的文字，还可以进行不同方式的对齐操作，共有 9 种对齐方式，具体操作步骤如下：

(1) 选择要进行对齐的一个或多个单元格。

(2) 在【布局】选项卡的"对齐方式"组中单击不同的对齐按钮即可,如图 3-131 所示。

图 3-131　设置不同的对齐方式

2. 美化表格边框

边框是格式化表格的重要内容,默认情况下,表格边框是一条细线。为了使表格更加美观,可以为表格设置不同的边框。设置表格边框的操作步骤如下:

(1) 选择要添加边框的表格或单元格。

(2) 在【设计】选项卡的"边框"组中依次设置"笔样式""笔划粗细"和"笔颜色"选项,如图 3-132 所示。

(3) 在【设计】选项卡的"边框"组中单击 ⊞ 按钮,在打开的下拉列表中选择边框线,如图 3-133 所示。

图 3-132　设置边框样式

图 3-133　选择边框线

在预置的 12 种表格边框样式中，要理解每一种样式所代表的含义。它们都是针对选择的单元格而言的，每一种样式都有一个代表性的按钮，按钮中的虚线位置表示无框线，实线位置表示添加框线。图 3-134 所示为修改表格边框线后的效果。

生产通知单

需方单位名称			合同号	
联系人			联系电话	
序号	制造产品名称	规格型号	数量	技术标准、质量要求
1				
2				
技术说明				

图 3-134　修改表格边框后的效果

3．为表格添加底纹

除了可以修改表格的边框以外，在 Word 2016 中还可以为表格添加底纹，从而使表格更加富有层次，视觉效果更好。为表格添加底纹的操作步骤如下：

(1) 选择要添加底纹的表格或单元格。

(2) 在【设计】选项卡的"表格样式"组中单击 底纹 按钮右侧的小箭头，在打开的下拉列表中选择一种颜色即可。

4．自动套用格式

自动套用格式是指套用一些预先设置好的表格样式，在这些表格样式中，系统预先设置了一套完整的字体、边框、底纹等。使用自动套用格式可以快速地完成表格格式的设置，不但节省时间，而且表格更加美观、大方。设置自动套用格式的操作步骤如下：

(1) 选择要设置的表格，或者将光标定位在表格中的任意位置处。

(2) 在【设计】选项卡的"表格样式"组中单击所需要的预置表格样式即可，如图 3-135 所示。

图 3-135　选择预置的表格样式

(3) 选择预置的表格样式以后，则表格自动套用了该样式，如图 3-136 所示。

生产通知单

需方单位名称			合同号	
联系人			联系电话	
序号	制造产品名称	规格型号	数量	技术标准、质量要求
1				
2				
技术说明				

图 3-136　套用了表格样式后的效果

3.8 文档的高级排版

Word 2016 是一款具有卓越功能的办公软件，使用它不仅可以完成一般的办公文件处理、文稿编辑、表格制作、排版与图文混排等工作，而且在处理长篇文档、专业排版，甚至在杂志、报刊版式的编排方面，也一样可以轻松应对。本章介绍的高级编排技术可以最大限度地发挥 Word 2016 在排版方面的性能。

3.8.1 创建特殊的文本效果

文本起着传递信息的作用，一篇文档的核心内容就是文本。但是当构成版面时，文本又可以作为设计元素，让它在传递信息的同时还能够起到美化版面的作用。例如我们看杂志时经常可以发现一些特殊的文本效果，如首字下沉、纵横混排、拼音、双行合一等，而这些效果在 Word 2016 中可以轻松实现。

1．设置首字下沉

首字下沉是杂志上经常可以看到的文字修饰方式，即文章开头的第一个字格外大，非常醒目，突出了文章的段落内容。在 Word 2016 中为段落设置首字下沉效果的操作步骤如下：

(1) 将光标定位在要设置首字下沉的段落中。

(2) 在【插入】选项卡的"文本"组中单击 A 按钮，在打开的下拉列表中选择所需的下沉样式，如图 3-137 所示。

(3) 选择了一种下沉样式以后，文字立即显示首字下沉效果，默认显示下沉 3 行，如图 3-138 所示。

图 3-137 选择下沉样式　　　　　　　　　　图 3-138 首字下沉效果

(4) 如果要自由控制首字的下沉效果，则在打开的下拉列表中选择【首字下沉选项】选项，这时将弹出【首字下沉】对话框，在这里可以选择下沉位置、下沉行数、距正文的距离等，如图 3-139 所示。

(5) 单击 确定 按钮，则完成首字下沉的设置，如图 3-140 所示。

图 3-139　【首字下沉】对话框　　　　　图 3-140　首字下沉 5 行的效果

2．改变文字方向

通常情况下，文档中的文字是以水平方式排列的。有时为了工作的需要，可能要将某些段落文字或整篇文档的文字设置为垂直方式排列。更改文字方向的操作步骤如下：

(1) 选择要改变方向的文本。

(2) 在【布局】选项卡的"页面设置"组中单击 ▥ 按钮，在打开的下拉列表中可以直接选择文字的排列方向，如图 3-141 所示。

(3) 如果列表中的文字方向不符合要求，可以选择【文字方向选项】选项，在打开的【文字方向】对话框中设置文字的方向，如图 3-142 所示。

图 3-141　选择文字排列方向　　　　　图 3-142　【文字方向】对话框

(4) 单击 确定 按钮，则更改了所选文字的方向，如图 3-143 所示。

图 3-143　更改文字方向后的效果

3．设置拼音指南

编辑文档时，特别是编辑儿童读物时，往往需要对文字进行注音，使用 Word 2016 提供的拼音指南功能可以轻松地完成该任务。所添加的拼音位于文字的上方，还可以设置拼音的对齐方式。为汉字添加拼音的操作步骤如下：

(1) 选择要添加拼音的文字。

(2) 在【开始】选项卡的"字体"组中单击 按钮，在打开的【拼音指向】对话框中自动生成了拼音，设置拼音的参数即可，如图 3-144 所示。

(3) 单击 确定 按钮，即可为选择的文字注上拼音，如图 3-145 所示。

图 3-144　【拼音指向】对话框

xìng fú yì yì wèi zhe zì wǒ mǎn zú
幸福意味着自我满足

图 3-145　为汉字添加了拼音

4．设置纵横混排

纵横混排是指在一行中既有纵向排列的文字，又有横向排列的文字，但是纵向文字的高度被局限在行高之内。在文档中设置纵横混排的具体操作步骤如下：

(1) 选择要纵向排列的文字，如选择文字"幸福"。

(2) 在【开始】选项卡的"段落"组中单击 按钮，在打开的下拉列表中选择【纵横混排】选项，如图 3-146 所示。

图 3-146　选择【纵横混排】选项

(3) 在打开的【纵横混排】对话框中勾选【适应行宽】选项，如图 3-147 所示。

图 3-147　【纵横混排】对话框

(4) 单击 [确定] 按钮，所选文字将实现纵横混排，另外单个文字也可以实现纵横混排，如图 3-148 所示是纵横混排的文本效果。

图 3-148　纵横混排的文本效果

5. 设置合并字符

合并字符功能可以将最多 6 个文字合并到一起，所选的文字排列成上、下两行，用户可以设置合并字符的字体、字号。设置合并字符的操作步骤如下：

(1) 选择要合并字符的文字，如"幸福意味着"。

(2) 在【开始】选项卡的"段落"组中单击 [图] 按钮，在打开的下拉列表中选择【合并字符】选项，则弹出【合并字符】对话框，设置字体、字号，如图 3-149 所示。

(3) 单击 [确定] 按钮，则合并字符后的效果如图 3-150 所示。

图 3-149　【合并字符】对话框　　　　　　　图 3-150　合并字符后的效果

6. 设置双行合一

设置双行合一，可以使同一行的文本平均分为两部分，前一部分排列在后一部分的上方，当两部分的字数不等时，呈两边对齐的状态，并且还可以为双行合一的文本添加不同类型的括号。设置双行合一的具体操作步骤如下：

(1) 选择要设置的文字，如选择"全国计算机等级考试二级 office 学习教程"。

(2) 在【开始】选项卡的"段落"组中单击 [图] 按钮，在打开的下拉列表中选择【双行合一】选项，则弹出【双行合一】对话框，如图 3-151 所示。若选择了【带括号】选项，在【括号样式】下拉列表中可以选择括号的样式。

(3) 单击 [确定] 按钮，则设置了双行合一效果，如图 3-152 所示。

图 3-151　【双行合一】对话框

全国计算机等级考试
二级 **Office** 学习教程

图 3-152　双行合一文字效果

3.8.2　分栏排版

在报纸或杂志中，页面一般采用分栏的版式，这样可以使页面排版灵活，方便阅读。Word 2016 提供了任意栏数的分栏功能，并且可以随意地更改各栏的栏宽及栏间距。利用分栏功能可以排出版式各异、美观大方的报刊或杂志版面，为排版带来了极大的便利。设置分栏的具体操作步骤如下：

(1) 选择要分栏的文档内容，如果要将整个文档分栏，则全部选择(注意所选文字中不能包含最后一段结尾处的回车符)。

(2) 在【布局】选项卡的"页面设置"组中单击 按钮，在打开的下拉列表中选择一种分栏版式，如图 3-153 所示。选择的文本会以相应的栏数进行分栏，结果如图 3-154 所示。

图 3-153　选择预设分栏版式　　　　　图 3-154　分栏效果

(3) 如果要进行更详细的分栏设置，则在列表中选择【更多分栏】选项，在打开的【分栏】对话框中进行设置，如图 3-155 所示。

(4) 单击 确定 按钮，则得到的分栏效果如图 3-156 所示。

当一个人确信自己不能依靠其他任何人时，生活的重负和不利的处境、危险和烦恼就不仅难以计数，还不可避免。

图 3-155　【分栏】对话框　　　　图 3-156　设置后的分栏效果

在【分栏】对话框中，各组参数的作用如下：

❖ 预设：该选项组用于选择要分栏的数目，如"三栏"。

❖ 栏数：用于自定义栏数。

❖ 分隔线：选择该选项，则在分栏间添加竖线。

❖ 宽度和间距：该选项组用于设置每栏的宽度和栏间距。

❖ 栏宽相等：选择该选项，则分栏后的栏宽相等；不选择该选项，则用户可以自由设定栏宽。

3.8.3　设置页眉和页脚

为一篇文档添加页眉和页脚，可以使版面更加新颖。页眉出现在每页的顶端，页脚出现在每页的底端。在页眉和页脚中可以插入图形、页码、日期、公司徽标、文档标题、作者姓名等。

1．插入页眉

插入页眉的操作步骤如下：

(1) 在【插入】选项卡的"页眉和页脚"组中单击 按钮，在打开的下拉列表中选择一种页眉样式，如图 3-157 所示。

(2) 所选样式的页眉将添加到页面的顶端，同时文档自动进入页眉和页脚的设计状态，单击占位符并输入页眉内容，如图 3-158 所示。

(3) 在页眉和页脚的【设计】选项卡中单击 按钮，退出页眉和页脚的设计状态，即完成页眉的设置。

图 3-157　选择页眉样式　　　　图 3-158　输入页眉内容

2．插入页脚

插入页脚与插入页眉的操作完全一致，只是出现的位置不同，内容也不同，具体操作步骤如下：

(1) 在【插入】选项卡的"页眉和页脚"组中单击 按钮，在打开的下拉列表中选择一种页脚样式。

(2) 所选样式的页脚将添加到页面的底端，同时进入页眉和页脚的设计状态，根据需要设置页脚内容即可。

(3) 在页眉和页脚的【设计】选项卡中单击 ✕ 按钮，退出页眉和页脚的设计状态，即完成页脚的设置。

设置页眉和页脚时，用户可以自行编辑，参考编辑文档的方法对其进行对齐、字体、大小等格式设置，还可以插入符号、图片等。另外，设置了页眉和页脚后，如果需要对其进行修改，可以双击页眉和页脚区，将其激活后进行修改。

3．奇偶页不同的页眉和页脚

用前面介绍的方法设置了页眉和页脚后，文档中所有页的页眉和页脚都相同。在实际工作中，如果需要为文档的首页、奇偶页设置不同的页眉和页脚，可以按如下步骤进行操作：

(1) 在【插入】选项卡的"页眉和页脚"组中单击 按钮，在打开的下拉列表中选择【编辑页眉】选项，进入页眉和页脚的设计状态。

(2) 在页眉和页脚的【设计】选项卡中勾选"选项"组中的【首页不同】或【奇偶页不同】选项，如图 3-159 所示。

图 3-159　勾选选项

(3) 分别设置首页页眉和页脚、奇数页页眉和页脚、偶数页页眉和页脚，最后单击 ✕ 按钮，退出页眉和页脚的设计状态即可。

3.8.4　编制目录

一般情况下，出版物中都有一个目录，目录中包含书刊中的章、节、页码等信息，为用户浏览、查阅书刊内容提供了方便。

文档目录是文档中标题的列表，通过目录可以浏览文档中讨论了哪些主题。利用 Word 2016 中的菜单命令可以自动创建文档目录，文档中的目录都以超链接的形式显示，用户只需单击目录中的标题，即可跳转到文档中相应的位置。编制文档目录的具体步骤如下：

(1) 将光标定位到要插入目录的位置。

(2) 在【引用】选项卡的"目录"组中单击 按钮，在打开的下拉列表中选择一种目录格式，如图 3-160 所示，则在指定的位置生成目录，结果如图 3-161 所示。

图 3-160　选择目录格式

图 3-161　生成的目录

3.8.5　使用样式

所谓样式，就是由多个格式编排命令组合而成的集合，一个样式可以由字号、字体、段落的对齐方式以及边框、底纹等格式组合而成，样式可以用于文档中的一个标题、段落或某一部分。

当文档中应用了某一样式后，如果需要修改，只需修改样式即可，应用了该样式的所有内容将自动更新，既提高了工作效率，也保证了整个版面格式的统一。

样式分为内置样式和自定义样式，它按照作用范围又分为字符样式和段落样式。字符样式只限于字体、字号、文本颜色等格式的设置，它可以作用于文档中的任意位置；段落样式对整个段落起作用，不仅可以设置字符格式，还可以设置段落格式，如对齐、缩进、段间距等。当创建一个新文档时，其中包含了许多内置样式，在【开始】选项卡的"样式"组中可以看到，如图 3-162 所示。

图 3-162　"样式"组中的内置样式

1．创建自己的样式

如果已有的样式不能满足工作需要，用户可以自己创建样式，下面介绍创建标题样式的操作方法：

(1) 在【开始】选项卡的"样式"组中单击右下角的 <img> 按钮，打开【样式】任务窗格，这里可以看到全部的样式，如图 3-163 所示。

(2) 在任务窗格的左下角单击【新建样式】按钮 ，打开【根据格式设置创建新样式】对话框，如图 3-164 所示。

图 3-163　【样式】任务窗格　　　　　图 3-164　【根据格式设置创建新样式】对话框

(3) 在对话框中设置相应选项。例如在【名称】文本框中输入样式的名称"要点提示"，在【样式类型】下拉列表中选择样式类型等。

(4) 单击对话框左下角的 格式(O)· 按钮，在弹出的菜单中可以选择更丰富的命令来设置各种格式，如字体、段落、边框、编号、快捷键等，如图 3-165 所示。

(5) 设置好各项格式以后，单击 确定 按钮则创建了新样式，新创建的样式将出现在【样式】任务窗格中，如图 3-166 所示。

图 3-165　选择要设置的格式　　　　　图 3-166　创建的样式

2. 应用样式

创建了样式以后，就可以应用它来排版了。应用样式时，既可以应用 Word 2016 内置的样式，也可以应用自定义的样式，它们的使用方法是相同的。

(1) 选定要使用样式的段落、字符或文本。

(2) 在【开始】选项卡的"样式"组中单击右下角的 ▼ 按钮，在打开的下拉列表中选择要使用的样式，则所选内容将应用该样式，如图 3-167 所示。

另外，也可以在【样式】任务窗格中单击要应用的样式，则所选内容将按照该样式修改格式，如图 3-168 所示。

图 3-167　选择要应用的样式

图 3-168　在【样式】任务窗格中应用样式

3.8.6　设置稿纸格式

Word 2016 中内置了典型的中文稿纸格式，十分符合中文行文规范。例如中文标点不能出现在行首，而在 Word 稿纸中，行末标点会出现在稿纸方格之外，这是一个非常实用的功能。设置稿纸格式的具体操作步骤如下：

(1) 在【布局】选项卡的"稿纸"组中单击 按钮。

(2) 在弹出的【稿纸设置】对话框中设置稿纸的格式、行数×列数、网格颜色、页眉和页脚等，并勾选【按中文习惯控制首尾字符】选项，如图 3-169 所示。

(3) 单击 确认 按钮，则产生稿纸格式的文档，如图 3-170 所示。

图 3-169　【稿纸设置】对话框

图 3-170　稿纸格式的文档

3.9　设置页面与打印

页面设置工作可以在录入文本之前完成，也可以在录入文本之后完成，总之在输出文稿之前要先设置好页面，因为它直接影响版面的美观与输出要求。

3.9.1　设置纸张大小

纸张的大小和方向不仅对打印输出的最终结果产生影响，而且对当前文档的工作区大小和工作窗口的显示方式都会产生直接的影响。

默认情况下，Word 2016 自动使用 A4 幅面的纸张来显示新的空白文档，纸张大小为 21 厘米×29.7 厘米，方向为纵向。如果用户需要重新设置纸张大小，操作步骤如下：

(1) 在【布局】选项卡的"页面设置"组中单击 按钮，在打开的下拉列表中可以直接选择标准的纸张大小，如 16 开、A3、B5 等，如图 3-171 所示。

(2) 如果要自定义纸张大小，则在下拉列表中选择【其他纸张大小】选项，在打开的【页面设置】对话框中设置纸张的大小，并选择应用于"整篇文档"选项，如图 3-172 所示。

图 3-171　选择标准的纸张大小

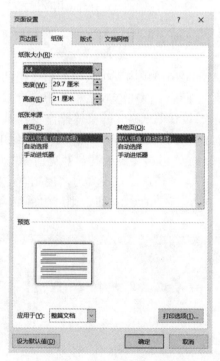

图 3-172　【页面设置】对话框

(3) 单击 确定 按钮，完成纸张大小的设置。

3.9.2　设置页边距

在 Word 2016 中，页边距主要用来控制文档正文与页面边沿之间的空白距离，如图

3-173 所示。在文档的每一页中都有上、下、左、右四个页边距。页边距的值与文档版心位置、页面所采用的纸张大小等元素紧密相关。改变页边距时，新的设置将直接影响到整个文档中的所有页面。

图 3-173　页边距

设置页边距的操作步骤如下：

(1) 在【布局】选项卡的"页面设置"组中单击 ▦ 按钮，在打开的下拉列表中可以选择预置的页边距，如图 3-174 所示。

(2) 如果要自定义页边距，则在下拉列表中选择【自定义边距】选项，在打开的【页面设置】对话框中设置【上】【下】【左】【右】的值，并选择应用于"整篇文档"选项，如图 3-175 所示。

图 3-174　选择预置的页边距　　　　　　　　图 3-175　自定义边距

(3) 单击 确定 按钮，完成页边距的设置。

3.9.3 打印文档

在打印文档前进行打印预览，是避免浪费纸张、提高工作效率的一个重要途径。因为 Word 是一款所见即所得软件，所以我们预览到的效果实际上就是打印的真实效果。通过打印预览，可以观察到排版的不足，以便及时对文档进行修改，以得到满意的效果。

执行打印预览时，先切换到【文件】选项卡，选择【打印】命令，这时在窗口右侧可以预览到文档的打印效果。拖动右侧的滚动条，可以翻页预览；也可以按下 PageUp 和 PageDown 键进行翻页，拖动右下方的显示比例滑块，可以控制视图的放大或缩小，如图 3-176 所示。

图 3-176　打印窗口

在窗口的中间部分是打印的相关设置，设置好相应的参数以后，单击【份数】选项左侧的【打印】按钮，即可开始打印工作。

❖　份数：用于设置要打印的份数。

❖　打印机：用于指定可用的打印机。

❖　单击【打印所有页】按钮，在打开的下拉列表中可以设置要打印页面的范围，例如"打印所有页""打印所选内容""打印当前页面"等。

❖　单击【单面打印】按钮，在打开的下拉列表中可以设置要单面打印还是双面打印。

❖　单击【调整】按钮，在打开的下拉列表中可以设置打印的顺序。

❖　单击【纵向】按钮，在打开的下拉列表中可以设置纸张方向。

❖　单击【大 32 开(14 厘米×20.3 厘米)】按钮，在打开的下拉列表中可以设置纸张的规格。

❖　单击【自定义边距】按钮，在打开的下拉列表中可以设置页面边距。

❖ 单击【每版打印 1 页】按钮，在打开的下拉列表中可以设置版面页数。

本 章 习 题

一、填空题

1. 第一次启动 Word 2016，打开一个空白的文档窗口，其对应的文档文件名为_____。

2. 在 Word 2016 中选择文本时，文本的右上角将显示一个_____，通过它可以快速地设置基本的文本格式与段落格式。

3. 在 Word 2016 中，文本编辑区中有一个闪烁的竖线，是_____。

4. Word 2016 中的段落缩进有_____缩进、_____缩进、左缩进和右缩进 4 种缩进方式。

5. 在 Word 2016 中，"剪切""复制"和"粘贴"命令的快捷键分别是_____、_____和_____。

6. _____是杂志上经常可以看到的文字修饰方式，即文章开头的第一个字格外大，非常醒目，突出了文章的段落内容。

7. 在 Word 2016 中，_____主要用来控制文档正文与页面边沿之间的空白距离，它的值与文档版心位置、页面所采用的纸张大小等元素紧密相关。

8. 在 Word 2016 的【插入】选项卡中，选中_____项，可以在文档中插入另一个文件。

9. 一般情况下，_____用于没有层次结构的段落内容，而编号则用于层次结构明显的段落内容。

10. 在 Word 2016 中，把插入点移到分页符后的一行起始处，按_____键，该行上移，分页符消失。

二、简答题

1. 如何利用选定栏快速选择文本？

2. 怎样利用格式刷复制文本格式？

3. 简述 Word 2016 中的 8 种文字环绕方式。

4. 如何合并与拆分表格中的单元格？

5. 如何设置奇偶页不同的页眉和页脚？

6. 怎样设置图片大小和角度？

第4章 Excel 2016 表格处理

Excel 2016 是微软公司出品的 Office 系列办公软件中的一个组件。它是一款功能强大的、优秀的电子表格处理软件，可以方便地制作各种复杂电子表格，能够进行数据存储、共享、运算和打印输出，还具有强大的数据综合管理与分析功能，可以快速生成各种报表，并具有简单快捷地进行各种数据处理、统计分析和预测决策分析等功能。本章以 Excel 2016 为例，介绍该软件的基本操作方法。

4.1 Excel 2016 概述

Excel 2016 提供了丰富的图表功能和电子表格模板，根据系统提供的不同图表格式，用户可以轻松完成各类表格的制作。

4.1.1 Excel 2016 的主要功能

1. 编辑表格

Excel 2016 可以根据需要快速、方便地建立各种电子表格，输入各种类型的数据，并且具有比较强大的自动填充功能。

Excel 2016 中每一张工作表就是一个通用的表格，直接向单元格中输入数据，就可以形成现实生活中的各种表格，如学生登记表、考试成绩表、工资表、物价表等。对于表格的编辑也非常方便，可以任意插入和删除表格的行、列或单元格。对数据进行字体、大小、颜色、底纹等修饰。

2. 数据管理与分析

Excel 2016 的每一张工作表由 1048576 行和 16384 列组成，行和列交叉处组成单元格，这样大的工作表可以满足大多数数据处理的业务。将数据输入到工作表中以后，可以对数据进行检索、分类、排序、筛选、统计汇总等基本操作。

除此以外，Excel 2016 还提供了包括财务、日期和时间、数学和三角函数、统计、查找与引用、数据库、文本、逻辑、信息等内置函数，可以满足许多领域的数据处理与分析的要求。如果内置函数不能满足需要，还可以使用 Excel 内置的 Visual Basic for Applications(也称作 VBA)建立自定义函数。

另外，Excel 2016 还提供了许多数据分析与辅助决策工具，例如数据透视表、模拟运算表、假设检验、方差分析、移动平均、指数平滑、回归分析、规划求解、多方案管理分析等工具。利用这些工具，不需掌握很深的数学计算方法，不需了解具体的求解技术细节，更不需编写程序，就可以完成复杂的求解过程，得到相应的分析结果。

3. 制作图表

图表能直观地表示数据间的复杂关系，通过图表，可以直观地显示出数据的众多特征，例如数据的最大值、最小值、发展变化趋势、集中程度和离散程度等，都可以在图表中直接反映出来。

Excel 2016 具有很强的图表处理功能，提供多种图表形式，可以方便地将工作表中的有关数据制作成专业化的图表，如条形图、气泡图、柱形图、折线图、散点图、股价图以及多种复合图表和三维图表。同一组数据可以用不同类型图表表示，并且可以任意编辑图表标题、坐标轴、网络线、图例、数据标志、背景等项目，从而获得最佳的外观效果。Excel 还能够自动建立数据与图表的联系，当数据增加或删除时，图表可以随数据变化而更新。

4. 数据网上共享

Excel 2016 具有强大的 Web 功能，将 Excel 工作簿保存为 Web 网页，可以创建超级链接，获取互联网上的共享数据，也可将自己的工作簿设置成共享文件，保存在互联网的共享网站中，供网络用户分享数据。

5. 新增功能

与以前的版本相比，Excel 2016 有了一些改变，也增加了新的功能。

(1) 更多的主题，不再是 2013 版本中单调的灰白色。

(2) 新增的 TellMe 功能。用户可以通过"告诉我您想要做什么"功能快速检索 Excel 功能按钮，不用再到选项卡中寻找某个命令的具体位置。

(3) 新增了树状图、旭日图、直方图、排列图、箱形图与瀑布图等六款全新的图表。

(4) 在 Excel 2010 和 2013 版中，需要单独安装 PowerQuery 插件，2016 版内置了这一功能。

(5) 增加了预测功能和预测函数，根据目前的数据信息，可预测未来数据发展态势。

(6) 新增了墨迹公式功能，以便能在工作簿中包含复杂的数学公式。如果你拥有触摸设备，则可以使用手指或触摸笔手动写入数学公式，Excel 会将它转换为文本。

(7) 简化了共享操作，选择功能区上的"共享"可在 SharePoint、OneDrive 或 OneDrive for Business 上与他人共享电子表格。

4.1.2　Excel 2016 的启动与退出

1. Excel 2016 的启动

启动 Excel 2016 的常用方法如下：

(1) 开始菜单启动。

在【开始】菜单中选择【Excel 2016】命令。

(2) 从桌面快捷方式启动。

① 在桌面上创建 Excel 2016 的快捷方式。

② 双击快捷方式图标。

(3) 通过工作簿打开。

双击已有的 Excel 工作簿，启动 Excel 2016 的同时，也将工作簿打开。

2．退出 Excel 2016

退出的常用方法如下：

(1) 单击 Excel 2016 窗口标题栏右侧的"关闭"按钮。

(2) 双击 Excel 2016 窗口标题栏最左侧的空白处。

(3) 按"Alt+F4"组合键。

(4) 单击标题栏左上角的 Excel 2016 最左侧的空白处，在弹出的菜单中选择"关闭"命令。

4.1.3 Excel 2016 窗口简介

启动 Excel 2016 后将打开 Excel 2016 的用户界面，如图 4-1 所示，这个窗口与 Word 2016 窗口很相似，由标题栏、快速访问工具栏、功能区、选项组、名称框、编辑栏、工作表编辑区、工作表标签、状态栏、水平/垂直滚动条等部分组成，用户可定义某些屏幕元素的显示和隐藏。

图 4-1　Excel 2016 窗口组成

1．标题栏

标题栏位于窗口的最上边，主要包括"控制"按钮、应用程序名称和当前文件名称、"最小化""最大化"和"关闭"按钮。

当新建一个空白的工作簿时，系统默认工作簿名称为"工作簿 1"。

2．快速访问工具栏

快速访问工具栏位于窗口的最上边，如图 4-2 所示，默认包

图 4-2　快速访问工具栏

括"保存""撤销"和"恢复"按钮。快速访问工具栏是能够自定义的，可以在其中添加一些最常用的按钮。

3．功能区

标题栏下面是功能区，由选项组和各功能按钮组成，如图 4-3 所示。功能区的隐藏和显示可通过"Ctrl + F1"组合键来完成。

图 4-3　功能区

4．选项组

选项组位于功能区中，如"开始"标签中的"剪贴板""字体""对齐方式"等，相关的命令组合在一起来完成各种任务。图 4-4 所示为"字体"选项组。

图 4-4　"字体"选项组

5．编辑栏

功能区下面是单元格编辑栏，包括"名称框""按钮区"和"编辑栏"。

6．行标题和列标题

行标题和列标题用来定位单元格，构成单元格地址。例如 A10 代表第 A 列 10 行。行标题用数字，列标题用英文字母表示。

7．工作表编辑区

窗口中间的区域称为工作表编辑区，用于编辑数据的单元格区域，Excel 中所有对数据的编辑操作都在此进行。

8．状态栏

状态栏位于窗口底部，为当前正在进行的操作提供提示或说明。

9．工作表标签

工作表标签用于显示工作表的名称，单击工作表标签将激活相应的工作表。

10．水平/垂直滚动条

水平/垂直滚动条用来在水平、垂直方向改变工作表的可见区域。

4.1.4　工作簿和工作表

在学习 Excel 2016 基本操作之前，我们先来了解工作簿、工作表和单元格的一些基本概念以及它们之间的关系。

1．工作簿

在 Excel 中生成的文件叫作工作簿(Book)，启动 Excel 时会自动创建一个名称为"工作簿 1"的文件，文件扩展名为 .xlsx，用户可以在保存文件时重新命名。

工作簿由若干个工作表组成，默认情况下一个工作簿有 1 个工作表，用 Sheet1 来表示。工作簿中的工作表可根据需要增加和删除。

2．工作表

工作表是 Excel 2016 存储和处理数据的主体，每张工作表都有一个标签与之对应(如 Sheet1)，工作表名称显示在窗口底部标签上。

在 Excel 2016 工作表中，列用 A、B、C、…、Z、AA、AB、…、XFD 字母标识，称为列标，它显示在工作表网格的上边；每行用 1、2、3、…、1048576 数字标识，称为行号，它显示在工作表网格的左边，工作表最多可以包含 16384 列，1048576 行。具体使用时，Excel 默认使用编辑过的部分为当前表格，即所用单元格区域多大表格就多大。

3．单元格与活动单元格

单元格是 Excel 2016 工作簿的最小组成单位。工作表编辑区中每一个长方形的小格就是一个单元格，每一个单元格都用其所在的单元格地址来标识，如 A1 单元格表示位于第 A 列第 1 行交叉的单元格。每个单元格中可以容纳 32767 个字符。

工作表中，被黑色方框包围的单元格称为当前单元格或活动单元格，只能对活动单元格进行操作。

4．单元格区域

多个相邻的单元格组成了单元格区域。矩形单元格区域可以用该区域左上角单元格的名称+冒号":"+该区域右下角单元格的名称来标识(可以使用该矩形区域任意一组对角线两端的单元格)，如 A3:E7，表示左上角单元格为 A3，右下角单元格为 E7 的矩形区域。不连续的单元格区域名称用所有单元格名称中间用逗号隔开来表示，如(A1，A3，B2，B4，C6，D8)。

4.2　工作簿与工作表的操作

Excel 2016 的工作主要是围绕工作表来进行的，但是工作表是依赖于工作簿而存在的，所以工作之前需要创建工作簿，一个工作簿就是一个 Excel 文件。

4.2.1　工作簿的基本操作

使用 Excel 2016 处理数据之前，首先要学会工作簿的创建、打开、保存与关闭等基本操作，这是开始工作的前提，下面分别进行介绍。

1．创建工作簿

在 Excel 2016 中可以使用多种方法创建工作簿。一般情况下，用户启动 Excel 后，会自动创建一个空白的工作簿文件"工作簿 1"，其名称显示在标题栏中。

如果要继续创建新的工作簿，可以单击快速访问工具栏中的【新建】按钮█(需要时要自行点击快速访问工具栏后面的下拉按钮添加)或者按下"Ctrl+N"键，就可以快速地创建新的工作簿，如图 4-5 所示。

图 4-5　创建新的工作簿

另外，也可以切换到【文件】选项卡，单击【新建】命令，在提供的模板列表中单击"空白工作簿"，或右击"空白工作簿"再单击弹出的"创建"按钮，即可自动创建一个空白工作簿，如图 4-6 所示。

图 4-6　创建空白工作簿

如果要基于模板创建工作簿，可以在【新建】命令窗口中单击选择要使用的模板，如图 4-7 所示的"员工考勤时间表"。在弹出的对话框中单击【创建】按钮，系统会自动下载相应的模板，并基于该模板创建工作簿，如图 4-8 所示，其中会含有一些数据、工作表等信息，使用的时候修改这些数据即可。

大学计算机基础教程(第二版)

图 4-7　选择预设模板

图 4-8　基于模板创建的工作簿

2. 保存工作簿

当在工作簿中输入了数据或者对工作簿中的数据进行了修改以后，需要对其进行保存，这样才能使数据不丢失，便于在以后的工作中使用。保存工作簿的方法如下：

(1) 切换到【文件】选项卡，单击其中的【保存】命令(或者按下"Ctrl+S"键，或者单击快捷工具栏中的【保存】按钮)，即可保存现有工作簿，如图 4-9 所示。

(2) 如果是第一次保存，需要在窗口右边的【另存为】选择【浏览】，将会弹出【另存为】对话框，在其中指定保存文件的位置，并在【文件名】文本框中输入名称，如图 4-10 所示。

图 4-9　执行【保存】命令

图 4-10　保存工作簿

在原有的工作簿中修改了数据以后，再进行保存时将不再弹出【另存为】对话框，而是直接保存，覆盖掉原来的文件。如果想将文件换名称或位置，可使用【文件】选项卡的【另存为】命令。

3. 打开工作簿

当需要使用存储在计算机中的工作簿时，用户只需要打开工作簿即可。若要打开工作簿，首先要通过资源管理器进入存放工作簿的路径，然后双击工作簿文档图标，就可以启动Excel，同时打开该工作簿。另外，也可以通过【打开】命令打开工作簿，具体操作步骤如下：

(1) 切换到【文件】选项卡，执行其中的【打开】命令(或者按下"Ctrl + O"键)，如图 4-11 所示。

162

图 4-11　执行【打开】命令

(2) 在弹出的【打开】对话框中选择工作簿的保存路径，在文件列表中选择要打开的工作簿，单击 打开(O) 按钮即可将其打开，如图 4-12 所示。

图 4-12　打开工作簿

4．关闭工作簿

如果要关闭当前工作簿并退出 Excel 2016，可以采用 4.1.2 节提供的 Excel 2016 退出的四种办法。

如果要关闭当前正在编辑的工作簿，但不退出 Excel 2016，则单击【文件】选项卡，选择【关闭】命令。如果有其他已打开的工作簿，就会自动变为当前工作簿。

4.2.2　工作表的基本操作

1．工作表的选定

(1) 选定单个工作表：单击要选定工作表的标签。

（2）选定连续工作表：单击第一个要选定的工作表标签后，按住 Shift 键，单击最后一个工作表标签。

（3）选定不连续工作表：单击第一个要选定的工作表标签后，按住 Ctrl 键，逐个单击所选的工作表标签。

（4）选定全部工作表：右键单击其中一个工作表标签，在打开的快捷菜单中选择【选定全部工作表】命令。

2．插入工作表

默认情况下，一个工作簿中只有 1 个工作表，如果不够用，可以随时插入工作表。新插入的工作表往往在原工作表数目的基础上依次命名，例如原来有 1 个工作表，则新工作表名称为"Sheet2"。插入新工作表的方法如下：

（1）直接单击工作表标签后面的"+"号按钮，即可在当前工作表之后添加一个新的工作表。

（2）在工作表标签上单击鼠标右键，在弹出的快捷菜单中选择【插入】命令，如图 4-13 所示。在弹出的【插入】对话框中切换到【常用】选项卡，选择其中的"工作表"选项，然后单击 确定 按钮，如图 4-14 所示，即可在当前工作表的前面插入一张新的工作表。

图 4-13　执行【插入】命令

图 4-14　【插入】对话框

3．删除工作表

删除工作表的方法有两种：

（1）右键单击选定【工作表标签】，在打开的快捷菜单中选择【删除】命令，即可删除该工作表。

（2）选定【工作表标签】，单击【开始】选项卡上"单元格"组中的【删除】按钮，在【删除】下拉列表中选择【删除工作表】命令，则删除选定的工作表。

4．移动或复制工作表

当要制作的工作表中有许多数据与已有工作表中的数据相同时，可以通过移动或复制工作表来提高工作效率。移动或复制工作表的具体操作步骤如下：

（1）在要移动或复制的工作表标签上单击鼠标右键，从弹出的快捷菜单中选择【移动或复制】命令，如图 4-15 所示。

（2）在打开的【移动或复制工作表】对话框中选择工作表移动或复制的目标位置，如果要复制工作表，再勾选【建立副本】选项，然后单击 确定 按钮，即可完成工作表的移动或复制操作，如图 4-16 所示。

图 4-15　执行【移动或复制】命令　　　图 4-16　【移动或复制工作表】对话框

除此之外，用户也可以直接使用鼠标拖动要移动的工作表标签到目标位置，从而完成移动操作；如果按住 Ctrl 键的同时拖动工作表标签到目标位置，则可以复制工作表。

5．工作表的重命名

默认情况下，工作簿中的工作表标签均是按 Sheet1、Sheet2、Sheet3……方式命名排列，如果工作簿中的工作表很多，使用这种命名方式就会造成工作上的不便，用户需要依次查看才能知道每一个工作表中包含什么内容，这显然会浪费大量的时间。

为了能对工作表的内容一目了然，可以为每个工作表重新命名，例如 Sheet1 工作表中是学生基本情况，就可以将该工作表重新命名为"学生基本情况"。

重命名工作表有两种方法：

（1）在工作表标签上单击鼠标右键，在弹出的快捷菜单中选择【重命名】命令，如图 4-17 所示。

（2）直接双击工作表标签，如图 4-18 所示。

不论哪一种方法，激活工作表名称后，输入新名称按回车键确认，或用鼠标单击工作表任意单元格即可。

图 4-17　执行【重命名】命令　　　图 4-18　双击工作表标签

6. 改变默认工作表数

单击【文件】选项卡，选择【选项】命令，打开【Excel 选项】对话框，如图 4-19 所示。选择【常规】标签卡，对"包含的工作表数"进行设置。

图 4-19　设置新工作簿默认工作表数

7. 冻结工作表

当工作表中数据量非常大时，可以通过冻结工作表窗格的操作，将窗口左侧的若干列或者窗口上端的若干行固定显示在窗口中，也可同时固定若干行和若干列在窗口上方和左侧。冻结窗格的操作步骤如下：

(1) 单击要冻结行下一行的行号(要冻结列后一列的列号)处，或单击要冻结行列交叉处右下方单元格，再单击【视图】选项卡上"窗口"组中的【冻结窗格】按钮，如图 4-20 所示。

(2) 选择【冻结窗格】下拉列表中的【冻结拆分窗格】命令，即可完成水平(垂直)冻结，或水平垂直同时冻结。如果要冻结首行或首列则不需选定冻结位置，直接在【冻结窗格】下拉列表中选择【冻结首行】或【冻结首列】即可。

要取消窗口的冻结，在【冻结窗格】下拉列表中选择【取消冻结窗格】命令。

8. 保护工作表

使用 Excel 2016 时，为了防止他人对工作簿中的工作表进行插入、删除等操作，或者对工作表中的数据、图表等对象的操作，避免造成不必要的数据丢失或破坏，可以对其进行保护。

单击【审阅】选项卡的"更改"组中【保护工作表】 按钮，打开【保护工作表】对话框，在【取消工作表保护时使用的密码】文本框中输入密码，如图 4-21 所示。这样，只有输入密码才能取消工作表的保护。

图 4-20　【冻结窗格】按钮　　　　　　　图 4-21　【保护工作表】对话框

4.3　工作表数据的输入

Excel 的主要功能是处理表格，即对大量的数据进行计算和分析。工作表中的数据存放在单元格中，输入的数据可以是文本、日期、时间值、逻辑值或公式、函数等。在单元格中输入数据时，数据会同时显示在活动单元格和公式编辑框中。

4.3.1　文本的输入

Excel 2016 每个单元格最多可输入 32767 个字符。输入结束后按回车键、Tab 键、箭头键或用鼠标单击编辑栏的【√】按钮均可确认输入；按 Esc 键或单击编辑栏的"×"按钮可取消输入。

文本是指汉字、英文，或由汉字、英文、数字组成的字符串，例如"电子表格""数字1""A1"等都属于文本。有些数字如电话号码、邮政编码，常常当作字符处理，此时只需在输入数字前加上一个单引号"'"，Excel 将把它当作字符。文本数据在单元格中默认靠左对齐。

当输入的文字长度超出单元格宽度时，如果右边单元格无内容，则扩展到右边列，如图 4-22 所示；否则将截断显示，如图 4-23 所示。如果要在单元格中输入多行数据，只需在需要换行的地方按"Alt + Enter"组合键即可。

图 4-22　超出单元格宽度时的显示效果　　　　图 4-23　超出单元格宽度时的截断显示

4.3.2　数值的输入

数值除了数字(0~9)组成的字符串外，还包括正号(+)、负号(一)、指数符号(E 或 e)、货币符号(¥ 或 $)、分数号(/)、百分号(%)以及小数点(.)和千分位符号(,)等特殊字符(如 $50,000)。另外 Excel 2016 还支持分数的输入，如 12 3/4，在整数和分数之间应有一个空格，当分数小于 1 时，要写成 0 3/4，不写 0 会被 Excel 识别为日期"3 月 4 日"。字符"¥"和"$"放在数字前会被解释为货币单位，如 $1.8。数值型数据在单元格中一律靠右对齐。

Excel 2016 数值输入与数值显示未必相同，如输入数据太长，Excel 自动以科学计数法表示。比如用户输入 123451234512，Excel 表示为 1.23451E+11，E 代表科学计数法，其前面为基数，后面为 10 的幂数。又如单元格数字格式设置为带两位小数，此时输入三位小数，则末位将进行四舍五入。值得一提的是，Excel 计算时将以输入数值而不是显示数值为准。但是有一种情况例外，因为 Excel 的数字精度为 15 位，当数字长度超过 15 位时，Excel 会将多余的数字转换为 0，如输入 1234512345123456 时，在计算中以 1234512345123450 进行计算。

4.3.3　日期和时间型数据的输入

Excel 2016 内置了一些日期时间的格式，当输入数据与这些格式相匹配时，Excel 将识别它们。其常见日期和时间格式为"yy/mm/dd""yy-mm-dd""hh:mm(AM/PM)"，其中表示时间时在 AM/PM 与分钟之间应有空格，比如 7:20 PM，缺少空格将被当作字符数据处理。

输入日期时，如果省略年份，则以当前的年份作为默认值。若想输入当天日期，可以通过按组合键"Ctrl+；"快速完成；若想输入当前时间，可以按组合键"Ctrl+Shift+；"快速完成。日期和时间型数据在单元格中一律靠右对齐。

4.3.4　快速填充

在 Excel 2016 中，对于一些规律性比较强的数据，可以使用快速填充的方法输入，从而提高工作效率，减少出错率。这里将介绍一些快速填充的方法，供读者参考。

1．填充相同数据

如果要在多个单元格中输入相同的数据，可以先选定单元格区域，如图 4-24 所示。在单元格中输入数字或文字等内容，例如这里输入"大学计算机基础"。输入了数据以后，按住 Ctrl 键的同时按下回车键，则选定的单元格全部填上了同样的内容，如图 4-25 所示。

图 4-24　选定单元格区域

图 4-25　填充相同的内容

2．填充序列

填充序列在实际工作中运用范围很广，用户可以按照等比序列、等差序列等类型进行手动填充。下面以创建一个等差序列为例介绍填充数据的操作方法：

(1) 首先在一个单元格中输入一个起始值，如图 4-26 所示。

(2) 在【开始】选项卡的"编辑"组中单击 ↓填充▾ 按钮，在打开的下拉列表中选择【序列】选项，如图 4-27 所示。

图 4-26　输入起始值

图 4-27　选择【序列】选项

(3) 在打开的【序列】对话框中选择【等差序列】选项，并设置步长值、终止值，如图 4-28 所示。

(4) 单击 确定 按钮，则在单元格中填充了等差序列，如图 4-29 所示。

图 4-28　【序列】对话框

图 4-29　填充的等差序列

在【序列】对话框中，各选项的作用如下：

❖　【序列产生在】：用于设置按行或按列填充数据。

❖　【类型】：用于确定系列填充的 4 种类型，如"等差序列"。

❖　【预测趋势】：选择该选项，Excel 2016 自动预测数据变化的趋势，并根据此趋势进行填充。

❖　【步长值】：用于设置等差序列的公差或等比序列的公比。

❖ **【终止值】**: 用于设置序列的结束值。

3．自动填充

Excel 2016 有一个特殊的工具——填充柄，即黑框右下角的小黑点，如图 4-30 所示。将光标指向它时，光标会变成一个细的黑十字形，这时拖动鼠标可以填充相应的内容，这种操作称为"自动填充"。对于一些有规律的数据，比如 1、3、5、7、…，A1、A2、A3、…，用户可以使用自动填充的方法快速完成，无须逐个输入。

使用填充柄填充单元格时有两种情况需要说明：

第一，如果选定单元格中的内容是不存在序列状态的文本，拖动填充柄时将对文本进行复制，如图 4-31 所示。

图 4-30　填充柄　　　　　　　　　　　　　图 4-31　复制文本

第二，如果选定单元格中的内容是序列，拖动填充柄时将自动填充序列。例如在一个单元格中输入"星期一"，选定该单元格后拖动填充柄，将依次填充"星期二、星期三……"，如图 4-32 所示。

如果按住鼠标右键进行拖动，释放鼠标后将弹出一个快捷菜单，通过这个菜单可以确定填充方式，如图 4-33 所示。

图 4-32　填充序列　　　　　　　　　　　　图 4-33　快捷菜单

通常情况下，可以自动填充的序列类型有以下几种：

❖ **时间序列**: 包括年、月、日、时间、季度等增长或循环的序列，如"一月、二月、三月……"。

❖ **等差序列**: 即两两差值相等的数字, 如 "1、4、7、10……"。

❖ **等比序列**: 即两两比例因子相等的数字, 如 "2、4、8、16……"。

❖ **扩展序列**: 由文本与数字构成的序列, 如 "产品 1、产品 2、产品 3……"。

注意: ① 填充等差序列时应先确定步长值。因此填充这类序列时需要先输入前两项, 然后再选定这两个单元格, 拖动填充柄, 否则仅复制数字。② 填充等比序列时也需要先输入前两项, 确定比例因子, 然后按住鼠标右键拖动填充柄, 在弹出的快捷菜单中选择【等比序列】命令。③ 在 Excel 2016 中拖动完填充柄之后, 在最后一个单元格右下角出现 "自动填充选项" 标记 ⊞, 单击该标记可以选择填充方式。

4. 自定义序列

除了可以使用系统提供的序列以外, 用户还可以自定义填充序列, 如输入固定名称、固定数字、地址等, 这可以大大提高数据录入的工作效率。例如平时工作中经常需要制作表格, 而表头主要是 "经济学院、计算机学院、文化与传媒学院、音乐学院、建筑工程学院", 这时就可以将它们定义为序列, 以减少重复工作, 具体操作步骤如下:

(1) 切换到【文件】选项卡, 单击【选项】命令。

(2) 在打开的【Excel 选项】对话框中单击【高级】选项, 向下移动滚动条, 找到 "常规" 栏目中的 "创建用于排序和填充序列的列表", 单击其后的 编辑自定义列表(O)... 按钮, 如图 4-34 所示。

图 4-34　【Excel 选项】对话框

(3) 在打开的【自定义序列】对话框中输入自定义的序列, 然后单击 添加(A) 按钮, 即可将其加入到【自定义序列】列表中, 如图 4-35 所示。

(4) 单击 确定 按钮, 返回【Excel 选项】对话框, 再单击 确定 按钮, 关闭该对话框, 即完成了自定义序列的设置。

(5) 在单元格中输入 "经济学院", 然后拖动填充柄到相应的单元格, 则 Excel 会自动填充自定义的序列, 如图 4-36 所示。

图 4-35　输入的序列　　　　　　　　图 4-36　填充自定义的序列

4.4　工作表的编辑

在 Excel 2016 中，用户可以方便地对工作表进行编辑操作，如单元格的选择、插入或删除，选择行或列等，以方便工作表管理和记忆。

4.4.1　单元格基本操作

1．选择单元格

要对工作表进行编辑操作，首先要选择单元格。

(1) 选择单个单元格：在单元格上单击鼠标，即可选定。

(2) 选择不相邻单元格：首先单击要选择的任意一个单元格，然后按住 Ctrl 键的同时单击其他要选择的单元格。

(3) 选择连续的单元格：

① 按下鼠标左键拖过想要选择的单元格区域的对角线，然后释放鼠标即可；

② 单击要选择区域的对角线上的一个单元格，然后按住 Shift 键单击相应对角线上的另一个单元格，此时即可选择它们之间的多个单元格区域。

(4) 选择整行或整列：

① 直接单击行号或列标；

② 在行号或列标上拖动鼠标，可以选择连续的多行或多列；

③ 按住 Ctrl 键的同时单击行号或列标，可以选择不连续的多行或多列。

(5) 选择所有单元格：单击"全选"按钮(行号列号交差处)或者按下"Ctrl+A"键。

2．修改单元格内容

在进行数据输入时难免会出现输入错误，这时需要修改已经输入的数据。在 Excel 中修改单元格内容的方法有两种：在单元格内直接修改和在编辑栏中进行修改。

在单元格内直接修改内容的操作步骤如下：

(1) 选择要修改内容的单元格。

(2) 输入新的数据，则新输入的数据将替换掉原来的内容。

(3) 如果只需要修改原来内容中的个别字，可以双击单元格或按下 F2 键，进入可编辑状态，将插入点光标移动到要修改的位置处进行修改，然后单击编辑栏中的 ✔ 按钮确认操作。

通过编辑栏修改内容的操作步骤如下：

(1) 选择要修改内容的单元格。

(2) 这时单元格中的内容将显示在编辑栏中，在编辑栏中单击鼠标定位插入点光标，或者选择要修改的内容，如图 4-37 所示。

(3) 输入新的内容后单击编辑栏中的 ✔ 按钮确认操作即可，如图 4-38 所示。

图 4-37　选择要修改的内容　　　　　　　　图 4-38　通过编辑栏修改内容

3．清除单元格内容

如果要清除单元格中的内容，可以按如下方法进行操作：

(1) 选择要清除内容的单元格，按下 Delete 键。

(2) 选择要清除内容的单元格，在【开始】选项卡的"编辑"组中单击 ✎清除▾ 按钮，在打开的下拉列表中选择【清除内容】选项，如图 4-39 所示。

(3) 选择要清除内容的单元格，单击鼠标右键，从弹出的快捷菜单中选择【清除内容】命令，如图 4-40 所示。

图 4-39　使用清除按钮　　　　　　　　图 4-40　使用快捷菜单

4．移动或复制单元格内容

在 Excel 2016 中可以很方便地对单元格内的数据进行移动或复制操作。通常情况下，可以使用鼠标移动或复制单元格数据，也可以使用工具按钮完成移动或复制操作。

使用鼠标移动或复制单元格内的数据，操作步骤如下：

(1) 选择要移动或复制的单元格或单元格区域。

(2) 如果要进行移动，可以将光标指向所选单元格的边框上，当光标变成箭头形状时按住鼠标左键拖动到新位置，释放鼠标后，则移动了所选单元格中的内容；如果要进行复制，可以将光标指向所选单元格的边框上，当光标变成箭头形状时，先按住 Ctrl 键，再按住鼠标左键拖动到新位置即可。

使用工具按钮移动或复制单元格内的数据，操作步骤如下：

(1) 选择要移动或复制的单元格或单元格区域，在【开始】选项卡的"剪贴板"组单击 ✂ 按钮或 🗈 按钮。

(2) 选择目标单元格或单元格区域，在【开始】选项卡的"剪贴板"组中单击 📋 按钮，即可以完成移动或复制单元格内容的操作。

5.插入与删除单元格

用户可以根据需要在工作表中插入空的单元格，操作步骤如下：

(1) 选择单元格或单元格区域，要插入多少单元格就选择多少单元格。

(2) 在【开始】选项卡的"单元格"组中打开 ▦ 按钮下方的下拉列表，选择【插入单元格】选项，如图 4-41 所示。

(3) 在打开的【插入】对话框中选择一种插入方式，如图 4-42 所示。

图 4-41　选择【插入单元格】选项

图 4-42　【插入】对话框

(4) 单击 确定 按钮，即可插入单元格。

在【插入】对话框中，各选项的作用如下：

❖ 【活动单元格右移】：选择该选项，则插入单元格后原单元格向右移动。

❖ 【活动单元格下移】：选择该选项，则插入单元格后原单元格向下移动。

❖ 【整行】：选择该选项，将插入整行单元格。

❖ 【整列】：选择该选项，将插入整列单元格。

删除单元格的操作与插入单元格类似：选择要删除的单元格，在【开始】选项卡的"单元格"组中打开 ▦ 按钮下方的下拉列表，选择【删除单元格】选项，如图 4-43 所示。在弹出的【删除】对话框中选择一种删除方式，单击 确定 按钮即可，如图 4-44 所示。

图 4-43　选择【删除单元格】选项

图 4-44　【删除】对话框

6. 合并单元格

制作表格时，如果表格的标题内容较长，而且要居中显示，需要占用多个单元格，这时就需要合并单元格。合并单元格的具体操作步骤如下：

(1) 选择要合并的多个单元格，如图 4-45 所示。

(2) 在【开始】选项卡的"对齐方式"组中单击 合并后居中 按钮，即可合并单元格，并使内容居中显示，如图 4-46 所示。

图 4-45　选择的单元格　　　　　　　　图 4-46　合并后的单元格

7. 给单元格加批注

批注是对单元格的注释和说明，只可以在界面查看，不能打印。给单元格加标注的方法有以下两种：

(1) 选定需要添加批注的单元格，在【审阅】选项卡上的"批注"组中单击【新建批注】按钮，如图 4-47 所示。在文本框内输入相应的内容，如图 4-48 所示，单击其他单元格继续输入。

(2) 右键单击选定的需要添加批注的单元格，选择【插入批注】命令，同样出现图 4-48。批注内容即可显示也可隐藏，对于隐藏批注的单元格，只要将鼠标指向该单元格时，即可显示批注内容。

图 4-47　【审阅】选项卡

图 4-48　插入批注

4.4.2　行与列基本操作

1. 插入行或列

在编辑工作表的过程中，有时需要在现有表格中插入、删除行或列，以填充或减少数据，具体操作步骤如下：

(1) 选中需要插入新行的位置。

(2) 在【开始】选项卡的"单元格"组中打开 按钮下方的下拉列表，选择【插入工作表行】选项，这时将在当前行的上方插入新行，Excel 自动将行号依次顺延。

插入列与插入行操作类似，新插入列将位于选定列的左侧，Excel 自动将右侧的列标向后顺延，但工作表的总列数保持不变。

如果要插入多行或多列，则需要选择与插入行或列相同数目的行或列，然后在"插入"下拉列表中选择【插入工作表行】或【插入工作表列】选项。另外，也可以在选择的行或列上单击鼠标右键，在弹出的快捷菜单中选择【插入】命令。

2．删除行或列

在编辑 Excel 2016 工作表的过程中，如果遇到多余的行或列，可以将其删除，具体操作步骤如下：

(1) 选择要删除的行，可以是一行或多行。

(2) 在【开始】选项卡的"单元格"组中打开 按钮下方的下拉列表，选择【删除工作表行】选项。

删除行以后，其下方的行号将自动减少以顺延编号，也就是说，删除行以后，行号并不会少，仍然依次排列。另外，删除行以后，行中的内容也一并被删除。

删除列与删除行的操作类似，删除列后，其右侧的列标会自动向前顺延。

3．复制或移动整行、整列数据

单击要移动或复制的行号或列标，按住鼠标左键拖动目标，释放鼠标左键完成整行或整列数据移动；如果是复制整行或整列数据，在拖动过程中按住 Ctrl 键，到目标行号或列标时，先释放鼠标左键，再释放 Ctrl 键，完成复制操作。

4．调整行高、列宽

编辑工作表时经常会遇到一些麻烦，如有些单元格中的文字只显示了一半，有些单元格只显示"#######"等。这些情况都是因为单元格的行高或列宽不满足要求造成的，需要通过调整行高或列宽来解决。

(1) 调整列宽。在 Excel 2016 中，默认的列宽是 8 个字符。用户可以根据需要调整列宽，方法如下：

① 选定需要调整列宽的区域。

② 单击【开始】选项卡上"单元格"组中【格式】按钮，如图 4-49 所示。

图 4-49　【格式】按钮

在下拉列表中选择【列宽】命令，打开【列宽】对话框，输入设定的列宽，如图 4-50 所示。单击【确定】按钮，完成对列宽的调整。

③ 如果在【格式】下拉列表中选择【自动调整列宽】命令，则选定区域中的所有列均会根据已输入数据调整为最合适的宽度。

④ 如果在【格式】下拉列表中选择【默认列宽】命令，则打开【标准列宽】对话框，输入设定的列宽，如图 4-51 所示。单击【确定】按钮，则当前工作表中所有未设定列宽的

列均会调整为设定的宽度。

图 4-50　【列宽】对话框

图 4-51　【标准列宽】对话框

也可以用鼠标直接完成对列宽的调整，先在列标上选定要调整列宽的列，如果想调整为同一宽度，则将鼠标指向选定列中任意列右侧的分界线，拖动鼠标，调整至需要的宽度；如果想根据选定列中已输入的数据调整到最适合的宽度，则将鼠标指向选定列中任意列右侧的分界线，双击鼠标。

(2) 调整行高。调整行高的方法与调整列宽相似，这里不再赘述。

4.4.3　格式化单元格

工作表建立和编辑后，就可对工作表中各单元格的数据格式化，使工作表的外观更漂亮，排列更整齐，重点更突出。

在单元格中输入数据时，系统一般会根据输入的内容自动确定数据的类型、字形、大小、对齐方式等格式，也可以根据需要进行重新设置。

下面以工作表"公司人事档案表.xlsx"为例，介绍单元格格式化操作。

1. 设置数字格式

通常情况下，输入到单元格中的数字不包含任何特定的数字格式。由于 Excel 是一种电子表格，它的主要操作对象是数字，因此经常需要将数字设置为一定的数字格式，以方便用户识别与操作。设置数字格式的操作步骤如下：

(1) 选择要设置格式的单元格区域。

(2) 在【开始】选项卡的"数字"组中单击 常规 按钮右侧的小箭头，在打开的下拉列表中可以选择相应选项，例如选择【货币】选项，如图 4-52 所示。

(3) 选择了数字格式后，马上得到相应的数字效果，如图 4-53 所示。

图 4-52　选择【货币】选项　　　　　图 4-53　货币格式的数字

(4) 如果要设置更多的数字格式，除了选择下拉列表中的格式以外，还可以选择列表中的【其他数字格式】选项，在打开的【设置单元格格式】对话框中设置其他格式，如图4-54 所示。

图 4-54　【设置单元格格式】对话框

(5) 单击 确定 按钮，则所选单元格中的数字将按指定的格式显示。

说明：在选择的单元格上单击鼠标右键，从弹出的快捷菜单中选择【设置单元格格式】命令，或者单击"数字"组右下角的 ┓ 按钮，也可以打开【设置单元格格式】对话框。

2．设置字符格式

为了美化工作表，可以设置字符的格式，这也是美化工作表外观的最基本方法，主要包括字体、字号、颜色等。设置字符格式的基本操作步骤如下：

(1) 选择要设置字符格式的单元格区域。

(2) 在【开始】选项卡的"字体"组中可以设置字体、字形、字号、颜色及特殊效果等属性，如图4-55 所示，具体方法可以参照 Word 部分的内容。

图 4-55　【开始】选项卡的"字体"组

(3) 如果要进行更多的设置，可以单击"字体"组右下角的 ⌐ 按钮，打开【设置单元格格式】对话框，在【字体】选项卡中可以设置字符格式，这里有更多的设置，如"上标"或"下标"等，如图 4-56 所示。

图 4-56　【设置单元格格式】对话框

(4) 单击 确定 按钮，即可完成字符格式的设置。

3．设置对齐格式

默认情况下，输入到单元格中的字符居左显示，而数字、日期和时间则居右显示。如果要改变单元格内容的对齐方式，可以按如下步骤进行操作：

(1) 选择要设置对齐方式的单元格区域。

(2) 在【开始】选项卡的"对齐方式"组中可以设置水平方向与垂直方向的对齐，如图 4-57 所示。

图 4-57　【开始】选项卡的"对齐方式"组

(3) 单击这些按钮，就可以设置相应的对齐效果，如图 4-58 标题为居中对齐。

(4) 选择单元格区域，例如选择第 2 行的表头，在【开始】选项卡的"对齐方式"组中单击 ⌐ 按钮，在打开的下拉列表中选择【逆时针角度】选项，可以改变文字的方向，如图 4-58 所示。

图 4-58　改变文字对齐方式后的效果

说明：在【方向】下拉列表中可以选择其他文本方向。如果选择【设置单元格对齐方式】选项，可以打开【设置单元格格式】对话框，进行更加详细的设置。

4．设置边框和底纹

在 Excel 2016 中，默认情况下网格线是不打印的，因此制作完表格后需要添加表格边框。另外，为了美化装饰表格，还可以为部分单元格添加底纹或图案，突出显示单元格内容。为表格或单元格添加边框的操作步骤如下：

(1) 选择要添加边框的表格或单元格。

(2) 在【开始】选项卡的"字体"组中单击 ⊞ 按钮，在打开的下拉列表中选择【所有框线】选项，则为表格添加了边框，如图 4-59 所示。

图 4-59　为表格添加边框

添加边框前应该先在该下拉列表中选择线条颜色和线型，然后再添加边框，否则设置的样式和颜色将不生效。另外，为表格添加边框时应该掌握一个原则——先整体后局部，即先添加整体边框，然后再局部修改部分边框，这样可以减少工作量。

(3) 如果要进行更丰富的边框设置，可以在下拉列表中选择【其他边框】选项，打开【设置单元格格式】对话框，在【边框】选项卡中进行设置，如图 4-60 所示。

(4) 单击 确定 按钮，即可完成表格边框的设置。

图 4-60　【边框】选项卡

设置了表格边框以后，还可以为表格或单元格添加底纹，使其更加美观，具体操作步骤如下：

(1) 选择要添加底纹的单元格区域，如 A2:H2。

(2) 在【开始】选项卡的"字体"组中单击 按钮，在打开的下拉列表中选择一种颜色，则添加了底纹效果，如图 4-61 所示。

图 4-61　添加底纹效果

在 Excel 2016 中,【设置单元格格式】对话框是一个综合设置工具,在这个对话框中可以设置字符格式、数字格式、对齐与方向、边框以及填充底纹等。另外,可以通过多种方式打开该对话框。

5.自动套用格式

在制作表格的过程中,用户往往先在表格中输入数据,然后再逐项设置表格的格式,这样制作出来的表格具有鲜明的个性,但会浪费大量的时间。在 Excel 中,系统预设了多种表格样式,用户可以根据需要选择一种表格样式,直接将其应用到表格中,这样可以大大提高工作效率。自动套用格式的基本操作步骤如下:

(1) 选择要套用格式的单元格区域。

(2) 在【开始】选项卡的"样式"组中打开单元格样式右下方的下拉列表,选择要套用的单元格样式,如图 4-62 所示。

图 4-62　单元格样式

(3) 如果要对整个表格套用格式,则在"样式"组中打开自动套用格式按钮下方的下拉列表,选择一种表格格式即可,如图 4-63 所示。

图 4-63　套用表格格式

自动套用表格格式以后，将出现【设计】选项卡，在该选项卡中可以修改表样式、清除表样式、添加表样式等。

6．设置单元格保护

在【开始】选项卡中的"单元格"组中的格式按钮下拉列表框中可以设置单元格的保护，其中有【保护工作表】和【锁定单元格】两个选项可以防止选定的单元格区域被修改或删除。

若要使单元格的内容不被他人修改就要对其加以保护。若要修改内容，就必须授权，必须要有口令。设置单元格保护的操作步骤如下：

(1) 单击【审阅】选项卡中的"保护"组，执行【保护工作表】命令，出现如图 4-64 所示的【保护工作表】对话框。

(2) 在【取消工作表保护时使用的密码】输入框中输入口令，单击【确定】按钮，出现如图 4-65 所示的对话框。

图 4-64　【保护工作表】对话框　　　　图 4-65　【确定密码】对话框

(3) 在此对话框的【重新输入密码】输入框中再次输入口令，单击【确定】按钮即可。

(4) 若此时从【开始】选项卡的"单元格"组中选择【插入】【删除】【格式】中与单元格相关的操作，则命令的功能失效，表示用户已无权更改单元格。

(5) 若修改单元格，则出现如图 4-66 所示的警告信息。

图 4-66　警告信息

(6) 要撤消单元格的保护功能，单击【审阅】选项卡中的"更改"组，执行【撤消工作表保护】命令，出现如图 4-67 所示的【撤消工作表保护】对话框。在【密码】输入框中输入保护口令，单击【确定】按钮后就解除了工作表的口令保护。

图 4-67　【撤消工作表保护】对话框

7. 条件格式

条件格式是指根据条件使用数据条、色阶和图标集，以突出显示相关单元格，强调异常值以及实现数据的可视化效果。系统自动应用于单元格的格式，如单元格数字格式、字符格式、底纹或边框等。为数据设置条件格式，通过快速浏览可立即识别一系列数值中存在的差异。使用【开始】选项卡上"样式"组中的【条件格式】选项，在级联菜单中进行选择，如图 4-68 所示，可以将选定单元格区域单元格及其数据按条件生成不同格式。而条件的设定既可以是绝对条件(如大于、小于、介于、等于等)，也可以是相对条件(如值最大的 10 项、值最小的 10 项、高于平均值、低于平均值等)。

例如将奖金小于 200 元的设置为倾斜加粗，效果如图 4-69 所示。

图 4-68　条件格式设置

图 4-69　条件格式设置效果

8. 格式刷

在【开始】选项卡上"剪贴板"组中有【格式刷】按钮，其功能是把选定单元格区域的格式信息迅速应用于其他的单元格区域。使用格式刷的方式如下：

(1) 选定要复制格式信息的单元格区域(源单元格)。

(2) 单击"剪贴板"组中的【格式刷】按钮，使鼠标指针变成刷子形状。

(3) 在选定目标单元格区域按住鼠标左键拖动鼠标。

(4) 释放鼠标左键，完成操作。

如果双击【格式刷】按钮，可以连续使用格式刷；要退出格式刷状态，可以按 Esc 键。

4.5　公式和函数的使用

公式和函数是 Excel 2016 的重要组成部分，它有着非常强大的计算功能，为用户分析和处理工作表中的数据提供了很大的方便。在工作表中，可以使用公式和函数对表格中的原始数据进行处理，除了进行简单的算术运算(加、减、乘、除)之外，还可以完成较为复杂的财务统计和科学计算等。

4.5.1　使用公式

公式就是通过已知的数值来计算新数值的等式，它以一个等号(=)开头，由常量、各种运算符、Excel 2016 内置的函数以及单元格引用等组成。例如公式"=(B4+25)/SUM(D5:F5)"，其中就包含了数值型常量"25"、运算符"/"、Excel 2016 内置函数"SUM()"和单元格引用"B4"以及单元格区域引用"D5:F5"。

1. 公式中的运算符

Excel 2016 包含四种类型的运算符：算术运算符、比较运算符、文本运算符和引用运算符。

(1) 算术运算符。要完成诸如加法、减法、乘法和除法等的数学运算，可以使用如表 4-1 所示的算术运算符。

表 4-1　算术运算符列表

算术运算符	含　义
+(加号)	加法运算
–(减号)	减法运算或负数
*(星号)	乘法运算
/(斜杠)	除法运算
%(百分号)	百分比
^(插入符号)	幂的运算

(2) 比较运算符。要完成两个值的比较时，可以使用如表 4-2 所示的比较运算符。用这些运算符对两个值进行比较时，运算的结果是一个逻辑值，即 TRUE 或 FALSE。

表 4-2　比较运算符列表

比较运算符	含　义
=(等号)	等于
>(大于号)	大于
<(小于号)	小于
>=(大于等于号)	大于或等于
<=(小于等于号)	小于或等于
<>(不等于号)	不等于

(3) 文本运算符。主要就是文本连接运算符(&)，它可以将多个字符串连接起来产生一串文本，例如"北京"&"欢迎您"就会产生新的字符串"北京欢迎您"。

(4) 引用运算符。使用如表 4-3 所示的引用运算符，可以将单元格区域合并计算。

表 4-3　引用运算符列表

算术运算符	含　义
:(冒号)	区域运算符，例如(A1:C3)
,(逗号)	联合运算符，例如 SUM(A1:B2,C3)

2. 运算符优先级

在 Excel 2016 中含有多种运算符，每一种运算符都有一个固定的运算优先级。如果在一个公式中含有多个运算符，则 Excel 2016 将由高级到低级进行计算，即按各个运算符的运算次序从左到右进行运算。

各种运算符的优先级如表 4-4 所示，其中优先级的数字越小，该运算符的运算优先级别就越高。

表 4-4　运算符的比较级

运算符	说明	优先级
：和 ，	引用运算符	1
–	负号	2
%	百分比	3
^	乘幂	4
* 和 /	乘和除	5
+ 和 –	加和减	6
&	文本连接运算符	7
=、<、>、>=、<=、<>	比较运算符	8

如果公式中包含相同优先级的运算符，则 Excel 将从左到右进行计算。

如果要改变公式中一些运算符的优先级别，可以将公式中先要计算的部分用括号括起来。Excel 将先计算括号内的部分，然后再计算括号外的部分。

4.5.2　公式的输入及编辑

了解了 Excel 2016 公式的基本组成以及各种运算符之后，下面就开始在工作表的单元格中输入公式及对公式进行编辑等操作。

1．公式的输入

输入公式有两种方法，下面分别加以介绍。

(1) 在单元格内输入公式。在单元格内输入公式的步骤如下：

① 在工作表中选中一个单元格，如 C2。

② 在单元格内输入等号(=)。

③ 在等号后面输入公式的内容，例如 "= (50+25)/5–10"。

④ 单击 Enter 键或单击 "编辑栏" 中的【输入】按钮 ✔，在单元格中即显示公式计算后的值 "5"。

(2) 在编辑栏中输入公式。在编辑栏中输入公式的操作步骤如下：

① 在工作表中选中一个单元格，如 C2。

② 在编辑栏中输入等号(=)。

③ 在等号后面输入公式的内容，例如 "= (50+25)/5 –10"。

④ 单击 Enter 键或单击 "编辑栏" 中的【输入】按钮 ✔，在单元格中即显示公式计算后的值。

说明：如果输入公式有错，需要重新输入，可以在按 Enter 键之前单击【编辑栏】上的【取消】按钮 ✖ 或按 Esc 键；如果已经按下了 Enter 键，就先选中该单元格，再按 Delete 键，然后输入新的公式即可。

2．公式的编辑

输入了公式以后，可能需要对已有的公式进行编辑修改，可以使用下列两种方法进行：

(1) 双击要修改的公式所在的单元格，在单元格中会出现公式的内容，即可对公式进行修改。

(2) 单击要修改的公式所在的单元格，再单击编辑栏上相应的公式，即可对公式进行修改。

3．公式的移动和复制

同单元格内容一样，单元格中的公式也可以移动或复制到其他单元格中，从而提高工作效率。移动公式时，公式内的单元格引用不会更改，而复制公式时，单元格引用会根据所用引用类型而变化。

(1) 移动公式。移动公式最简单的方法是：选中包含公式的单元格，将鼠标指针移到单元格的边框线上，当鼠标指针变成"十"字箭头形状时，按住鼠标左键不放，将其拖到目标单元格后释放鼠标即可。也可通过剪切、粘贴的方法来移动公式。

(2) 复制公式。复制公式可以使用填充柄，也可以使用复制、粘贴命令。其中利用复制、粘贴的方法与复制单元格内容的操作一样，可参考前面学过的知识，但是此方法会将单元格中的所有信息都粘贴进来(如单元格格式)，而利用【选择性粘贴】命令则可以只将其中的公式复制过来或者选择其他需要的方式粘贴。

① 使用"填充柄"。在 Excel 中，当想将某个单元格中的公式复制到同列(行)中相邻的单元格时，可以通过拖动"填充柄"来快速完成。操作方法如下：按住鼠标左键向下(也可以是上、左或右，据实际情况而定)拖动要复制的公式的单元格右下角的填充柄，到目标位置后释放鼠标即可。

② 使用"选择性粘贴"。首先选中包含要进行复制的公式的单元格或单元格区域进行复制，然后单击目标单元格或区域，在【开始】选项卡下"剪贴板"组的【粘贴】命令下拉菜单中打开【选择性粘贴】对话框，如图 4-70 所示。此时在该对话框中选择【公式】单选按钮，最后单击【确定】按钮，公式即被粘贴到选定的单元格或区域中。

图 4-70 【选择性粘贴】对话框

4．单元格引用

Excel 2016 中利用单元格引用表示工作表中的单元格或单元格区域，并指明公式中所使用的数据的位置，通过引用可以在公式中使用工作表不同部分的数据；或者同一工作簿中不同工作表的单元格；或者不同工作簿中的单元格；或者在多个公式中使用同一单元格的数值。引用分为相对引用、绝对引用和混合引用。

1) 相对引用

相对引用就是包含公式的单元格与被引用的单元格之间的位置是相关的，单元格或单元格区域的引用是相对于包含公式的单元格的相对位置，即如果将公式从某个单元格复制或填充到其他单元格，公式中引用的单元格的地址也会发生改变，相对引用将会自动调整计算结果。

相对引用是用单元格所在的列标和行号作为其引用或者用单元格区域的左上角单元格的引用+冒号(:)+右下角单元格引用表示。例如，B3 引用了第 B 列与第 3 行交叉处的单元格，B3:F7 引用了以单元格 B3 为左上角、以 F7 为右下角的矩形单元格区域。

如图 4-71 所示，新建一个成绩工作表。我们利用相对引用样式引用单元格，计算出"本学期总分"的数据。

H3			fx	=E3+F3+G3			
	A	B	C	D	E	F	G	H
1				学生成绩表				
2	学期	班级	姓名	学号	计算机	高数	英语	本学期总分
3	1	软件工程1	纪浩	191001	89	75	56	220
4	1	软件工程1	马英	191002	78	56	82	
5	1	软件工程1	王小丽	191003	66	85	70	
6	1	软件工程1	张伟平	191004	85	83	80	
7	1	软件工程1	丁莉莉	191005	91	66	69	
8	1	软件工程1	葛爱民	191006	73	74	53	
9	1	软件工程1	马银力	191007	82	87	72	
10	1	软件工程1	张大明	191008	55	66	45	
11	1	软件工程1	李政	191009	64	98	82	
12	1	软件工程1	李伟	191010	53	81	89	

图 4-71　相对引用的例子

具体的操作步骤如下：

(1) 选定工作表中的单元格 H3，在其中输入公式"=E3+F3+G3"，此时被引用的单元格"E3""F3""G3"被彩色的边框包围，按下编辑栏上的【输入】按钮✔或者回车键后，该单元格内将显示公式的计算结果，同时被引用单元格周围的彩色边框也消失。

(2) 按住鼠标左键，拖动 H3 单元格右下角的填充柄向下拖曳，直至单元格 H12 处松开鼠标，这样单元格 H3 内的公式就被复制到了 H4～H12 单元格内，结果如图 4-72 所示。

从以上实例可以看到，单元格 H4～H12 中的数据都是其左边 3 个单元格中的数值进行相加计算的结果值。将单元格 H3 中的公式复制到 H4～H12 单元格后，这些单元格内的公式中的单元格引用也随着单元格位置的改变发生了变化。选中单元格 H4，可以看到其中的公式变为"=E4+F4+G4"，即单元格位置向下移动了一行，公式中的相对引用也相应地改变，公式的复制操作是复制了原始单元格取值位置的相对关系。

H3			×	✓	fx	=E3+F3+G3	

	A	B	C	D	E	F	G	H
1						学生成绩表		
2	学期	班级	姓名	学号	计算机	高数	英语	本学期总分
3	1	软件工程1	纪浩	191001	89	75	56	220
4	1	软件工程1	马英	191002	78	56	82	216
5	1	软件工程1	王小丽	191003	66	85	70	221
6	1	软件工程1	张伟平	191004	85	83	80	248
7	1	软件工程1	丁莉莉	191005	91	66	69	226
8	1	软件工程1	葛爱民	191006	73	74	53	200
9	1	软件工程1	马银力	191007	82	87	72	241
10	1	软件工程1	张大明	191008	55	66	45	166
11	1	软件工程1	李政	191009	64	98	82	244
12	1	软件工程1	李伟	191010	53	81	89	223

图 4-72　相对引用复制公式

如果在输入公式时输入参与运算的单元格的值，例如在 H3 单元格中输入 "=89+75+56"，则只有在自己更改公式时其结果才会更改。而如果在公式中输入参与运算的单元格的相对引用，当单元格的位置发生变化时，计算结果便会自动更新，这样不仅可以简化公式的输入操作，而且可以保证数据的正确性。

单元格的相对引用在建立这种有规律的公式时特别有用。不管有多少名学生，仅需拖动填充柄，便可以完成全部学生的成绩总分的计算。

2) 绝对引用

如果在复制公式时不希望 Excel 自动调整引用，可以使用绝对引用。所谓绝对引用就是在公式中引用的单元格的地址与公式所在的单元格的位置无关，也就是说，被引用的单元格的地址不随公式所在单元格的位置的变化而变化，无论将公式粘贴到哪一个单元格，公式所引用的还是原来单元格的数据。

绝对引用的单元格，在其行号和列标前分别加上美元符号 "$"。例如$B$3 表示单元格 B3 的绝对引用，$B$3:$F$7 表示单元格区域 B3:F7 的绝对引用。

将上例中 H3 单元格内的公式改为 "=$E$3+$F$3+$G$3"，可以看到 H3 单元格的计算结果与使用相对引用时一样。然后将公式复制到 H4～H12 单元格中，各个单元格内的计算结果仍为 "E3""F3"和"G3"3 个单元格数据相加之和，如图 4-73 所示。也就是说，公式被复制到其他单元格，公式中引用的单元格的地址并没有发生改变。

H3			×	✓	fx	=$E$3+$F$3+$G$3	

	A	B	C	D	E	F	G	H
1						学生成绩表		
2	学期	班级	姓名	学号	计算机	高数	英语	本学期总分
3	1	软件工程1	纪浩	191001	89	75	56	220
4	1	软件工程1	马英	191002	78	56	82	220
5	1	软件工程1	王小丽	191003	66	85	70	220
6	1	软件工程1	张伟平	191004	85	83	80	220
7	1	软件工程1	丁莉莉	191005	91	66	69	220
8	1	软件工程1	葛爱民	191006	73	74	53	220
9	1	软件工程1	马银力	191007	82	87	72	220
10	1	软件工程1	张大明	191008	55	66	45	220
11	1	软件工程1	李政	191009	64	98	82	220
12	1	软件工程1	李伟	191010	53	81	89	220

图 4-73　使用绝对引用的公式复制后的结果

3) 混合引用

所谓混合引用是指行采用相对引用而列采用绝对引用或行采用绝对引用而列采用相对引用的单元格引用。例如$B3、B$3 都是混合引用。

混合引用的作用在于，当复制公式时，保持某行或某列的地址固定不变。即如果公式所在单元格的位置改变，则相对引用改变，而绝对引用不变。如果在多行或多列复制公式，则相对引用自动调整，而绝对引用不做调整。绝对引用列采用$A1、$B1 等形式，绝对引用行采用 A$1、B$1 等形式。

说明：为了简化绝对引用、相对引用和混合引用的输入问题，可以根据需要在它们之间进行切换。Excel 2016 专门设立了快捷键 "F4" 对单元格的引用进行转换。即先选中包含公式的单元格，然后在编辑栏中用鼠标选定要更改的单元格引用，每按一次 F4 键，选定的单元格引用就在绝对引用、相对引用和两种混合引用之间循环变化。

4.5.3 使用函数

函数就是预先编写的公式，它可以对一个或多个单元格数据进行运算，并返回一个或多个值，函数可以简化和缩短工作表中的公式。例如公式 "=A1+A2+A3+A4+A5"，使用函数表示则为 "=SUM(A1:A5)"，显示简短直观。

1．插入函数

函数的结构为：=函数名称(参数，参数，…)

函数中的参数可以是数字、文本、逻辑值、数组、错误值或单元格引用，也可以是常量、公式或其他函数。如果函数以公式的形式出现，需要在函数名称前面输入等号。

1) 手工输入函数

在工作表中使用函数计算数据时，如果对所使用的函数和该函数的参数类型非常熟悉，可以直接在单元格中输入函数。要注意，函数是嵌套在公式中使用的，参数使用 "()" 括起来，如 "=SUM(B3:F6)"。

在存入结果的单元格中输入 "="，在编辑栏上单击【插入函数】按钮，如图 4-74 所示，在打开的对话框中选择要使用的函数即可。

图 4-74　插入函数按钮

2) 使用分类向导插入函数

Excel 2016 将函数分为若干类型，分布在功能区【公式】选项卡的"函数库"组中，使用它可以快速地插入函数，前提是需要明确所使用的函数属于哪一类。下面以逻辑函数 IF 为例，介绍插入函数的方法：

(1) 选择要插入函数的单元格，这里选择 I3。

(2) 在【公式】选项卡的"函数库"组中打开逻辑 ▨ 按钮下方的下拉列表，选择【IF】

函数，如图 4-75 所示。

图 4-75　选择 IF 函数

(3) 在打开的【函数参数】对话框中设置函数的相应参数，如图 4-76 所示。

图 4-76　【函数参数】对话框

(4) 单击 确定 按钮，完成插入函数操作。

(5) 参照前面的操作方法，利用填充柄将 I3 单元格中的函数向下复制到 I12 单元格，判断结果如图 4-77 所示。

	A	B	C	D	E	F	G	H	I
1					学生成绩表				
2	学期	班级	姓名	学号	计算机	高数	英语	本学期总分	等级
3	1	软件工程1	纪浩	191001	89	75	56	220	合格
4	1	软件工程1	马英	191002	78	56	82	216	合格
5	1	软件工程1	王小丽	191003	66	85	70	221	合格
6	1	软件工程1	张伟平	191004	85	83	80	248	合格
7	1	软件工程1	丁莉莉	191005	91	66	69	226	合格
8	1	软件工程1	葛爱民	191006	73	74	53	200	合格
9	1	软件工程1	马银力	191007	82	87	72	241	合格
10	1	软件工程1	张大明	191008	55	66	45	166	不合格
11	1	软件工程1	李政	191009	64	98	82	244	合格
12	1	软件工程1	李伟	191010	53	81	89	223	合格

图 4-77　判断结果

插入函数时，也可以在【公式】选项卡的"函数库"组中单击【插入函数】按钮 fx，或者编辑栏前的【插入函数】按钮 fx，如图 4-78 所示。打开【插入函数】对话框，如图

4-79 所示，在该对话框中选择要使用的函数。这里的函数与功能区中的分类函数完全一样。

图 4-78　插入函数　　　　　　　　　图 4-79　【插入函数】对话框

2. 常用函数

Excel 2016 提供了大量的函数，如常用函数、统计函数、三角函数、时间函数等。下面对常用函数进行详细说明。

1) 求和函数 SUM()

函数格式：SUM(number1，number2，…)。

功能：计算所有参数数值的和。

在日常表格计算中，最常用的是求和函数 SUM(参数 1，参数 2，…)。因此，Excel 将其设定成一个自动求和按钮∑，存放在【公式】选项卡的"函数库"组中。

下面，利用自动求和函数来计算"成绩表"中的总成绩，具体操作步骤如下：

(1) 选择要存放总成绩的单元格，如 H3。

(2) 在【公式】选项卡的"函数库"组中单击∑按钮，则对其左侧的数据区域进行自动求和，并在 H3 单元格中产生了一个函数公式，如图 4-80 所示。

图 4-80　使用自动求和按钮进行函数运算

(3) 按下回车键即可得到求和结果。

(4) 利用填充柄将 H3 单元格中的函数向下复制到 H12 单元格，如图 4-81 所示。

| 文件 | 开始 | 插入 | 页面布局 | 公式 | 数据 | 审阅 | 视图 |

图 4-81 自动复制函数计算结果

2) 平均值函数 AVERAGE()

函数格式：AVERAGE(number1，number2，…)。

功能：计算所有参数的算术平均值。

例如计算单元格 "A1:A5" 中数据的平均值，这时就可以使用 AVERAGE() 函数。在单元格 "A6" 中输入 "=AVERAGE (A1:A5)"，按【Enter】键，则单元格 "A6" 中出现计算结果如图 4-82 所示。

图 4-82 AVERAGE() 函数的应用

3) 最大值函数 MAX()

函数格式：MAX(number1，number2，…)。

功能：返回一组数值中的最大值。

例如找出区域中数字的最大值，如图 4-83 所示。

图 4-83 MAX() 函数的应用　　　　　　图 4-84 MIN() 函数的应用

4) 最小值函数 MIN()

函数格式：MIN(number1，number2，…)。

功能：返回一组数值中的最小值。

例如找出区域中数字的最小值，如图 4-84 所示。

5) 参数个数函数 COUNT()

函数格式：COUNT(value1，value2，…)。

功能：返回包含数字以及包含参数列表中的数字的单元格的个数。

说明：函数 COUNT()在计数时，把数字、日期或以文本代表的数字计算在内，但是错误值或其他无法转换成数字的文字将被忽略。如果参数是一个数组或引用，那么只统计数组或引用中的数字，数组或引用中的空白单元格、逻辑值、文字或错误值都将被忽略。

例如计算某个已选定区域中包含多少个数字。该区域"A1:A5"中包含数字、文字和日期，在单元格"A6"中输入"=COUNT(A1:A5)"，按【Enter】键，由于只计算数字和日期而忽略了文本，单元格"A6"中的结果为"4"，如图 4-85 所示。

6) 参数个数函数 COUNTA()

函数格式：COUNTA(value1，value2，…)。

功能：返回参数列表中非空值的单元格个数。

说明：参数值可以是任何类型，它们可以包括空字符("")，但不包括空白单元格。如果参数是数组或单元格引用，则数组或引用中的空白单元格将被忽略。如果不需要统计逻辑值、文字或错误值，即计算区域中包含数字单元格的个数，请使用函数 COUNT()。例如计算 A1:A5 区域中非空值的单元格个数，如图 4-86 所示。

A6	▼ : × ✓ fx	=COUNT(A1:A5)

	A	B	C	D	E
1	15				
2	16				
3	29				
4	2020/6/10				
5	文字				
6	4				

图 4-85　COUNT()函数的应用

A6	▼ : × ✓ fx	=COUNTA(A1:A5)

	A	B	C	D	E
1	15				
2	16				
3	29				
4					
5	文字				
6	4				

图 4-86　COUNTA()函数的应用

7) 逻辑函数 IF()

函数格式：IF(logical_test，value_if_true，value_if_false)。

功能：判断一个条件是否满足，如果满足则返回一个值，即 value_if_true；如果不满足则返回另一个值，即 value_if_false。

例如利用 IF()函数查看结果是否正确，如图 4-87 所示。

A3	▼ : × ✓ fx	=IF(A1>A2,"True","False")

	A	B	C	D	E	F
1	15					
2	16					
3	False					

图 4-87　IF()函数的应用

8）求排位函数 RANK()

函数格式：RANK(number，ref，[order])。

功能：返回数字 number 在区域 ref 中相对其他数值的大小排名。order 为 0 或省略，表示降序；如果不为 0 表示升序。

说明：如果区域 ref 固定不变，则需要将单元格区域引用设置为绝对引用。

例如利用 RANK()函数进行以总分成绩为依据的降序排名，如图 4-88 所示。

图 4-88　RANK()函数的应用

4.5.4　使用单变量求解

单变量求解是在寻求公式的特定解。它好比解一个一元一次方程，已知结果，根据公式求出变元。下面介绍单变量求解在实际工作中的应用。

例：某公司一季度最高开支限制为 40 000 元，其中职工工资、房租、广告等费用不能调整，只能控制水电费及电话费，应该将水电费及电话费限制为多少？

通过单变量求解可以很方便地计算出结果，操作步骤如下：

(1) 在工作表中输入如图 4-89 中所示的数据。

(2) 单击【数据】选项卡下"预测"组中【模拟分析】级联菜单中的【单变量求解】命令。

(3) 在打开的【单变量求解】对话框中，单击【选择】按钮选择【目标单元格】为"$B$6"，【目标值】输入"40000"，【可变单元格】选择为"$B$5"，如图 4-90 所示。

(4) 单击【确定】按钮，可以看到最后的结果。

图 4-89　创建单变量求解的数据

图 4-90　【单变量求解】对话框

4.6　数据处理和分析

Excel 2016 不仅可以在工作表中进行快速有效的公式和函数运算，而且还具有数据库的基本功能，即对数据进行管理维护以及检索功能，这些基本功能是通过数据清单来实现的，通过数据清单可以完成数据排序、数据筛选、数据的分类汇总等。

所谓数据清单，就是包含相关数据的一系列工作表数据行，这些工作表数据行符合一定的准则。在执行数据库操作(即数据的查询、增加、修改、删除、统计汇总等操作)时，Excel 2016 会自动将数据清单当作数据库表，并使用数据清单元素(行和列)来组织数据。

4.6.1　数据排序

在日常工作中，用户需要经常关心数值型数据的排列顺序，例如对学生成绩按高低顺序进行排列操作，这种将数据记录按一些字段数值的大小进行排列的操作就是排序。

Excel 2016 提供了多种排序方法，下面分别加以介绍。

1. 简单排序

简单排序即使用功能区中的按钮进行排序，这种方法适合于只对一列进行排序，具体操作步骤如下：

(1) 在要排序的列中单击任意一个单元格。

(2) 在【数据】选项卡的"排序和筛选"组中单击 ↓ 按钮或 ↓ 按钮，则该列按升序或降序排列，如图 4-91 所示是按入学成绩升序排列后的结果。

图 4-91　排序后的数据清单

2. 复杂排序

在按单列进行排序后，可能会遇到这一列中有相同数据的情况。针对这种情况，可能还需要再进一步排序，即在这一列中有相同数据时，再按另一列的数据大小进行排列，这就是按多列数据进行排序，具体操作方法如下：

(1) 在工作表中单击任意一个单元格。

(2) 在【数据】选项卡的"排序和筛选"组中单击 图 按钮。

(3) 打开【排序】对话框，在【主要关键字】下拉列表中选择"专业"，设置【次序】为"升序"，然后单击 添加条件(A) 按钮，可以添加【次要关键字】选项，并在其下拉列表中选择"入学成绩"，设置【次序】为"升序"，如图 4-92 所示。

图 4-92　【排序】对话框

(4) 单击 确定 按钮，则排序结果如图 4-93 所示。

	A	B	C	D	E	F	G	H
1					学生基本信息表			
2	序号	学号	姓名	性别	出生日期	专业	入学成绩	籍贯
3	7	018110	齐越	女	1999/11/24	机械工程	579	浙江
4	9	018127	金燕	女	2000/1/10	机械工程	583	江苏
5	8	018135	韩秦英	女	1999/1/9	机械工程	608	江苏
6	3	019115	朱明明	男	2001/4/9	计算机科学	585	北京
7	6	020118	刘莹	女	2002/7/4	计算机科学	594	江苏
8	1	019130	李辉	男	1999/3/15	计算机科学	600	北京
9	4	020101	何凯	男	2001/11/5	计算机科学	612	山东
10	2	019122	王玲	女	2000/2/6	计算机科学	620	河南
11	5	020105	张远航	男	2002/12/8	计算机科学	620	北京

图 4-93　排序结果

说明：数据间的顺序只有两种：升序与降序。不同类型的数据在参与排序时，它们的优先级也是不同的。降序排列的优先级依次是符号、数值、文本。对于数值，Excel 按数值大小排序；对于文本，Excel 将根据字母顺序、首写拼音顺序或笔画顺序来排序，空格将始终被排在最后。

4.6.2 数据筛选

在一个存有众多数据的数据清单中，如果用户要查看其中的一些特定数据，就需要对数据清单进行筛选，即从众多的数据中选出符合某种条件的数据，将其显示在工作表中，而将那些不符合条件的数据隐藏起来，便于用户查看其感兴趣的数据。

实际上，利用筛选功能可以快速查找数据清单中的数据，相当于数据库中的查询功能。Excel 2016 主要提供了两种方法，即自动筛选和高级筛选。

1. 自动筛选

利用自动筛选功能，可以根据用户定义好的筛选条件快速地筛选出所需的记录。

例如打开"学生信息数据清单.xlsx"，显示所有女生的信息，将男生的信息隐藏起来，操作步骤如下：

(1) 在工作表中单击任意一个单元格。

(2) 在【数据】选项卡的"排序和筛选"组中单击 ▼ 按钮，如图 4-94 所示，则工作表中每个字段名称的右侧都将出现一个筛选按钮。

(3) 单击"性别"字段右侧的筛选按钮，则打开一个下拉列表，只选择其中的【女】选项，如图 4-95 所示。

图 4-94　筛选按钮

图 4-95　选择筛选条件

(4) 单击 确定 按钮，则根据条件筛选出符合要求的数据，如图 4-96 所示。

	A	B	C	D	E	F	G	H
1				学生基本信息表				
2	序号	学号	姓名	性别	出生日期	专业	入学成	籍贯
3	7	018110	齐越	女	1999/11/24	机械工程	579	浙江
4	9	018127	金燕	女	2000/1/10	机械工程	583	江苏
5	8	018135	韩泰英	女	1999/1/9	机械工程	608	江苏
7	6	020118	刘莹	女	2002/7/4	计算机科学	594	江苏
10	2	019122	王玲	女	2000/2/6	计算机科学	620	河南

图 4-96　筛选出的数据

说明：使用自动筛选方式筛选数据时，一次只能对一个字段进行筛选，如果要对多个字段进行筛选，可以分次筛选，即在前一次的筛选结果中再进行筛选。另外，如果要关闭自动筛选，再次在【数据】选项卡的"排序和筛选"组中单击 ▼ 按钮即可。

2．自定义筛选

使用自动筛选只能满足一个条件，假设要筛选出"入学成绩"在 600～620 之间的学生，就要进行自定义筛选，具体操作步骤如下：

(1) 单击"入学成绩"字段右侧的筛选按钮，则打开一个下拉列表，指向【数字筛选】，在打开的子列表中选择【自定义筛选】选项，如图 4-97 所示。

图 4-97　选择【自定义筛选】选项

(2) 在打开的【自定义自动筛选方式】对话框中根据要求设置筛选条件，如图 4-98 所示。

图 4-98　设置筛选条件

(3) 单击 确定 按钮，即可筛选出符合要求的数据，如图 4-99 所示。

	A	B	C	D	E	F	G	H
1					学生基本信息表			
2	序号	学号	姓名	性别	出生日期	专业	入学成	籍贯
5	8	018135	韩泰英	女	1999/1/9	机械工程	608	江苏
8	1	019130	李辉	男	1999/3/15	计算机科学	600	北京
9	4	020101	何凯	男	2001/11/5	计算机科学	612	山东
10	2	019122	王玲	女	2000/2/6	计算机科学	620	河南
11	5	020105	张远航	男	2002/12/8	计算机科学	620	北京

图 4-99　筛选出的记录

析和统计时非常有用的工具。使用分类汇总，用户不需要创建公式，系统将自动创建公式，对数据清单中的某一字段进行求和、求平均值、求最大值等函数运算，计算分类汇总值，而且将计算结果分级显示出来。这种显示方式可以将一些暂时不需要的细节数据隐藏起来，便于快速查看各类数据的汇总和标题。分类汇总并不会影响原数据清单中的数据。

1. 创建分类汇总

在对数据清单中的某个字段进行分类汇总操作之前，首先需要对该字段进行一次排序操作，以便将某个字段值相同的记录集中在一起，得到一个整齐的汇总结果，然后再汇总。

下面以工作表"公司人事档案表.xlsx"为例，按部门对"工资""奖金"进行求和分类汇总，操作步骤如下：

(1) 在要分类汇总的"部门"一列中单击鼠标，然后在【数据】选项卡的"排序和筛选"组中单击 ↓ 按钮或 ↑ 按钮，对"部门"一列进行排序，如图 4-103 所示。

(2) 在【数据】选项卡的"分级显示"组中单击 按钮，打开【分类汇总】对话框，根据要求设置相应的选项，如图 4-104 所示。

图 4-103　对"部门"一列进行排序　　　　图 4-104　【分类汇总】对话框

【分类汇总】对话框中各选项的作用如下。

❖ 【分类字段】：用于选择分类的依据。

❖ 【汇总方式】：用于设置汇总方式，如求和、计数等。

❖ 【选定汇总项】：用于确定对哪些字段进行汇总。

❖ 【替换当前分类汇总】：选择该选项，新的汇总结果将替换原数据，否则产生新的汇总结果。

❖ 【每组数据分页】：选择该选项，汇总结果将分页显示。

❖ 【汇总结果显示在数据下方】：选择该选项，汇总结果将在数据下方显示，否则在数据上方显示。

(3) 单击 确定 按钮，则分类汇总的结果如图 4-105 所示。

1 2 3		A	B	C	D	E	F	G	H
	1						公司人事档案表		
	2	编号	姓名	性别	年龄	学历	部门	工资	奖金
	3	1	王学娜	女	40	专科	技术部	4500	500
	4	4	李佳成	男	21	本科	技术部	2300	200
	5	9	刘佳奇	女	58	本科	技术部	4000	250
	6	10	李意	女	54	本科	技术部	4000	200
	7	11	向浩田	男	46	专科	技术部	4000	150
	8	12	刘兰湘	女	36	专科	技术部	3500	100
	9						技术部 汇总	22300	1400
	10	2	孙丽荣	女	29	专科	生产部	3000	300
	11	3	张思宇	男	31	专科	生产部	3200	300
	12	7	何楚	男	58	专科	生产部	4800	300
	13	8	王函	女	23	本科	生产部	2600	150
	14						生产部 汇总	13600	1050
	15	5	周新	男	24	本科	质量部	3000	300
	16	6	柯灵	男	25	专科	质量部	3000	350
	17						质量部 汇总	6000	650
	18						总计	41900	3100

图 4-105　分类汇总结果

　　对工作表数据进行分类汇总以后，在显示分类汇总结果的同时，分类汇总表的左侧出现了分类层次的选择按钮和概要线。分类汇总的结果包含细节数据，但可以根据需要单击相应的按钮显示或隐藏细节数据。

❖　单击 ➕ 按钮，可以显示细节数据。
❖　单击 ➖ 按钮，可以隐藏细节数据。
❖　单击 ① 按钮，将只显示总的汇总结果。
❖　单击 ② 按钮，将显示第二级数据。
❖　单击 ③ 按钮，将显示第三级数据。
❖　在【数据】选项卡的"分级显示"组中单击 显示明细数据 按钮，可以展开一组折叠的单元格。单击 隐藏明细数据 按钮，可以隐藏一组展开的单元格。

2．删除分类汇总

　　如果用户对设置的分类汇总不满意，可以删除工作表中的分类汇总，重新设置新的分类汇总，具体操作步骤如下：

　　(1) 单击含有分类汇总的任意单元格。

　　(2) 在【数据】选项卡的"分级显示"组中单击 按钮，打开【分类汇总】对话框，单击 全部删除(R) 按钮即可删除分类汇总。

4.6.4　数据透视表

　　数据透视表是对大量数据快速汇总和建立交叉列表的一种交互式表格，用户可以旋转其行或列以查看对源数据的不同汇总，还可以通过显示不同的行标签来筛选数据，或者显示所关注区域的明细数据，它是 Excel 强大数据处理能力的具体表现。

1．创建数据透视表

　　要创建数据透视表，首先要在工作表中创建数据源，这种数据可以是现有的工作表数据，也可以是外部数据，然后在工作簿中指定数据位置，最后设置字段布局。

　　为确保数据可用于数据透视表，需要做到以下几个方面：

(1) 删除所有空行或空列。

(2) 删除所有自动小计。

(3) 确保第一行包含各列的描述性标题，即列标签。

(4) 确保各列只包含一种类型的数据(例如一列中是文本，另一列中是数值)。

要为图 4-106 所示的工作表创建数据透视表，操作步骤如下：

(1) 选择数据透视表数据清单中的任意一个单元格。

	A	B	C	D	E	F
1	百货公司产品成本费用表					
2	季度	产品名	单件费用	产量	总费用	负责人
3	第一季度	产品A	31.5	350	11025	李丽
4	第一季度	产品B	51.8	240	12432	刘哲
5	第一季度	产品C	37.1	580	21518	乔治
6	第一季度	产品D	23.6	235	5546	王明
7	第二季度	产品A	46.4	475	22040	李丽
8	第二季度	产品B	34.5	238	8211	刘哲
9	第二季度	产品C	36.7	397	14569.9	乔治
10	第二季度	产品D	45.8	231	10579.8	王明
11	第三季度	产品A	64.1	756	48459.6	李丽
12	第三季度	产品B	54.1	436	23587.6	刘哲
13	第三季度	产品C	26.9	289	7774.1	乔治
14	第三季度	产品D	36.2	481	17412.2	王明
15	第四季度	产品A	45.1	267	12041.7	李丽
16	第四季度	产品B	23.6	387	9133.2	刘哲
17	第四季度	产品C	45.8	432	19785.6	乔治
18	第四季度	产品D	30.5	279	8509.5	王明

图 4-106　待创建数据透视表的工作表

(2) 在【插入】选项卡上“表格”选项组中单击【数据透视表】按钮，在【数据透视表】下拉菜单中选择【数据透视表】命令，打开【创建数据透视表】对话框，如图 4-107 所示。

图 4-107　【创建数据透视表】对话框　　　图 4-108　开始创建数据透视表

(3) 在【请选择要分析的数据】栏中选中【选择一个表或区域】单选项，在【表/区域】文本框中输入或使用鼠标选取引用位置，如“Sheet6!\$A\$2:\$F\$18”。

(4) 在【选择放置数据透视表的位置】栏中选中【现有工作表】单选项,在【位置】文本框中输入数据透视表的存储位置,如"Sheet6!$H$1",如图 4-108 所示。

(5) 单击【确定】按钮,一个空的数据透视表将添加到指定的位置,并显示数据透视表字段列表,以便用户可以添加字段、创建布局和自定义数据透视表,如图 4-109 所示。

图 4-109　数据透视表创建初始

默认建立的数据透视表只是一个框架,要得到相应的分析数据,则需要根据实际需要合理地设置字段,同时也需要进行相关的设置操作。

(6) 分别拖动字段名称到数据透视表的"报表筛选""行标签""列标签"和"数据项"位置,操作结果如图 4-110 所示。

图 4-110　数据透视表建立结果

在对话框的上部有相应的复选框，分别是数据列表中的字段。每一个复选框都可拖动到【数据透视表字段】对话框中下部的"筛选器""行""列"和"值"相应区域内，作为数据透视表的行、列、数据。

❖　"筛选器"是数据透视表中指定报表的筛选字段，它允许用户筛选整个数据透视表，以显示单项或者所有项的数据。

❖　"行"用来放置行字段。行字段是数据透视表中为指定行方向的数据清单设置的字段。

❖　"列"用来放置列字段。列字段是数据透视表中为指定列方向的数据清单设置的字段。

❖　"值"用来放置进行汇总的字段。

若要删除已拖至表内的字段，只需要将字段拖到表外；或取消对相应的复选框的选中；或单击字段名右侧的下拉按钮，选择"删除字段"命令。数值区默认的是求和项。如果采用新的计算方式，可以单击【值】文本框中要改变的字段，在弹出的快捷菜单中选择"值字段设置"命令，打开【值字段设置】对话框，进行相应的操作。

2．分页显示数据透视表

如果操作者想要一次只显示部分的数据量，就可以利用分页字段选择想要的数据显示在数据透视表中，或选择数据透视表按钮的"分页显示"，将分页字段上的选项分成多个工作表供显示。

4.7　数据的图表化

在实际工作中，用户经常需要用更直观形象的图形定性地分析数据之间的各种相关性及发展趋势，这时需要将表格表示数据的方式转换为图表的表示方式。用图表表达数据，可以使表达结果更加清晰、直观、易懂，为使用数据提供了便利。本节将详细介绍在 Excel 工作表中建立和编辑数据图表的具体操作。

在 Excel 2016 中内置了多种图表类型，如柱形图、条形图、折线图、饼图等，每种图表类型中又包含若干种不同的子类型。用户在创建图表时，可以根据需要选择一种恰当的图表类型，既能够反映数据间的关系，又能够使图表更为美观。

4.7.1　图表简介

1．柱形图

柱形图是 Excel 中默认的图表类型，也是日常生活中经常使用的一种图表类型，根据它的形状我们又称它为"直方图"。柱形图用于显示不同数据之间的数量比较，如图 4-111 所示。

2．折线图

折线图用于显示一段时间内事物的变化趋势，是用直线将许多的数据点连接起来组成的，可以显示数据间的变化趋势。通常用 X 轴表示时间的变化，用 Y 轴表示各时间段的数据大小，如图 4-112 所示。

图 4-111　柱形图

图 4-112　折线图

3. 饼图

饼图是将一个圆饼分成若干的扇形面，每个扇面代表一项数据值，用于显示一个整体之中不同部分之间的比例关系，如图 4-113 所示。例如学生成绩及格比例图、商品销售统计图等。

4. 条形图

条形图强调各个数据项之间的差别，用水平的横条或立体的水平横条的长度来表示数据值的大小情况。它与柱形图不同，分类项放在垂直轴上，而数据项则放在水平轴上，这样突出了数据的比较，如图 4-114 所示。

图 4-113　饼图

图 4-114　条形图

5. 面积图

面积图强调数量随时间变化的关系，用于引起人们对总值变化趋势的注意，例如表示随时间变化的利润数据，如图 4-115 所示。另外，通过显示值的总和，面积图还可以显示部分与整体的关系。

6. 散点图

散点图显示若干数据系列中各数值之间的关系，或者将两组数绘制为 X、Y 坐标的一个系列。散点图有两个数值轴，沿水平轴(X 轴)方向显示一组数值数据，沿垂直轴(Y 轴)方向显示另一组数值数据。散点图通常用于显示和比较数值，例如科学数据、统计数据和工程数据等，如图 4-116 所示。

图 4-115　面积图

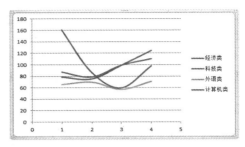

图 4-116　散点图

7．股价图

股价图一般用来描述一段时间内股票价格的变化情况，如图 4-117 所示。它包括 4 种子图表类型：盘高－盘低－收盘图、开盘－盘高－盘低－收盘图、成交量－盘高－盘低－收盘图、成交量－开盘－盘高－盘低－收盘图。

8．曲面图

在比较两组数据之间的最佳组合时，曲面图是很有用的。它类似于拓扑图形，曲面图中的颜色和图案表示在同一取值范围内的区域，如图 4-118 所示。

图 4-117　股价图

图 4-118　曲面图

9．圆环图

圆环图与饼图非常相似，它把一个圆环划分为若干个圆环段，每个圆环段代表一个数据值在相应数据系列中所占的比例，如图 4-119 所示。

10．雷达图

雷达图由中心向四周辐射出的多条数值坐标轴所构成。每个分类都拥有自己的数值坐标轴，把同一数据系列的值用折线连接起来就形成了雷达图。雷达图用来比较若干数据系列的总体水平值，如图 4-120 所示。

图 4-119　圆环图

图 4-120　雷达图

4.7.2 创建图表

创建图表之前，需要先确定创建图表的数据源，再选择相应的图表类型，即可快速地创建图表，具体操作步骤如下：

(1) 打开数据源，在工作表中的任意单元格上单击鼠标。

注意：如果是要选择部分数据生成图表，可以先按照单元格选取方式选择图表所需要的数据单元格。也可生成图表后再修改数据选择。

(2) 在【插入】选项卡的"图表"组中单击 ▋▋按钮，在打开的下拉列表中选择一种柱形图，如图 4-121 所示。

(3) 选择了图表样式以后，立刻生成一个图表，可点击切换行/列，如图 4-122 所示。

图 4-121　选择柱形图

图 4-122　创建的图表

4.7.3 编辑图表

如果直接创建的图表不能满足工作需要，可以对其进行修改和编辑。图表中的任意部分都可以修改，包括图表的位置、大小、绘图区、图例、分类轴和数据系列等。

1. 更改图表样式

如果创建的图表并不能达到用户的实际需求，通常还需要对图表的样式进行设置，在Excel 2016 中包含了多种内置的图表样式，用户可以直接选择并应用。设计图表样式的具体操作步骤如下：

(1) 选择图表。

(2) 在【设计】选项卡的"图表样式"组中单击右下角的 ▽ 按钮，在打开的下拉列表中选择要使用的样式即可，如图 4-123 所示。

图 4-123　选择图表样式

(3) 选择样式之后，图表立即应用所选择的图表样式。

另外，选定图表后，右边会出现三个按钮，分别为图表元素、图表样式、图表筛选器。可以单击其中的图表样式按钮，在弹出的图表样式选项中选择需要的样式，如图 4-124 所示。

图 4-124　图表样式按钮

2．设置图表的布局

图表的布局决定了图表的实质外观，例如是否包括图例、图表标题、坐标轴等。在 Excel 2016 中包含了多种图表布局，用户可以选择图表布局来设置图表。另外，还可以单独设置图表的标题、坐标轴标题、图例等。

设置图表布局的具体操作步骤如下：

(1) 选择图表。

(2) 在【设计】选项卡的"图表布局"组中单击【快速布局】下方的下拉按钮，在打开的下拉列表中选择要使用的图表布局即可，如图 4-125 所示。

(3) 选择了图表布局之后，则图表自动更新为新的图表布局，如图 4-126 所示。

图 4-125　选择图表布局

图 4-126　新的图表布局

另外，可以单击"图表布局"组中【添加图表元素】下方的下拉按钮，选择相应的选项对图表布局进行修改，如图 4-127 所示。还可以通过图 4-128 中所示的图表右侧的【图表元素】按钮增加或删除相应的图表元素。

图 4-127　添加图表元素选项　　　　　　图 4-128　图表元素按钮

(4) 在图表中单击"图表标题"，更改为"全年图书销售情况"；用同样的方法，更改"坐标轴标题"，结果如图 4-129 所示。

(5) 单击【设计】选项卡的"图表布局"组中【添加图表元素】的下拉列表框，选择【数据表】下的【显示图列项标识】选项，或单击勾选图表右侧【图表元素】按钮下的【数据表】选项前的复选框，结果如图 4-130 所示。

图 4-129　更改图表标题和坐标轴标题　　　　图 4-130　显示模拟运算表后的效果

3．设置图表的格式

为了使图表更加美观，达到用户的需求，需要对图表格式进行相应的设置，如填充图表区和绘图区、设置坐标轴等。设置图表格式的具体操作步骤如下：

(1) 选择图表。

(2) 在【格式】选项卡的"形状样式"组中单击右下角的 ⬚ 按钮，在打开的下拉列表中选择要使用的样式即可，如图 4-131 所示。

(3) 选择了形状样式之后，则图表立即显示为新的外观，如图 4-132 所示。

图 4-131　选择形状样式　　　　　　　图 4-132　应用了形状样式后的图表

(4) 在【格式】选项卡的"当前所选内容"组中单击 图表区 按钮右侧的小箭头，在打开的下拉列表中可以选择图表的组成部分，例如选择"图表区"，如图 4-133 所示。

(5) 重复前面的步骤，在"形状样式"组中选择一种样式，则图表的效果如图 4-134 所示。

图 4-133　选择图表的组成部分　　　　图 4-134　　图表效果

(6) 用同样的方法，可以设置其他组成部分的样式。

实际上，设置图表格式与设置形状或文本框格式完全一致，很多内容的设置可以参考它们，如样式、填充、轮廓、效果等，除此之外，还包括艺术字的样式，也就是说，图表中的文字可以设置为艺术字。

4．移动图表的位置

默认情况下，插入的图表是嵌入在当前的工作表中，用户可以直接拖动它，即可在当前工作表中移动其位置，也可以在工作表之间移动图表，具体操作步骤如下：

(1) 选择图表。

(2) 在【设计】选项卡的"位置"组中单击 按钮，这时弹出【移动图表】对话框，如图 4-135 所示。

图 4-135　【移动图表】对话框

(3) 选择【新工作表】选项，可以将图表移动到一个新的工作表中；而选择【对象位于】选项，可以将工作表移动到其他工作表中。设置好选项后，单击 确定 按钮，即可移动工作表的位置。

4.8　设置打印工作表

Excel 可以打印出工作表、图表以及整个工作簿。在打印之前，需要先进行页面设置，观察打印预览效果，经过调整后再打印输出。

4.8.1　页面设置

页面设置主要包括对纸张大小、方向、打印内容、页眉页脚等操作，页面设置的操作方法如下：

(1) 选择要进行页面设置的工作表或图表，如选择"学生成绩等级表"。

(2) 在【页面布局】选项卡上的"页面设置"组中进行设置，如图 4-136 所示。

图 4-136　"页面设置"组

单击"页面设置"组右下角的 按钮，打开【页面设置】对话框。

在【页面设置】对话框中有 4 个标签：页面、页边距、页眉/页脚和工作表。

1. 设置页面

选择【页面】标签，如图 4-137 所示。在【页面】标签中，可以设置打印方向，默认是纵向；还可以设置缩放比例、纸张大小等。

2. 设置页边距

选择【页边距】标签，如图 4-138 所示。在【页边距】标签中，可以设置工作表或图表的页边距和居中方式。

图 4-137　【页面】标签

图 4-138　【页边距】标签

3．设置页眉/页脚

选择【页眉/页脚】标签，如图 4-139 所示。其中有页眉、页脚下拉列表，列表里是预先定义好的页眉或页脚，可以进行选择，也可以自定义页眉或页脚。

图 4-139　【页眉/页脚】标签

图 4-140　【工作表】标签

4．设置工作表

选择【工作表】标签，如图 4-140 所示。在【工作表】标签中可以进行打印区域、打印标题等设置。

页边距和纸张方向、大小等设置也可以在"页面设置"组中单击相应按钮完成。

4.8.2 打印预览与打印

打印工作表之前，最好先进行预览以确保工作表符合所需要的外观。在 Microsoft Excel 中预览工作表时，工作表会在 Microsoft Office Backstage 视图中打开。在此视图中，可以在打印之前更改页面设置和布局。

1. 打印预览

(1) 单击【文件】选项卡，在导航栏中选择【打印】命令，打开【打印】窗口，如图 4-141 所示。

图 4-141　【打印】窗口

(2) 要预览打印内容，可在【打印预览】窗口的底部单击【下一页】和【上一页】按钮。要查看页边距，可在【打印预览】窗口底部单击【显示边距】按钮。要更改边距，可将边距拖至所需要的高度和宽度，还可以通过拖动打印预览页顶部或底部的控点来更改列宽。要更改页面设置(包括更改页面方向和页面尺寸)，可在【设置】下选择合适的选项。

(3) 要退出打印预览并返回工作簿，可单击预览窗口顶部的任何其他选项卡。

2. 打印

(1) 单击【文件】选项卡，在导航栏中选择【打印】命令，弹出【打印】对话框，如图 4-141 所示。

(2) 设置或更改打印机，可单击图 4-141 中【打印机】下的下拉框，选择所需要的打印机。

(3) 若要更改页面设置(包括更改页面方向、纸张大小和页边距)，可在图 4-141 中的【设置】下选择所需要的选项。

要缩放整个工作表以适合单个打印页的大小，可在【设置】下单击缩放选项下拉框中所需要的选项。

(4) 要打印工作表的某个部分，可单击该工作表，然后选择要打印的数据区域；若要打印整个工作表，可单击该工作表将其激活。

(5) 设置打印份数，最后单击【打印】按钮，完成打印操作。

4.9　网　络　应　用

Excel 网络应用可以通过建立超链接、发表网页等功能实现数据共享，协同办公。

4.9.1　超链接

1. 创建超链接

创建超链接的操作步骤如下：

(1) 在工作表上单击要创建超链接的单元格，也可以选择要超链接的图片或图表元素。

(2) 单击【插入】选项卡"链接"组中的【超链接】按钮，或右击单元格，在弹出的快捷菜单中选择【超链接】命令，打开【插入超链接】对话框。

(3) 设置链接目标的位置和名称。

(4) 单击【确定】按钮。

2. 编辑超链接

在已创建超链接的对象上单击【插入】选项卡"链接"组中的【超链接】按钮，或右击已创建超链接的对象，在弹出的快捷菜单中选择【编辑超链接】命令，即可在打开的对话框中按照创建超链接的方法对已创建的超链接进行重新编辑。

3. 删除超链接

右击已创建超链接的对象，在弹出的快捷菜单中选择【删除超链接】命令，即可以将已创建的超链接删除。要删除超链接以及表示超链接的文字，可以右击包含超链接的单元格，然后单击【清除内容】。要删除超链接以及表示超链接的图形，可以在按住 Ctrl 键的同时单击图形，然后按 Delete 键。

4.9.2　电子邮件发送工作簿

使用电子邮件发送工作簿的操作步骤如下：

(1) 在快速访问工具栏中选择【电子邮件】命令。

(2) 弹出 Outlook 客户端，填写邮件信息项，单击【发送】按钮即可。(在使用前需要先创建 Microsoft Outlook 配置文件)。

4.9.3　网页形式发布数据

使用网页形式发布数据的操作步骤如下：

(1) 单击【文件】选项卡，在导航栏中选择【另存为】命令，打开【另存为】对话框。

(2) 在对话框中【保存类型】下拉列表中选择【单个文件网页】，在【文件名】框中输入文件名称。

① 若单击【更改标题】按钮，打开【输入文字】对话框，在【页标题】文本框中输入标题，单击【确定】按钮。

② 若单击【保存】按钮，以网页格式保存该文件，并关闭该对话框。

③ 若单击【发布】按钮，打开【发布为网页】对话框。单击【更改】按钮，打开【设置标题】对话框，在【标题】文本框中输入标题，单击【确定】按钮。单击【浏览】按钮，打开【发布形式】对话框，设置文件保存的位置和名称，单击【确定】按钮。

(3) 最后单击【发布】按钮，数据发布完成后可在 IE 浏览器预览到网页效果。

本 章 习 题

一、填空题

1. 编辑栏是 Excel 2016 特有的工具栏，主要由_____和_____两部分组成。

2. 在 Excel 2016 中，工作簿、工作表、单元格三者之间的关系是_____，一个 Excel 文档就是一个_____。

3. Excel 有一个特殊的工具：_____，将光标指向它，然后拖动鼠标可以自动填充相应的内容。

4. 所谓_____引用，是指将一个含有单元格地址的公式复制到新位置时，公式中的单元格地址会自动随之发生变化。

5. 在单元格中输入公式时要以_____开头，指明后面的字符串是一个公式，然后才是公式的表达式。

6. 在 Excel 2016 中，要选择多个不连续的区域，需要使用鼠标配合_____键操作。

7. 在对某字段进行分类汇总之前，需要对该字段进行_____，然后才能进行汇总。

二、简答题

1. 如何调整行高和列宽？

2. 怎样解决下面的错误提示？

(a) #####   (b) #DIV /0!   (c) #VALUE!   (d) #NAME?

3. 怎样在单元格中输入下列内容？

(a) 当前时间   (b) 数字字符串   (c) 负数   (d) 分数   (e) 当前日期

4. 如何在工作表中同时插入 5 行单元格？

5. 如果要同时在多个单元格输入相同的内容，可以有几种操作方法？

6. 输入以 0 开头的数据操作步骤有哪些？

第 5 章　PowerPoint 2016 演示文稿

PowerPoint 2016 也是 Office 办公软件中的重要一员，主要用于制作幻灯片、演示文稿、课件、会议简报、产品展示等，还可以在演示文稿中插入图表、图形、音频、视频等对象，以增强文稿的演示效果。由 PowerPoint 制作的演示文稿通常称为 PPT。该软件与 Word、Excel 等办公软件具有相似的外观，所以极易上手，功能实用，操作简单。本章将学习 PowerPoint 2016 的基本知识。

5.1　PowerPoint 2016 概述

PowerPoint 2016 是一款用于制作、维护、播放演示文稿的应用软件，可以在演示文稿中插入并编辑文本、图片、声音、视频、艺术字、SmartArt 图形等对象，并且可以设置动画效果与幻灯片切换效果。

5.1.1　PowerPoint 2016 的新增功能

PowerPoint 2016 在 2010 基础上增加了一些新的功能。

(1)　"告诉我您想要做什么"。在此输入框中输入内容，即可轻松找到所需功能并获得帮助。

(2)　"智能查找"。通过查看定义、图像和来自各种联机的其他结果来了解有关你选择的文本的更多信息。

(3)　"墨迹书写"。通过【审阅】找到【墨迹书写】，即可打开墨迹书写的选项卡界面，如图 5-1 所示。

图 5-1　【墨迹书写工具笔】选项卡

(4)　"加载项"。可以完成 Office 在线加载项及指定加载项。

另外，PowerPoint 2016 还增加了一些其他的功能，这些都使得 PowerPoint 2016 更适应市场需求，得到更普遍的应用，具体在后续讲解时会介绍。

5.1.2 PowerPoint 2016 界面简介

PowerPoint 2016 用于创建与放映演示文稿，通过它可以快速地创建极具感染力的动态演示文稿。参照启动 Word 2016 的方法启动 PowerPoint 2016 即可，由于它与 Word、Excel 同属于微软的 Office 办公系列，所以拥有同样美观的界面，而且界面组成大同小异，除了拥有统一的功能区以外，它还具有独特的组成部分，如图 5-2 所示。

图 5-2   PowerPoint 2016 的界面组成

由图 5-2 中可以看到，PowerPoint 2016 的工作窗口除了拥有标题栏、功能区、状态栏之外，还有幻灯片窗格、视图窗格与备注窗格。

1．幻灯片窗格

在 PowerPoint 2016 工作窗口中，幻灯片窗格占据了最大的区域，中间的白色部分就是要编辑的幻灯片，它是演示文稿的核心部分，在幻灯片上可以添加文本，插入图片、图形、表格、SmartArt 图形、图表、文本框、电影、动画、视频、音频、超链接等，从而形成图文并茂、声像纷呈的幻灯片效果。

2．视图窗格

视图窗格位于窗口左侧，只有【普通】视图方式，【大纲视图】等需要在视图选项卡中选择，默认情况下显示的只有普通视图模式。

在【普通】视图下，当前演示文稿中的所有幻灯片都以缩略图的形式显示在视图窗格中，以便查看幻灯片的设计效果，如图 5-3 所示。

图 5-3　普通视图

3．备注窗格

备注窗格位于幻灯片窗格的下方，通常用于为幻灯片添加注释说明，如幻灯片的内容摘要等。用户可以打印备注，也可以在展示演示文稿时进行参考。

将光标指向视图窗格或备注窗格与幻灯片窗格的边界线上时，光标将变成双向箭头，这时拖动鼠标，可以调整各窗格的大小。

5.1.3　PowerPoint 2016 视图模式

视图是演示文稿在屏幕上的显示方式。PowerPoint 2016 在【视图】选项卡的"演示文稿视图"组中有五种视图，分别是"普通视图""大纲视图""幻灯片浏览视图""备注页视图"和"阅读视图"。

1．普通视图

启动 PowerPoint 2016 以后，系统将自动进入普通视图，它是设计演示文稿的主要场所。如果当前视图为其他视图，可以在【视图】选项卡的"演示文稿视图"组中单击 按钮，或者单击状态栏右侧的【普通视图】按钮 ，将其切换到普通视图中。

普通视图共包括 3 个窗格，即视图窗格、幻灯片窗格和备注窗格。默认状态下，普通视图中的幻灯片窗格最大，其余两个窗格较小。在实际操作时，为了满足工作的需要，用户可以随意改变它们的大小。

2．大纲视图

在【视图】选项卡的"演示文稿视图"组中单击 按钮，即可切换到大纲视图，如图 5-4 所示。大纲视图主要用于编辑幻灯片，并可在大纲窗格中的幻灯片之间实现跳转，还可将大纲从 Word 粘贴到大纲窗格来轻松地创建整个演示文稿。

图 5-4　大纲视图

3. 幻灯片浏览视图

使用幻灯片浏览视图可以将演示文稿中的幻灯片以缩小的视图方式排列在屏幕上，以帮助用户整体浏览演示文稿中的幻灯片。

在【视图】选项卡的"演示文稿视图"组中单击 按钮，或者单击状态栏右侧的【幻灯片浏览】按钮 ，可以进入幻灯片浏览视图，如图 5-5 所示。

图 5-5　幻灯片浏览视图

在幻灯片浏览视图中可以直观地查看所有的幻灯片，如果幻灯片较多，可以拖动屏幕右侧的滚动条进行浏览。另外，在该视图中还可以方便地查找幻灯片、调整幻灯片的顺序、添加或删除幻灯片、移动或复制幻灯片等。

4．备注页视图

　　在【视图】选项卡的"演示文稿视图"组中单击 备注页 按钮，可以从其他视图模式切换到备注页视图中，如图 5-6 所示。

图 5-6　备注页视图

　　由图 5-6 可以看到，备注页视图分为上下两部分：上半部分用于显示幻灯片，下半部分用于添加幻灯片的备注。一般情况下，为幻灯片添加备注可以在普通视图中完成，因此备注页视图并不经常使用。

5．阅读视图

　　在【视图】选项卡的"演示文稿视图"组中单击 按钮，可以从其他视图模式切换到阅读视图中，如图 5-7 所示，幻灯片在阅读视图中只显示标题栏、状态栏和幻灯片放映效果，因此该视图一般用于幻灯片的简单预览。

图 5-7　阅读视图

5.2 演示文稿的基本操作

演示文稿在演讲、教学、产品演示等方面有广泛应用，因此在工作、学习和生活中，PowerPoint 是一款非常实用的办公软件，与早期 PowerPoint 软件相比，PowerPoint 2016 操作更加灵活、简单。

5.2.1 演示文稿的创建、打开和保存

演示文稿是由一系列幻灯片组成的，每张幻灯片可包括独立的标题、文本、图片等对象。创建、打开和保存演示文稿是 PowerPoint 2016 最基础的操作，下面详细介绍演示文稿的创建、打开和保存方法。

1. 创建演示文稿

在 PowerPoint 2016 中，可以使用多种方式创建演示文稿，启动 PowerPoint 2016 会自动创建一个空白演示文稿，默认名称为"演示文稿1"。如果在这种状态下还要创建新的演示文稿，可以直接单击"快速访问栏"中的 ▯ 按钮进行创建，也可以按如下步骤操作：

(1) 切换到【文件】选项卡，单击其中的【新建】命令。

(2) 这时窗口的中间部分将显示可用的模板和主题，选择"空白演示文稿"，即可新建一个空白演示文稿，如图 5-8 所示。

图 5-8　创建空白演示文稿

实际上 PowerPoint 2016 创建演示文稿主要分为两种情况：一是创建空白演示文稿；二是利用联机模板和主题创建。PowerPoint 2016 中的模板分为内置主题模板和在线联机模板，在新建窗口中如果单击的是"切片"，这时将显示内置主题模板，如图 5-9 所示，然后在右侧单击【创建】按钮，即可基于模板创建演示文稿。

图 5-9　基于模板创建演示文稿

如果要从网络获取模板，可以从"搜索联机主题和模板"中进行，再选择所需要的模板，单击【下载】按钮，将模板下载到本地计算机，然后再创建演示文稿。

2. 打开演示文稿

双击演示文稿文件，可以自动运行 PowerPoint 2016 并打开文稿。也可以切换到【文件】选项卡，单击【打开】命令，在弹出的【打开】对话框中选择要打开的演示文稿，然后单击 [打开(O) ▼] 按钮。

3. 保存演示文稿

演示文稿的保存与 Word 文档的保存方法一样，可以采用以下几种方法：

❖ 切换到【文件】选项卡，单击【保存】命令。

❖ 在"快速访问栏"中单击 🖫 按钮。

❖ 按下"Ctrl + S"键或者"Shift + F12"键。

如果是第一次保存该演示文稿，将弹出【另存为】对话框，操作方法与保存 Word 文档相同。默认情况下，PowerPoint 2016 演示文稿的扩展名为 .pptx，如果要保存为 .ppt 格式，需要在【另存为】对话框的【保存类型】列表中进行选择。

5.2.2　幻灯片的基本操作

幻灯片是组成演示文稿的基本单元，是演示内容的主要载体。每一个演示文稿都是由若干幻灯片组成的。本节将学习幻灯片的基本操作，包括在演示文稿中选择幻灯片、插入新幻灯片、删除不需要的幻灯片、复制幻灯片和调整幻灯片的顺序等。

1. 选择幻灯片

对幻灯片进行操作之前必须先选择幻灯片，下面重点介绍在普通视图中选择幻灯片的几种情况。

1) 选择单张幻灯片

在普通视图的视图窗格中，单击幻灯片缩略图可以选择该幻灯片，同时在幻灯片窗格中可以显示并编辑该幻灯片，如图 5-10 所示。

图 5-10　利用【普通】视图缩略图选择单张幻灯片

2) 选择多张幻灯片

如果要选择多张幻灯片，可以按住 Ctrl 键在【视图】窗格中连续单击幻灯片缩略图，可以选择连续或不连续的多张幻灯片；如果按住 Shift 键的同时进行选择，则可以选择多张连续的幻灯片。

2. 插入新幻灯片

在编辑演示文稿的过程中或演示文稿制作完成以后，如果发现遗漏了部分内容，则需要插入一张新的幻灯片。在 PowerPoint 2016 中，无论是在普通视图还是幻灯片浏览视图中都可以插入新幻灯片，具体操作步骤如下：

(1) 选择一个幻灯片，确定插入新幻灯片的位置。

(2) 在【开始】选项卡的"幻灯片"组中打开 [图标] 按钮下方的下拉列表，选择一种幻灯片版式，如"比较"，如图 5-11 所示。

(3) 执行选择操作后，在所选幻灯片的后面插入一张指定版式的幻灯片。

图 5-11　选择幻灯片版式

在普通视图的视图窗格空白处单击鼠标右键，从弹出的快捷菜单中选择【新建幻灯片】命令，也可以插入新幻灯片。另外，新幻灯片插入到演示文稿中以后，演示文稿中的幻灯片编号将自动改变。

3．导入已有的幻灯片

制作演示文稿时，为了有效利用外部资源，提高工作效率，我们可以将外部现有的幻灯片导入到当前演示文稿中。实际上，导入外部幻灯片的操作就是在不同的演示文稿之间复制幻灯片。导入外部幻灯片的操作步骤如下：

(1) 打开一个演示文稿。

(2) 在【开始】选项卡的"幻灯片"组中打开 按钮下方的下拉列表，选择【重用幻灯片】选项，则打开【重用幻灯片】任务窗格。

(3) 在【重用幻灯片】任务窗格中单击 浏览▾ 按钮，在打开的下拉列表中选择【浏览文件】选项，在弹出的【浏览】对话框中选择要导入的幻灯片所在的演示文稿，则该文件出现在【重用幻灯片】任务窗格中。

(4) 需要重用哪张幻灯片，只要在【重用幻灯片】任务窗格中单击该幻灯片即可，这时该幻灯片将插入到当前幻灯片的下方，如图 5-12 所示。

(5) 如果在【重用幻灯片】任务窗格中选择【保留源格式】选项，则重用的幻灯片将保持原来的格式，否则将使用当前演示文稿的主题格式。

图 5-12　重用幻灯片

4．移动和复制幻灯片

在普通视图和幻灯片浏览视图中，移动和复制幻灯片的操作方法基本上是一致的，下面以在幻灯片浏览视图中移动和复制幻灯片为例来讲解移动和复制幻灯片的操作步骤。

在幻灯片浏览视图中移动幻灯片的操作步骤如下：

(1) 在幻灯片浏览视图中选择要移动的幻灯片。

(2) 在【开始】选项卡的"剪贴板"组中单击 按钮，剪切选择的幻灯片。

(3) 选择目标位置，然后在【开始】选项卡的"剪贴板"组中单击 按钮，即可移动幻灯片的位置。

在幻灯片浏览视图中复制幻灯片的操作步骤如下：

(1) 在幻灯片浏览视图中选择要复制的幻灯片。

(2) 在【开始】选项卡的"剪贴板"组中单击 复制 按钮，复制选择的幻灯片。

(3) 选择目标位置，然后在【开始】选项卡的"剪贴板"组中单击 按钮，即可以将复制的幻灯片粘贴到最后的位置。

在普通视图的【视图】窗格中，也可以采用上述方法移动和复制幻灯片，只是不如在幻灯片浏览视图中操作方便。

在幻灯片浏览视图中，选择一张或多张幻灯片，直接将其拖动到目标位置处释放鼠标，即可移动幻灯片的位置；如果按住 Ctrl 键的同时拖动到目标位置处释放鼠标，则可以复制幻灯片。

5．删除幻灯片

在普通视图中或者在幻灯片浏览视图中，选择要删除的幻灯片，直接按下 Delete 键，或者单击鼠标右键，从弹出的快捷菜单中选择【删除幻灯片】命令，都可以删除幻灯片。幻灯片被删除后，PowerPoint 2016 会重新对其余的幻灯片进行编号。

6．利用节管理幻灯片

"节"是 PowerPoint 2016 中很重要的功能，在演示文稿中增加不同的节，可以将其划分成多个独立的部分进行管理，这样可以更好地规划演示文稿结构，为幻灯片的整体编辑和维护提供便利。在演示文稿中增加节的操作方法如下：

(1) 在普通视图或幻灯片浏览视图中选择新节开始所在的幻灯片。

(2) 在【开始】选项卡的"幻灯片"组中单击 节 按钮，在打开的下拉列表中选择【新增节】选项，这时将增加一个无标题节，如图 5-13 所示。

图 5-13　新增节

（3）添加节以后，为了方便管理，可以为其重命名。选择新增的节，在【开始】选项卡的"幻灯片"组中再次单击 按钮，在打开的下拉列表中选择【重命名节】选项，如图 5-14 所示。这时将弹出【重命名节】对话框，在这里重命名即可。

图 5-14　重命名节

（4）根据需要，可以增加多个节。增加节以后，单击其左侧的小三角形，节将折叠；再次单击，节将展开。这一点与 Windows 中的文件夹操作非常类似。

在演示文稿中增加节以后，还可以删除节、删除所有节等，要执行这些操作，可以在【开始】选项卡的"幻灯片"组中单击 按钮，在打开的下拉列表中选择相关选项，如图 5-15 所示；也可以在节的名称上单击鼠标右键，在弹出的快捷菜单中进行操作，如图 5-16 所示。

图 5-15　利用下拉列表进行操作

图 5-16　利用快捷菜单进行操作

如果演示文稿中的幻灯片和节比较多，可以切换到幻灯片浏览视图中进行浏览，这时幻灯片将以节为单位进行显示，用户可以更全面、更清晰地查看幻灯片间的逻辑关系，如图 5-17 所示。

图 5-17　以节为单位进行显示的幻灯片

5.2.3　应用主题

为了使幻灯片具有统一美观的显示效果，PowerPoint 2016 提供了丰富的主题供用户选择。主题是一组预先设置好的格式选项，包括颜色、字体、效果等，可以直接应用于幻灯片，既可以使幻灯片颜色丰富，重点突出，又可以提高工作效率。

1. 应用主题

应用主题的操作非常简单，具体步骤如下：

(1) 打开要应用主题的演示文稿。

(2) 在【设计】选项卡的"主题"组中单击要使用的文档主题即可。单击■按钮可以打开主题列表，查看所有可用的文档主题，如图 5-18 所示。

图 5-18　所有可用的文档主题

(3) 选择了一种主题以后，演示文稿中所有的幻灯片会自动更新为该主题。

2．自定义主题

如果用户不喜欢系统提供的主题，可以根据个人意愿自定义主题。如果要自定义主题，可以从更改颜色、字体或线条和填充效果开始。当更改了一个或多个主题组件之后，将影响文档中已经应用了该主题的幻灯片，具体操作步骤如下：

(1) 打开一个演示文稿。

(2) 在【设计】选项卡的"主题"组中选择一种主题，例如选择"离子"主题，则整个文档应用了该主题。

(3) 在"变体"组中单击 ◾颜色▾ 按钮，在打开的下拉列表中可以选择一种配色方案，例如选择"气流"，如图 5-19 所示，则幻灯片中的配色方案就会发生改变。

(4) 如果要自己配置主题颜色，则选择列表下方的【自定义颜色】选项，这时将弹出【新建主题颜色】对话框，如图 5-20 所示。

图 5-19　选择配色方案　　　　　图 5-20　【新建主题颜色】对话框

(5) 在对话框中修改各项颜色，然后单击 保存(S) 按钮，则新定义的主题颜色将应用到演示文稿的所有幻灯片上。

(6) 用同样的方法，还可以更改主题字体与效果。

5.2.4　设置背景

在 PowerPoint 2016 中，用户既可以为幻灯片设置单一的背景颜色，也可以使用填充效果作为幻灯片的背景，而且方法非常简单，具体操作步骤如下：

(1) 打开一个演示文稿，将当前视图切换到普通视图中。

(2) 在【设计】选项卡的"变体"组中单击 背景样式▾ 按钮，在打开的下拉列表中可以选择所需的背景样式，如图 5-21 所示。

(3) 如果系统提供的背景格式不符合设计要求，可以选择【设置背景格式】选项，在弹出的【设置背景格式】对话框中设置背景，如图 5-22 所示。

图 5-21　选择背景样式　　　　　　图 5-22　【设置背景格式】对话框

在【设置背景格式】对话框中有四种背景填充方式，即纯色填充、渐变填充、图片或纹理填充、图案填充。

❖　纯色填充：使用一种单一的颜色作为幻灯片背景。

❖　渐变填充：可以将幻灯片的背景设置为过渡色，即两种或两种以上的颜色，并且可以设置不同的过渡类型，如线性、射线、矩形、路径等。

❖　图片或纹理填充：可以将指定的图片或纹理作为背景。

❖　图案填充：将一些简单的线条、点、方框等组成的图案作为背景。

我们以"图片或纹理填充"为例介绍设置幻灯片背景的操作方法，接着上面的步骤继续操作。

(4) 选择【图片或纹理填充】选项，然后单击 文件(F)... 按钮，则弹出【插入图片】对话框，如图 5-23 所示。选择一幅图片，然后单击 插入(S) ▾ 按钮，则返回【设置背景格式】对话框。

图 5-23　【插入图片】对话框

(5) 在【设置背景格式】对话框中切换到【图片更正】选项，对图片进行锐化、柔化、亮度和对比度的调整，如图 5-24 所示；切换到【图片颜色】选项，可以调整图片的颜色、饱和度或者重新着色，如图 5-25 所示。同样，还可以设置艺术效果。

图 5-24　设置图片属性　　　　　图 5-25　调整图片颜色

(6) 根据要求设置了所需要的背景以后，单击 全部应用(L) 按钮，可以将所设置的背景应用到演示文稿中的所有幻灯片上。

5.2.5　使用母版

在 PowerPoint 2016 中有三种类型的母版，分别是幻灯片母版、讲义母版和备注母版，使用它们可以统一标志和背景内容、设置标题和文字的格式。

幻灯片母版是模板的一部分，它存储的信息包括文本和对象在幻灯片上放置的位置、文本和对象占位符的大小、文本样式、背景、颜色主题、效果和动画等。

讲义母版用于控制讲义的格式。如果要更改讲义中页眉和页脚内的文本、日期或页码的外观、位置和大小，可以只更改讲义母版。

备注母版主要用于控制备注页的版式和格式。

下面以幻灯片母版为例介绍如何编辑母版。对幻灯片母版所作的任何修改，都将影响到所有基于该母版的幻灯片，具体操作步骤如下：

(1) 在【视图】选项卡的"母版视图"组中单击 按钮，可以进入幻灯片母版视图，并显示幻灯片母版，如图 5-26 所示。

图 5-26　幻灯片母版视图

(2) 选择母版标题样式占位符，然后在【幻灯片母版】选项卡的"编辑主题"组中单击 字体 按钮，在打开的下拉列表中选择一种字体，如图 5-27 所示。

(3) 如果下拉列表中没有需要的字体，可以选择列表最下方的【自定义字体】选项，在弹出的【新建主题字体】对话框中设置更丰富的字体，如图 5-28 所示。

图 5-27　选择母版标题字体　　　　图 5-28　【新建主题字体】对话框

(4) 修改母版以后，在【幻灯片母版】选项卡的"关闭"组中单击 ✕ 按钮，退出幻灯片母版视图，则所有应用了该母版的幻灯片都随之发生变化。

5.3　向幻灯片中插入对象

演示文稿的主要功能是向用户传达一些简单而重要的信息，而这些信息是由文本、表格及图形等元素构成。在 PowerPoint 2016 中，可以向幻灯片中插入文本、图形、艺术字、图表、表格、SmartArt 对象、音频、视频等多种对象，从而完成幻灯片的制作与编辑。

5.3.1　在占位符中输入文本

创建一个新空白演示文稿以后，PowerPoint 2016 会自动插入一张标题幻灯片。在该标题幻灯片中有两个虚线框，即"占位符"。在占位符中可以输入标题和正文，还可以插入图片和表格等。

在占位符中输入文本非常方便。输入文本之前，占位符中有一些提示性的文字，单击该占位符后，提示信息将自动消失，这时直接输入文本内容即可，如图 5-29 所示。

在输入文本的过程中，如果需要调整占位符的大小，具体操作步骤如下：

(1) 选择要调整的占位符，这时占位符的边框上将出现 8 个控制点。

(2) 将光标指向任意一个控制点，当光标变成黑色的双向箭头时按住鼠标左键并拖动鼠标，占位符将沿着箭头的方向扩展或收缩，如图 5-30 所示。

(3) 释放鼠标，即可调整占位符的大小。

图 5-29　在占位符中输入文字

图 5-30　调整占位符的大小

5.3.2　插入艺术字

在制作幻灯片的过程中，为了美化幻灯片，使其更加引人注目，可以向其中插入艺术字来增强演示效果。插入艺术字的操作步骤如下：

(1) 在【插入】选项卡的"文本"组中单击 A 按钮，在打开的下拉列表中选择一种艺术字样式，如图 5-31 所示。

(2) 选择了艺术字样式后，幻灯片中将出现艺术字占位符，在占位符中输入内容即可，如图 5-32 所示。

图 5-31　选择艺术字样式

图 5-32　输入的艺术字

向幻灯片中添加了艺术字后，为了使其更加美观、有个性，还可以编辑艺术字，如改变艺术字的样式、设置形状效果等，这些操作需要在【格式】选项卡中来完成。

5.3.3　插入图片、联机图片或 SmartArt 对象

为了让幻灯片中的内容更加丰富，用户可以向幻灯片中插入图片、联机图片或 SmartArt

对象等，而这些操作与 Word 中的操作完全相同，下面仅介绍插入联机图片的方法，其他内容可以参照 Word 部分进行学习。在幻灯片中插入联机图片操作步骤如下：

(1) 在【插入】选项卡的"图像"组中单击 按钮，则打开【插入图片】对话框，输入关键词后，单击其中的 搜索 按钮，则对话框中将出现联机图片，如图 5-33 所示。

(2) 单击所需的图片，即可将其插入到幻灯片中，如图 5-34 所示。

单击此处添加标题

图 5-33　搜索结果　　　　　　　　　图 5-34　插入的联机图片

5.3.4　插入表格和图表

在 PowerPoint 2016 中，表格和图表是一种以图形方式表达数据的方法。在众多的总结报告、投标演示文稿中经常用到这种形式，它可以使数据更加清晰、容易理解。在幻灯片中插入表格和图表的操作步骤如下：

(1) 在【插入】选项卡的"表格"组中单击 按钮，在打开的下拉列表中拖动鼠标，确定表格的行数与列数，如图 5-35 所示。

图 5-35　确定表格的行数与列数

(2) 释放鼠标，则在幻灯片中插入了表格，在【设计】选项卡和【布局】选项卡中可以对插入的表格进行格式化设置。

(3) 在表格中输入文本内容。

(4) 在【插入】选项卡的"插图"组中单击 按钮，在弹出的【插入图表】对话框中选择一种图表类型，如图 5-36 所示。

图 5-36 【插入图表】对话框

(5) 单击 [确定] 按钮，则在幻灯片中插入了图表，同时打开 Excel 用于编辑数据，修改数据后关闭 Excel，则完成了图表的插入，如图 5-37 所示。

图 5-37 插入的表格与图表

5.3.5 插入音频

PowerPoint 2016 是一个简捷易用的多媒体集成系统，用户既可以在其中插入文本、图形、图片或图表，也可以插入音频等对象。

1．插入音频

在 PowerPoint 2016 中可以插入 PC 上的音频，并可以根据演示文稿的内容录制音频等。在演示文稿中插入 PC 上的音频的操作步骤如下：

(1) 切换到要插入音频的幻灯片中。

(2) 在【插入】选项卡的"媒体"组中单击 按钮下方的三角箭头，在打开的下拉列表中选择【PC 上的音频】选项，打开【插入音频】对话框，如图 5-38 所示。

(3) 在打开的【插入音频】对话框上单击 [插入(S) ▼] 按钮右侧的小三角形，在下拉列表中可以选择音频的插入方式。

(4) 插入到幻灯片中的音频文件是一个小喇叭的图像，如图 5-39 所示。

图 5-38 【插入音频】对话框

图 5-39 插入的音频

❖ 选择【插入】选项，可以将音频文件插入到幻灯片中，幻灯片放映时不必担心音频文件丢失。

❖ 选择【链接到文件】选项，将在幻灯片中插入指向音频的地址而不是文件本身，这种插入方式可以减小演示文稿的文件大小，但是要使音频在幻灯片中正常播放，必须保证音频文件的存储位置不发生改变。

2．录制音频

用户可以为幻灯片录制音频，以产生更好的音频效果。如果需要，还可以为整个演示文稿录制旁白。在演示文稿中录制音频的操作步骤如下：

(1) 选择要录制音频的幻灯片。

(2) 在【插入】选项卡的"媒体"组中单击 🔊 按钮下方的三角箭头，在打开的下拉列表中选择【录制音频】选项，则弹出【录制声音】对话框，如图 5-40 所示。

(3) 在【名称】文本框中输入录制音频的文件名称后，单击 ● 按钮，即可开始录制音频，这时 ■ 按钮将变成 ■ 形状。

(4) 播放要录制的音频或者通过麦克进行录音。

图 5-40 【录制声音】对话框

(5) 单击 ■ 按钮可以结束录音，然后单击 确定 按钮返回幻灯片，则新录制的音频以扬声器图标显示。

3．编辑音频

PowerPoint 2016 支持音频的简单编辑，当我们在幻灯片中插入或录制音频以后，切换到【播放】选项卡，如图 5-41 所示，可以对音频进行简单的编辑。

图 5-41 【播放】选项卡

❖ "预览"组主要用于播放与暂停声音。

❖ "书签"组主要用于在音频的某个位置插入标记点，以便于准确定位。

❖ "编辑"组主要用于编辑音频，可以对音频进行简单的剪裁，也可以设置淡入与淡出效果。

❖ "音频选项"组主要用于设置音频播放方式与触发方式，例如音量的大小、是否循环播放、触发音频的方式等。

❖ "音频样式"组可以设置音频跨背景连续播放。

1) 添加和删除书签

PowerPoint 2016 在剪辑音频文件时可以借助"书签"来标识某个时刻，以便剪辑中能快速准确地跳转到该位置。

要添加书签，可以先播放音频并暂停到希望添加书签的位置，然后单击 [图标] 按钮，即可在该位置添加一个书签，在播放控制条上显示为一个小圆点，如图 5-42 所示。

选择添加的书签，这时【删除书签】按钮 [图标] 变为可用状态，单击该按钮，可以删除选择的书签，如图 5-43 所示。

图 5-42   添加的书签　　　　　　图 5-43   删除选择的书签

2) 剪裁音频

通过剪裁音频可以删除不需要的部分，但是只能进行简单的首尾剪裁。在【播放】选项卡的"编辑"组中单击 [图标] 按钮，则弹出【剪裁音频】对话框，如图 5-44 所示。通过拖动滑块可以改变开始时间和结束时间，从而完成音频的剪裁。

图 5-44　【剪裁音频】对话框

5.3.6 插入视频

在 PowerPoint 2016 演示文稿的幻灯片中，除了可以插入音频对象，还可以插入视频，使幻灯片由静态变为动态。与插入音频相似，用户可以插入联机视频，也可以插入其他文件中的视频。

如果要在演示文稿中插入联机的视频，可以在【插入】选项卡的"媒体"组中单击 [图标] 按钮下方的三角箭头，在打开的下拉列表中选择【联机视频】选项，这时【插入视频】对话框按关键词搜索相关视频，如图 5-45 所示。在搜索到的视频中单击，即可将该视频插入到幻灯片中，如图 5-46 所示。

图 5-45　联机视频

图 5-46　插入的视频

　　插入到幻灯片中的视频是静止的，可以像编辑其他图形对象一样改变它的大小，或者移动它的位置。将光标指向视频画面时，将显示播放控制条。

　　如果联机视频不能满足需要，用户可以添加其他文件中的视频。PowerPoint 2016 支持的视频文件格式有 AVI、ASF、MPEG、WMV 等。

　　要在演示文稿中插入外部视频文件，需要在【插入】选项卡的"媒体"组中单击🎞按钮下方的三角箭头，在打开的下拉列表中选择【PC 上的视频】选项，这时将弹出【插入视频文件】对话框，从中选择要插入的视频即可，如图 5-47 所示。

图 5-47　【插入视频文件】对话框

　　与音频类似，在幻灯片中插入视频文件后，切换到【播放】选项卡，在这里可以对视频文件进行简单的编辑，如图 5-48 所示。视频的编辑方法与音频完全类似，这里不再赘述。

图 5-48　【播放】选项卡

5.4　设置幻灯片切换及动画效果

PowerPoint 2016 文稿的最大特点是动态演示，既可以设置丰富的幻灯片切换效果，也可以为幻灯片中的对象添加各种动画效果，从而提高演示文稿的趣味性与观赏性，吸引用户的注意力。

5.4.1　设置幻灯片切换效果

幻灯片切换效果是指放映时幻灯片进入和离开屏幕时的方式。使用 PowerPoint 2016 制作演示文稿时，一般情况下需要为幻灯片添加切换效果，这样，幻灯片在放映时将以多种不同的切换效果出现在屏幕上。

1．添加幻灯片切换效果

在 PowerPoint 2016 中，用户可以为任何一张、一组或全部幻灯片添加切换效果。为幻灯片添加切换效果的操作步骤如下：

(1) 选择要添加切换效果的幻灯片。

(2) 在【切换】选项卡的"切换到此幻灯片"组中单击相应的切换效果，如图 5-49 所示，则所选幻灯片将应用该效果，并在当前视图中可以预览到该效果，也可以单击"预览"组中的 按钮预览切换效果。

图 5-49　选择切换效果

(3) 如果对所选切换效果不满意，还可以重新选择。单击"切换到此幻灯片"组右侧的 按钮，在打开的下拉列表中可以选择更多的切换效果，如图 5-50 所示。

图 5-50　可选择的切换效果

2．设置幻灯片切换选项

为幻灯片添加了切换效果以后，还可以设置切换选项，如切换声音、持续时间、换片方式等，具体操作步骤如下：

(1) 选择添加了切换效果的幻灯片。

(2) 在【切换】选项卡的"切换到此幻灯片"组中打开【效果选项】下拉列表，可以设置所选切换效果为无或全黑，如图 5-51 所示。

(3) 在"计时"组中打开【声音】下拉列表，如图 5-52 所示。在该列表中选择一种系统内置的音效，当幻灯片过渡到所选幻灯片时将播放该声音。除此之外还可以设置声音的播放方式，如无声音、停止前一声音、播放下一段声音之前一直循环等。

图 5-51　效果选项

图 5-52　系统内置的音效

(4) 通过更改【持续时间】，可以设置幻灯片切换的时间长度，单位为"秒"。

(5) 如果要将所有幻灯片应用统一的切换效果，可以单击 全部应用 按钮。

(6) 在【换片方式】选项中可以设置幻灯片是手工切换还是自动切换。选择【单击鼠标时】选项，可以在放映时单击鼠标切换幻灯片；选择【设置自动换片时间】选项，在其右侧的文本框中输入数值，则放映时将每隔所设时间就自动切换幻灯片。

5.4.2 设置动画效果

为幻灯片中的对象添加动画效果后，当播放幻灯片时，其中的对象将以动画的形式出现，非常生动。例如可以让幻灯片的标题文字逐字出现。

1．添加动画效果

在 PowerPoint 2016 中，我们几乎可以为幻灯片中的所有对象添加动画效果，如标题、文本、图片等。添加动画效果后，这些对象将以动态的方式出现在屏幕中。为幻灯片中的对象添加动画效果的操作方法如下：

(1) 在幻灯片中选择要添加动画效果的对象。

(2) 在【动画】选项卡的"动画"组中显示了一部分动画效果，单击相应的动画效果，即可将其应用到选择的对象上，如图 5-53 所示。

图 5-53 应用运动效果

(3) 在【动画】选项卡的"动画"组中单击右侧的 ▽ 按钮，则打开动画效果下拉列表，这里可以看到更多的动画效果，PowerPoint 2016 提供了进入、强调、退出和动作路径四种动画类型。在列表中单击所需的动画效果即可，如图 5-54 所示。

图 5-54 系统内置的动画效果

❖ 在"进入"组中选择动画效果，可以设置对象进入屏幕时的动画形式，即对象以何种形式切入到屏幕中。

❖ 在"强调"组中选择动画效果，则对象进入屏幕后将以该效果突出显示。

❖ 在"退出"组中选择动画效果，可以设置对象退出幻灯片时的动画形式。

❖ 在"动作路径"组中选择动画效果，可以为对象应用动作路径，使对象根据选择的动作路径出现。如果系统内置的动作路径不能满足设计需要，可以选择【自定义路径】选项，然后在幻灯片中绘制所需的动作路径。

(4) 如果还要得到更多的动画效果，可以在动画列表的下方选择相应的选项，这时将打开相应的对话框，如图5-55所示分别是进入、强调、退出动画效果。

图 5-55　进入、强调、退出动画效果

2．编辑动画

为幻灯片中的对象添加了动画效果以后，在【动画】选项卡中可以对动画效果进行相应的编辑操作，如设置动画开始时间、调整动画的播放顺序、添加/删除动画效果等，如图5-56所示。

图 5-56　【动画】选项卡

❖ 【效果选项】：用于更改所选动画效果的运动方向、颜色或图案等选项，不同的动画效果，其选项也不一样。

❖ 【添加动画】：单击该按钮，可以为所选对象添加一个新的动画效果，这个动画将应用到该幻灯片上现在动画的后面。

❖ 【动画窗格】：单击该按钮，可以打开【动画窗格】对话框，这里以列表的形式显示了当前幻灯片中所有对象的动画效果，包括动画类型、对象名称、先后顺序等。在【动画窗格】中选择一个动画效果，单击鼠标右键，在弹出的快捷菜单中可以重新设置动画的开始方式、效果选项、计时等操作，如图5-57所示。

❖　【触发】：单击该按钮，可以设置动画的触发条件，既可以设置为单击某个对象播放动画，也可以设置为当媒体播放到书签时播放动画。

❖　【动画刷】：这是 PowerPoint 2016 新增的动画功能，该工具类似于 Word 或 Excel 中的格式刷，可以复制一个对象的动画，并将其应用到另一个对象上。双击该按钮，可以将同一个动画应用到演示文稿的多个对象中。

❖　【开始】：用于设置动画效果的开始方式。

❖　【持续时间】：用于设置动画的时间长度。

❖　【延迟】：用于设置经过几秒后开始播放动画，即上一个动画结束到本动画开始之间的时间差。

图 5-57　【动画窗格】对话框

❖　【对动画重新排序】：单击其下方的按钮，可以重新调整动画的播放顺序。

3. 设置动画参数

每一个动画效果都有自己的参数，例如播放方式、时间、速度、运动方向等，下面以"飞出"动画效果为例，介绍如何设置动画参数：

(1) 确保为对象添加了"飞出"动画效果。

(2) 在【动画】选项卡中单击 动画窗格 按钮，打开【动画窗格】对话框。

(3) 单击"飞出"动画右侧的小箭头，在打开的下拉列表中可以设置开始方式、效果选项、计时等，如图 5-58 所示。

❖　选择【单击开始】【从上一项开始】【从上一项之后开始】选项时，可以设置动画的开始方式。

❖　选择【效果选项】选项时，则打开【飞出】对话框，在【效果】选项卡中可以设置动画的运动方向、平滑开始和结束时间、是否添加音效等选项，如图 5-59 所示。

图 5-58　动画选项下拉列表

❖　选择【计时】选项时，则打开【飞出】对话框，在【计时】选项卡中可以设置动画的触发事件、延迟时间、运动速度及重复次数等选项，如图 5-60 所示。

图 5-59　【效果】选项卡

图 5-60　【计时】选项卡

❖ 选择【隐藏高级日程表】选项时，可以隐藏【动画窗格】下方的日程表，它类似于 Flash 中的时间轴，用来设置动画顺序、动画时间等。

❖ 选择【删除】选项时，将删除该动画效果。

以上介绍了动画参数的设置，但并不是每次都需要设置全部参数，用户可以根据动画需要进行设置。另外，不同的动画，参数也有所区别，但设置方法是一样的，读者要做到举一反三。

5.4.3 创建交互式演示文稿

在 PowerPoint 2016 中，利用系统提供的动作按钮可以轻松创建交互式的演示文稿，而且操作方法非常简单。这种操作的实质是为幻灯片中的动作按钮建立超级链接。当放映幻灯片时，单击这些按钮可以跳转到演示文稿的指定幻灯片上，甚至可以链接到 Internet 上。另外，还可以控制音频播放、启动应用程序等。

1．添加动作按钮

在演示文稿中为幻灯片添加动作按钮可以创建交互功能，放映时直接单击这些按钮可以跳转到指定的目的地。在幻灯片中添加动作按钮的操作步骤如下：

(1) 在普通视图中切换到要插入动作按钮的幻灯片。

(2) 在【插入】选项卡的"插图"组中单击 ⬡形状▾ 按钮下方的三角箭头，在打开的下拉列表中选择一种动作按钮，如图 5-61 所示。

(3) 在幻灯片中拖动鼠标绘制一个按钮，则弹出【操作设置】对话框，如图 5-62 所示。

图 5-61 选择动作按钮

图 5-62 【操作设置】对话框

(4) 在对话框中选择【超链接到】选项，并在其下拉列表中选择合适的选项，可以设置不同的链接对象。

❖ 如果要在当前演示文稿的幻灯片之间跳转，可以选择【幻灯片…】选项，弹出【超链接到幻灯片】对话框，如图 5-63 所示，在该对话框中可以选择要跳转到的幻灯片。

❖ 如果要链接到某个网站，则选择【URL…】选项，在弹出的【超链接到 URL】对话框中输入要跳转到的目标 URL 即可，如图 5-64 所示。

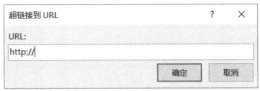

图 5-63　【超链接到幻灯片】对话框　　　　图 5-64　【超链接到 URL】对话框

❖　如果要链接到其他文件，则选择【其他文件】选项，在弹出的【超链接到其他文件】对话框中选择目标文件即可。

❖　如果要退出当前 PPT 演示，则选择【结束放映】选项。

(5) 在对话框中选择【运行程序】选项，在其下面的文本框中输入应用程序的路径，单击动作按钮时将启动应用程序，如图 5-65 所示。

(6) 如果需要为动作按钮添加声音效果，可以选择【播放声音】选项，并在其下拉列表中选择一种声音效果，如图 5-66 所示。

图 5-65　输入应用程序的路径　　　　　　图 5-66　选择声音效果

(7) 单击 ▭确定▭ 按钮，即可完成动作的设置。

【动作设置】对话框中有两个选项卡，【单击鼠标】选项卡表示只有当鼠标单击按钮时才能链接；【鼠标移过】选项卡表示只要将光标移动到按钮上便可自动链接目标。建议使用"单击鼠标"的方式来激发动作。

2．添加超链接

使用动作按钮添加超链接固然很方便，但是用作链接的对象只能是按钮。如果想利用文字、图片或者其他对象创建超链接，又该如何设置呢？方法很简单，使用【超链接】按钮即可。为文字、图片等对象创建超链接的操作步骤如下：

(1) 选定要添加超链接的对象，可以是文字、图片、文本框等。

(2) 在【插入】选项卡的"链接"组中单击 按钮。

(3) 在打开的【插入超链接】对话框左侧提供了四种链接目标，分别是"现有文件或网页""本文档中的位置""新建文档"和"电子邮件地址"，如图 5-67 所示。

图 5-67　【插入超链接】对话框

❖　【现有文件或网页】：选择该项时，需要指定现有文件的位置，或者直接输入网址。当单击超链接对象时，将打开指定的文件或网页。

❖　【本文档中的位置】：选择该项时，可以在演示文稿内的幻灯片之间跳转。

❖　【新建文档】：选择该项时，可以指定新文档的名称和存储位置，当单击超链接对象时，将在存储位置中新建一个文档。

❖　【电子邮件地址】：选择该项并输入邮箱地址，如 mailto:qdra@163.com，当单击超链接对象时，将启动电子邮件工具。

(4) 根据需要选择链接目标。

(5) 单击 屏幕提示(P)... 按钮，在打开的【设置超链接屏幕提示】对话框中设置屏幕提示，如图 5-68 所示，当光标指向链接对象时会出现一行提示文字。

图 5-68　【设置超链接屏幕提示】对话框

(6) 依次单击 确定 按钮，完成超链接设置。

5.5　放映演示文稿

PowerPoint 是世界上最流行的演示文稿制作工具，适合于大型会议的幻灯片演示、展览会的电子演示、教学过程的课件演示等，所以创建 PowerPoint 演示文稿的最终目的是放映，让观众通过视觉或听觉获取有效信息。

5.5.1　四种放映方式

幻灯片的放映方式主要有从头开始、从当前幻灯片开始、联机演示和自定义幻灯片放映四种。

1. 从头开始放映

如果希望从演示文稿的第一张幻灯片开始依次播放演示文稿中的幻灯片，可以通过以下两种方法实现。

方法一：在功能区中切换到【幻灯片放映】选项卡，在"开始放映幻灯片"组中单击 按钮，可以从头开始播放幻灯片。

方法二：按下 F5 键，可以从头开始播放幻灯片。

2. 从当前幻灯片开始放映

如果希望从当前幻灯片开始播放演示文稿，可以通过以下方法实现。

方法一：在功能区中切换到【幻灯片放映】选项卡，在"开始放映幻灯片"组中单击 按钮，可以从当前幻灯片开始播放演示文稿。

方法二：在状态栏的右侧单击 按钮，也可以从当前幻灯片开始播放演示文稿。

方法三：按下"Shift+F5"键，可以从当前幻灯片开始播放演示文稿。

3. 联机演示幻灯片

联机演示幻灯片放映方式是 Microsoft Office 附带提供的一项免费公共服务。可以使用此服务向在 Web 浏览器中观看并下载内容的人员演示，但必须要先成为 Microsoft 账户才能启动此项服务。

4. 自定义幻灯片放映

针对不同的场合或观众，演示文稿的放映顺序或内容也可能随之不同，因此，放映者可自定义放映顺序或内容。下面介绍自定义放映幻灯片的操作方法：

(1) 打开要自定义放映幻灯片的演示文稿。

(2) 在【幻灯片放映】选项卡的"开始放映幻灯片"组中打开 按钮下方的下拉列表，选择【自定义放映】选项，如图 5-69 所示。

(3) 在弹出的【自定义放映】对话框中单击 新建(N)... 按钮，如图 5-70 所示，则弹出【定义自定义放映】对话框。

图 5-69　自定义放映幻灯片

图 5-70　【自定义放映】对话框

(4) 在【定义自定义放映】对话框左侧的【在演示文稿中的幻灯片】列表中选择当前演示文稿中要放映的幻灯片，单击 添加(A) 按钮，将其添加到右侧的【在自定义放映中的幻灯片】列表中，单击其右侧的 ↓ 按钮和 ↑ 按钮，可以调整幻灯片的顺序，如图 5-71 所示。

图 5-71 【定义自定义放映】对话框

(5) 单击 确定 按钮，完成自定义放映，返回到【自定义放映】对话框中。

(6) 单击 放映(S) 按钮，可以在屏幕中放映选定的幻灯片；单击 关闭(C) 按钮，可以退出【自定义放映】对话框。

5.5.2 设置放映参数

PowerPoint 2016 提供了演讲者放映(全屏幕)、观众自行浏览(窗口)和在展台浏览(全屏幕)三种放映类型。为了使演示文稿能够正常运行，必须正确设置演示文稿的放映参数。

1. 设置放映方式

制作完成的演示文稿在放映前需要先设置放映方式，以确定幻灯片的放映类型、放映选项及换片方式等，具体操作步骤如下：

(1) 打开要设置放映方式的演示文稿。

(2) 在【幻灯片放映】选项卡的"设置"组中单击 按钮，则弹出【设置放映方式】对话框，如图 5-72 所示。

图 5-72 【设置放映方式】对话框

(3) 在【放映类型】选项组中选择幻灯片的放映类型。

❖　选择【演讲者放映(全屏幕)】选项时，将以全屏幕方式播放幻灯片，演讲者可以手动控制放映过程，这是最常用的放映方式。

❖　选择【观众自行浏览(窗口)】选项时，可以在屏幕中放映幻灯片，观众可以使用窗口中的菜单命令自己动手控制幻灯片的放映。

❖　选择【在展台浏览(全屏幕)】选项时，将以全屏幕方式播放幻灯片，这是一种自动运行的全屏幕幻灯片放映方式。

(4) 在【放映选项】选项组中确定放映时是否循环放映、加旁白或动画。

(5) 在【放映幻灯片】选项组中指定要放映的幻灯片。

❖　选择【全部】选项时，将放映演示文稿中的所有幻灯片。

❖　选择【从…到…】选项时，在其后的文本框中输入数值，可以确定要放映的幻灯片从第几张开始，到第几张结束。

(6) 在【换片方式】选项组中确定放映幻灯片时的换片方式。

❖　选择【手动】选项时，则放映幻灯片时必须手动切换幻灯片，同时系统将忽略预设的排练时间。

❖　选择【如果存在排练时间，则使用它】选项时，将使用预设的排练时间自动运行幻灯片放映。如果没有预设的排练时间，则必须手动切换幻灯片。

(7) 单击 ▢ 确定 ▢ 按钮，确认设置。

2．排练计时

幻灯片的放映有人工放映和自动放映两种方式。当使用自动放映时，需要为每张幻灯片设置放映时间。设置放映时间的方法分为两种：一是由用户为每张幻灯片设置放映时间；二是使用排练计时，在排练放映的过程中，用户可以根据幻灯片的内容设置幻灯片在屏幕上的停留时间。排练计时结束后，这种放映方式将被系统记录下来，以后再放映时就可以自动按照排练时设置的时间进行幻灯片的切换。使用排练计时的操作步骤如下：

(1) 打开要设置放映时间的演示文稿。

(2) 在【幻灯片放映】选项卡的"设置"组中单击 ▦ 按钮，则系统进入录制放映界面，同时打开【录制】工具栏，如图 5-73 所示。在【录制】工具栏中，左侧时间用来显示当前幻灯片的放映时间；右侧时间显示整个演示文稿的总放映时间。

图 5-73　【录制】工具栏

(3) 在录制过程中可以随时单击【录制】工具栏中的按钮来控制排练计时。

❖　单击 → 按钮，可以播放下一张幻灯片，同时左侧时间重新计时。

❖　单击 ❙❙ 按钮，可以暂停计时。

❖　单击 ↺ 按钮，可以重新对当前幻灯片进行排练计时。

(4) 录制完毕后，系统将弹出一个提示框，如图 5-74 所示。

图 5-74　【排练计时】提示框

(5) 单击 [　是(Y)　] 按钮，可以保留新的幻灯片排练时间；单击 [　否(N)　] 按钮，可以重新设置排练计时。

设置排练计时之后，再次放映演示文稿时，系统就会自动按照我们预演的时间进行放映。如果要恢复手动的切换方式，只需在【设置放映方式】对话框中选择【手动】换片方式即可。

5.6　输出演示文稿

根据不同的用途，我们可以为 PPT 文稿选择不同的输出方式，如打印、输出为视频、打包发布等。

5.6.1　打印演示文稿

演示文稿制作完成后，不仅可以在屏幕上演示，还可以把它打印到纸上进行更直观的查阅和备用。在打印演示文稿前，首先要对幻灯片进行页面设置。

1. 页面设置

由于幻灯片主要用于在屏幕上放映，因此，幻灯片大小并不是默认的 A4 纸张，而是在屏幕上显示的大小，用户可以根据实际需要更改页面设置，具体操作步骤如下：

(1) 切换到【设计】选项卡，找到"自定义"功能组，选择【幻灯片大小】里面的自定义幻灯片的大小，如图 5-75 所示。

图 5-75　【幻灯片大小】对话框

(2) 在对话框中设置相应的选项。

❖ 在【幻灯片大小】下拉列表中可以设置幻灯片的大小或纸张大小。

❖ 在【宽度】和【高度】文本框中可以自定义幻灯片的大小。

❖ 在【幻灯片编号起始值】文本框中可以设置幻灯片编号的起始值。

❖ 在【方向】选项组中可以设置幻灯片或备注、讲义的方向。

(3) 单击 确定 按钮完成页面设置。

2．打印演示文稿

完成了页面设置以后，如果要打印演示文稿，可以按如下步骤操作：

(1) 打开要打印的演示文稿。

(2) 切换到【文件】选项卡，选择【打印】命令，在中间位置可以设置打印选项，如图 5-76 所示。

❖ 在【份数】选项中可以设置要打印的份数。

❖ 单击【打印全部幻灯片】按钮，在打开的下拉列表中可以设置要打印幻灯片的范围，例如"打印全部幻灯片""打印所选幻灯片""打印当前幻灯片"等，如图 5-77 所示。

❖ 单击【整页幻灯片】按钮，在打开的下拉列表中可以设置要打印的内容，可以是幻灯片、讲义、备注页或大纲等。如果选择打印讲义，还可以在【讲义】选项组中设置讲义的打印版式。

❖ 单击【调整】按钮，在打开的下拉列表中可以设置要打印的顺序。

❖ 单击【颜色】按钮，在打开的下拉列表中可以选择彩色打印或黑白打印。

图 5-76　打印选项

图 5-77　设置打印范围

(3) 设置好相应的参数以后，单击【份数】选项左侧的【打印】按钮，即可开始打印工作。

5.6.2　演示文稿的打包与异地播放

打包的目的就是使演示文稿可以跨平台展示，或者进行异地播放，即使计算机上没有安装 PowerPoint 2016 也不影响幻灯片的放映。打包演示文稿的具体操作步骤如下：

(1) 打开要打包的演示文稿。

(2) 在【文件】选项卡中执行【导出】命令，在中间的列表中选择【将演示文稿打包成 CD】命令，在右侧的列表中单击【打包成 CD】按钮，如图 5-78 所示。

图 5-78　将演示文稿打包成 CD

(3) 在弹出的【打包成 CD】对话框中单击 添加(A)... 按钮，可以添加其他演示文稿或不能自动包括的文件；单击 删除(R) 按钮，可以删除已添加的演示文稿，如图 5-79 所示。

(4) 单击 选项(O)... 按钮，在弹出的【选项】对话框中可以设置是否包含链接文件以及密码等打包选项，如图 5-80 所示。

图 5-79　【打包成 CD】对话框

图 5-80　【选项】对话框

(5) 完成选项设置后，单击 确定 按钮，返回【打包成 CD】对话框。

(6) 如果要将演示文稿打包到某一个文件夹下，则单击 复制到文件夹(F)... 按钮，这时将弹出【复制到文件夹】对话框，设置文件夹的名称和位置，如图 5-81 所示。

(7) 单击 确定 按钮，则完成了演示文稿的打包，这时打开指定的文件夹，可以看到打包后的文件，如图 5-82 所示。

图 5-81　【复制到文件夹】对话框　　　　　图 5-82　打包后的文件

(8) 打包生成 PresentationPackage 文件夹，双击其中的 PresentationPackage.htm 文件打开网页，单击【Download Viewer】按钮下载 PowerPoint 播放安装程序，即可放映演示文稿。

5.6.3　保存为视频

PowerPoint 2016 可以将演示文稿输出为视频文件，默认格式为 wmv，如果要将演示文稿保存为视频，具体操作步骤如下：

(1) 打开演示文稿。

(2) 切换到【文件】选项卡，执行【导出】命令，在中间的列表中选择【创建视频】命令，如图 5-83 所示。

图 5-83　执行【创建视频】命令

(3) 在右侧的列表中单击【创建视频】按钮，在弹出的【另存为】对话框中设置保存位置并确认，即可将演示文稿导出为视频文件。

本章习题

一、填空题

1. PowerPoint 2016 共有五种视图模式，分别是"普通视图""_____""阅读视图""备注页视图"和"_____"。

2. _____是一组预先设置好的格式选项，包括颜色、字体、效果等，可以直接应用于幻灯片。

3. 在【设置背景格式】对话框中有四种背景填充方式，即纯色填充、_____填充、图片或纹理填充、_____填充。

4. _____是指放映时幻灯片进入和离开屏幕时的方式。

5. 在演示文稿中为幻灯片添加_____可以创建交互功能，放映时直接单击它可以跳转到指定的目的地。

6. 幻灯片的放映方式主要有四种，分别是_____、从当前幻灯片开始、联机演示和_____。

7. _____的目的就是使演示文稿可以跨平台展示，或者进行异地播放。

二、简答题

1. 如何自定义演示文稿的主题？

2. 怎样自定义幻灯片的放映顺序？

3. 如何为演示文稿录制旁白？

4. 简述演示文稿的打包方法。

第6章　计算机多媒体基础

从 20 世纪 80 年代起，随着计算机技术的发展，一门崭新的科学技术——多媒体技术迅速地发展起来。多媒体技术是当今信息技术领域发展最快、最活跃的技术之一，它将计算机技术与通信传播技术融为一体，综合处理、传送和储存多媒体信息，如声音、文本、图像、动画、视频等。目前我们使用的计算机、Internet、与通信相关数码产品等基本都集成了多媒体技术。21 世纪是多媒体技术飞速发展的年代，也是多媒体应用不断拓展的年代，随着科学技术的不断发展，视频压缩传输、模式识别、虚拟现实、视频通话等多媒体技术正逐步渗透到人类社会生活的各个领域。

6.1　多媒体技术概述

多媒体技术的飞速发展是近几年来最引人注目的事情。随着计算机硬件性能的整体提高以及软件功能的普遍增强，使得任何一台计算机都具备了处理多媒体信息的基础与前提。下面简单介绍多媒体技术的基本概况。

6.1.1　多媒体的有关概念

在学习多媒体的相关知识之前，首先要明确有关概念，如什么是媒体、什么是多媒体、什么是多媒体技术等。

1．媒体(Medium)

媒体又常常称为媒介，是我们日常生活和工作中经常用到的词汇，如我们经常把报纸、广播、电视等称为新闻媒体，报纸通过文字、广播通过声音、电视通过图像和声音来传送信息。我们把传播信息的载体称为媒体。媒体有两层含义：一是指承载信息所使用的符号系统，如文本、图形、图像、音频、视频、动画等，媒体呈现时采用的符号系统将决定媒体的信息表达功能；二是指存储、加工和传递信息的实体，如书本、挂图、投影片、录像带、计算机以及相关的播放、处理设备等。

多媒体计算机中所说的媒体是指前者，即计算机不仅能处理文字、数值之类的信息，还能处理声音、图形、电视图像等各种不同形式的信息。

2．多媒体(Multimedia)

关于"多媒体"概念的标准定义目前还没有统一，"多媒体"一词译自英文 Multimedia，这是一个合成词，即由 Multiple(多种)和 Media(媒体)两个单词组成的合成词，所以一般理解为"多种媒体的综合"。

在计算机信息处理领域中，所谓多媒体是指计算机与人进行交流的多种媒体信息，包括文本、图形、图像、声音、动画、视频等信息。

❖ 文本：是指以文字和各种专用符号表达信息的形式。它是现实生活中使用最多的一种信息存储和传递方式，用文本表达信息给人充分的想象空间。

❖ 图形：一般指矢量图，如几何图形、统计图、工程图等。

❖ 图像：通常指位图，它是多媒体软件中最重要的信息表现形式之一，决定了一个多媒体软件的视觉效果。

❖ 声音：声音是多媒体中最容易被人感知的媒体形式。声音的格式主要有两种：一是波形声音(WAVE)；二是乐器声音(MIDI)。

❖ 动画：是指表现连续动作的图形或图像，如缩放、旋转、淡入淡出等。实际上动画是由一些表现连续动作的帧构成的。目前最典型的动画形式就是 Flash 动画、Gif 动画。

❖ 视频：是指活动的影像，例如电影、电视、VCD 等。视频文件的主要格式有 AVI、MPEG、MOV 等。

3. 多媒体技术(Multimedia Technology)

多媒体技术不是各种信息媒体的简单复合，它是一种将文本、图形、图像、声音、动画、视频等形式的信息结合在一起，并通过计算机进行综合处理和控制，能支持完成一系列交互式操作的信息技术。概括地说，多媒体技术是利用计算机对文本、图形、图像、声音、动画、视频等多种信息综合处理、建立逻辑关系和人机交互作用的技术。

多媒体技术有以下主要特点。

(1) 多样性：信息载体的多样化，包括文本、图形、图像、视频、语音等多种媒体信息。

(2) 集成性：能够以计算机为中心综合处理多种信息媒体，包括信息媒体的获取、存储、组织与合成。

(3) 交互性：用户可以与计算机的多种信息媒体进行交互操作，从而为用户提供更加有效地控制和使用信息的手段。

(4) 实时性：当用户给出操作命令时，马上会得到相应的多媒体反馈信息。实时多媒体分布系统把计算机的交互性、通信的分布性和电视的真实性有机地结合在一起。

(5) 数字化：多媒体中的各种媒体都是以数字形式存放在计算机中的。

总之，多媒体技术是一门基于计算机技术的，包括数字信号的处理技术、音频和视频技术、多媒体计算机系统(硬件和软件)技术、多媒体通信技术、图像压缩技术、人工智能和模式识别等综合技术。

4. 多媒体计算机(Multimedia Computer)

多媒体计算机是能够对声音、图像、视频等多媒体信息进行综合处理的计算机。多媒体计算机一般指多媒体个人计算机(MPC)，目前来说，普通个人计算机都具有多媒体处理功能，只要在配置上增加一些相关的外设即可。

多媒体计算机的基本构成如下所述。

❖ 主机：即 PC。

❖ 视频、音频输入设备：包括摄像机、话筒、录音机等。

❖ 视频、音频输出设备：包括电视机、投影仪、扬声器、立体声耳机等。

❖ 功能卡：包括视频卡、声卡、显卡、网卡等。

❖ 存储设备：包括 CD-ROM、磁盘驱动器、刻录机等。

❖ 交互设备：包括键盘、鼠标等。

❖ 软件：包括操作系统、各种硬件驱动程序和各种应用程序。

多媒体计算机的基本构成如图 6-1 所示。

图 6-1 多媒体计算机的基本构成

6.1.2 多媒体技术的应用

随着科学技术的不断发展，多媒体技术已经渗透到了各行各业，特别是多媒体技术与网络通信技术的结合，进一步加速了多媒体技术在经济、科技、教育、医疗、文化、传媒、娱乐等各个领域的广泛应用。

1. 家庭娱乐

数字影视和娱乐工具已进入我们的生活，例如家庭有线电视可以通过增加机顶盒和铺设高速光纤电缆，将单向有线电视改造成为双向交互电视系统。这样，用户看电视时可以使用点播、选择等方式随心所欲地找到自己想看的节目。

另外，游戏是多媒体一个重要的应用领域，运用了三维动画、虚拟现实等先进多媒体技术的游戏软件变得更加丰富多彩，给日常生活带来了更多的乐趣。现在的大型网络游戏几乎都运用了多媒体技术，情节生动、声情并茂。还有，在网络上看电影、听音乐、视频聊天等都属于多媒体技术的具体应用。

2. 教育培训

教育培训是多媒体技术最有前途的应用领域之一，世界各国的教育学家们正努力研究用先进的多媒体技术改进教学与培训。以多媒体计算机为核心的现代教育技术使教学变得丰富多彩，并引发教育的深层次改革。计算机多媒体教学已在较大范围内替代了基于黑板的教学方式，利用多媒体技术编制的教学课件、测试和考试课件能创造出图文并茂、绘声绘色、生动逼真的教学环境和交互式学习方式，从而大大激发学生的学习积极性和主动性，提高教学质量。另外，在行业培训方面，用于军事、体育、医学和驾驶等方面的多媒体培训系统不仅提供了生动的场景，而且能够设置各种复杂环境，非常有利于培训的进行。

3．商业应用

多媒体技术的商业应用很广泛，它不仅给我们的日常生活带来了无限的便利和轻松，而且也给广大的商家带来了巨大的利润，例如产品展示、企业宣传片、电视广告等多媒体作品在进行企业与产品推广的同时，为商家赢得了商机。

此外，还有一些便民性质的多媒体查询系统，在提高企业服务质量等方面起到了积极的作用，例如医院、交通、电信、商业等部门可以将公共信息存放在多媒体系统中，向公众提供多媒体咨询服务，用户可通过触摸屏进行操作，查询到所需的多媒体信息资料。

4．电子出版物

电子出版物是指以数字代码方式将图、文、声、像等信息存储在磁、光、电介质上，通过计算机或类似设备阅读使用，并可复制发行的大众传播媒体。从内容上划分，电子出版物可分为电子图书、辞书手册、文档资料、报纸杂志、教育培训、娱乐游戏、宣传广告、信息咨询和简报等多种类型，例如图书所附带的多媒体教学光盘实际上就是一种电子出版物。

多媒体电子出版物是一种存储在光盘、磁盘上的电子图书，它具有存储容量大、媒体种类多、携带方便、检索迅速、可长期保存、价格低廉等优点。

5．广播电视、通信领域

计算机网络技术、通信技术和多媒体技术结合是现代通信发展的必然要求。多媒体通信技术可以把电话、电视、图文传真、音响、摄像机等各类电子产品与计算机融为一体，完成多媒体信息的网络传输、音频播放和视频显示。目前，多媒体技术在广播电视、通信领域的应用已经取得许多新进展，多媒体会议系统、多媒体交互电视系统、多媒体电话、远程教学系统和公共信息查询等一系列应用正在改变着我们的生活。

6．其他领域中的应用

多媒体技术在办公自动化方面主要体现在对声音和图像的处理上。采用语音自动识别系统可以将语言转换成相应的文字，同时又可以将文字翻译成语音。通过 OCR 系统可以自动输入手写文字并以文字的格式存储。

利用多媒体技术可以进行多媒体测试，如心理测试、健康测试、设备测试、环境测试和系统测试等；还可以进行辅助设计、网络会议、虚拟现实等。另外，多媒体技术在工农业生产、旅游业、军事、航空航天等领域也有广泛应用。

目前，多媒体技术正朝着高分辨率、高速度、操作简单、智能化和标准化的方向发展，它将集娱乐、教学、通信、商务等功能于一体。从多媒体发展前景上看，家庭教育和个人娱乐是目前国际多媒体市场的主流，随着科学技术水平的不断提高和社会需求的不断增长，多媒体技术的覆盖范围和应用领域将会继续扩大。

6.1.3 多媒体技术的发展

多媒体技术是不断发展和不断完善的。如今，多媒体技术的发展已成为信息技术发展的重要组成部分，并不是有了计算机以后就产生了多媒体技术，多媒体技术的发展是从第四代计算机开始的。

20 世纪 50 年代诞生的计算机,只能认识 0、1 组合的二进制代码,后来逐渐发展成能处理文本和简单几何图形的计算机系统,并具备了处理复杂信息的技术潜力。

1972 年,第一款 8008 处理器问世,标志着第四代计算机的诞生。这时的计算机已经有了扬声器,能够发出"嘟嘟"声,例如用户按错了某个键时,系统就会发出警告声音。这时,内置的 PC 扬声器虽然简陋,但是却为多媒体技术的发展奠定了基础。

1984 年,美国 Apple 公司在研制苹果计算机时,为了改善人机交互界面,引入了位图(Bitmap)的概念来对图形进行处理,创造性地使用了图形窗口界面,标志着计算机多媒体时代的到来。

1985 年,微软公司推出了多窗口图形操作环境——Windows 操作系统。同年,美国 Commodore 个人计算机公司率先推出世界上第一台多媒体计算机系统。

1987 年,创新音乐系统(C/MS)出现,这是第一块被众多音乐软件支持的音效合成卡,它的出现标志着计算机具备了音频处理能力,也标志着多媒体技术的发展进入了一个崭新的阶段。

1988 年,MPEG(运动专家小组)的建立进一步推动了多媒体技术的发展。自从 MPEG 建立到如今,多媒体技术的发展速度是惊人的,其中,硬件、软件的多媒体功能都得到了飞速的发展。

1990 年,由微软公司联合一些主要的个人计算机厂商组成了多媒体个人计算机市场联盟,简称 MPC 联盟。建立联盟的主要目的是建立多媒体个人计算机(MPC)的技术规范。它规定多媒体个人计算机的最低配置为:80386SX/16 MHz 的 CPU,2 MB 的 RAM 和 640×480 像素 16 色的图形显示,特别是它规定了 1X 的 CD-ROM 和 8 位的声卡,强调了多媒体计算机的基本组成要求。

1993 年,由 IBM 和 Intel 等数十家软硬件公司组成了多媒体个人计算机市场协会(MPMC),发布了 MPC 2.0 技术规范,提高了对 CPU 和 RAM 的配置要求,对声卡的配置要求达到了 16 位,对 CD-ROM 的速度要求也提高了一倍,图形显示达到 65 536 色。随后,MPMC 相继推出了 MPC 3.0 技术规范和 MPC 4.0 技术规范,对多媒体个人计算机的最低配置要求不断提升,并且采用 Windows 95 操作系统作为支持,形成了较完善的多媒体个人计算机系统。

多媒体技术的发展是一个复杂的过程,其中,既有硬件对多媒体技术的支持,也有软件对多媒体技术的扩展。但是总的来说,多媒体技术的发展主要遵循了两条主线:一是视频技术的发展;二是音频技术的发展。

多媒体计算机的关键技术是多媒体数据的压缩编码和译码技术。目前广泛使用的国际技术规范包括静态图像的压缩编码标准 JPEG、运动图像的压缩编码系列标准 MPEG 和面向可视电话与电视会议系统的视频压缩标准 H.26X 等。此外,还有音频的压缩编码、CDROM 和 DVD 存储编码等技术规范。

6.2 多媒体创作工具介绍

随着多媒体技术的迅猛发展,多媒体项目的创作也日新月异,丰富多彩的多媒体作品让人耳目一新。然而创作多媒体作品并非一件容易的事，一个大型的多媒体作品往往需要一个团队来完成，因为需要进行界面图形设计、多媒体编程语言、素材的采集与处理等，这涉及多方面的知识与创作工具。

6.2.1 素材处理软件

在创作多媒体作品时会使用到大量的素材，如文字脚本、界面设计、图像素材、视频与声音素材等，所以要学会处理这些素材。

1．文字素材的处理

在多媒体信息载体中，文字是最重要的一种信息传播媒介。无论计算机技术发展到何种程度，文字依然是最重要的载体，因此，几乎所有的应用软件都有文字处理功能。如果多媒体作品对文字的要求不高，那么，多媒体创作软件本身就可以完成文字的录入、编辑。如果要对文字进行编辑与艺术加工，则要借助专业的文字处理软件 Word 或 WPS 等。

2．图像素材的处理

在多媒体作品中，图像素材占据了很大的比例。处理图像素材是制作多媒体作品之前的一项关键工作，主要分为两大类：一是多媒体作品的界面设计；二是多媒体内容中出现的图像。

设计多媒体作品的界面时，要处理主界面与次界面中的背景图像，还要制作艺术字、导航按钮等，而对于多媒体内容中的图像，主要是裁剪、调色、改变图像大小等。目前对于图像素材的处理，最实用的软件是 Photoshop。

Photoshop 是美国 Adobe 公司开发的专业图像处理软件，是目前功能最强大、用户最多的图像编辑软件，它提供了色彩调整、图像修饰和各种滤镜效果等功能。利用其强大的图像编辑工具，可以有效地对图像进行处理、创意或者制作。

1990 年，Photoshop 版本 1.0 正式发行。1997 年，Photoshop 4.0 版本发行，力挫所有竞争对手，正式开启了全球 Photoshop 时代；2003 年，Adobe 将 Photoshop 8.0 更名为 Photoshop CS；2013 年 CC 版本出现。目前的最新版本是 Photoshop 2020，它的版本号是 21.1.2。

Photoshop 的应用领域很广泛，它已经成为图像处理领域中的行业标准，在广告设计、多媒体界面制作、网页设计、数码摄影、印刷出版等方面都有涉及。

3．声音素材的处理

创作多媒体作品时经常要用到音效、配音、背景音乐等。声音的格式很多，如基于 PC 系统的 WAV、MIDI 格式，基于 MAC 系统的 SND、AIF 格式，这些格式之间经常需要转换，因此，声音素材的采集整理需要更多的软件支持。

音频编辑软件很多，用户可以选择一款适合自己的。

(1) Creative Wave Studio "录音大师"：它是 Creative Technology 公司 Sound Blaster AWE64 声卡附带的音频编辑软件。在 Windows 环境下它可以录制、播放和编辑 8 位和 16 位的波形音乐。

(2) Cake Walk：它是 Twelve Tone System 公司开发的音乐编辑软件，利用它可以创作出具有专业水平的"计算机音乐"。

(3)　GoldWave：它是 GoldWave 公司出品的一个声音编辑软件，体积小巧、功能强大，可以对音乐进行播放、录制、编辑以及转换格式等处理。支持的音频格式很多，包括 WAV、OGG、VOC、AIF、AFC、SND、MP3、VOX、AVI、MOV、APE 等，并且可以从 CD、VCD 或 DVD 以及其他视频文件中提取声音，内含丰富的音频处理特效。

4．动画素材的处理

多媒体作品中使用的动画主要有两种：二维动画和三维动画。通常情况下，比较普及的二维动画软件是 Flash，而三维动画软件是 3DS max。当然也可以使用一些小型的制作工具，如 Swish、Cool3D 等。

Flash 前身是 Future Wave 公司开发的 FutureSplash Animator，是一个基于矢量的动画制作软件。1996 年被 Macromedia 收购后定名为 Flash，由于其自身的独特优势，很快成为主流网络动画制作软件。2007 年被 Adobe 公司收购并进行后续开发。由于越来越强大的 AS 功能，Flash 不仅在二维动画制作方面表现突出，也常常用来开发多媒体项目，所以 Flash 既是一个动画制作软件，也是一个多媒体开发工具。

3DS max 是目前世界上应用最广泛的三维建模、动画、渲染软件，完全能够满足制作高质量的三维动画的要求。

3DS max 的前身是基于 DOS 操作系统的 3D Studio 系列软件，是 Discreet 公司开发的(后被 Autodesk 公司合并)基于 PC 操作系统的三维动画渲染和制作软件。它的出现降低了 CG 制作的门槛，使得普通用户也可以参与动画的制作。在多媒体制作领域，该软件主要用来制作片头、工业生产的过程模拟、商品模型等。

5．视频素材软件

视频以其生动、活泼、直观的特点，在多媒体系统中得以广泛的应用，并扮演着极其重要的角色。例如制作企业的多媒体宣传片、产品推广宣传片等要用到大量的视频文件，常用的视频素材是 AVI、MOV 和 MPG 格式的视频文件。视频处理软件主要有 Adobe Premiere 和会声会影。

Adobe Premiere 是 Adobe 公司推出的一个功能十分强大的处理影视作品的视频和音频编辑软件，广泛应用于广告制作和电视节目制作中。它可以完成视频素材的组织与管理、剪辑处理、制作千变万化的过渡效果与滤镜效果、创建字幕、实现音频与视频的分离与合成等。

会声会影是美国友立公司推出的一款非常著名的视频编辑软件，具有图像抓取和编修功能，是操作简单、功能强悍的 DV、HDV 影片剪辑软件，支持各类编码，包括音频和视频编码。会声会影不仅符合家庭或个人所需，甚至可以挑战专业级的影片剪辑软件，在国内的普及度较高，适合普通大众使用，界面简洁明快，上手容易。

6.2.2　多媒体开发软件

多媒体创作软件也称为多媒体集成工具。开发多媒体项目的手段很多，可以使用专业的编程软件，也可以使用可视化的多媒体开发工具，例如 Authorware、Director、Flash、方正奥思、蒙泰瑶光等，下面介绍几款主流的多媒体开发工具。

1. Director

Director 是 Macromedia 公司推出的一款交互式多媒体项目集成开发工具，具有强大的面向对象开发能力，用户可以根据需要将图片、声音、三维动画、视频电影、数据库访问、Internet 链接等技术集成在一个作品中，从而制作出复杂的多媒体交互程序，广泛应用于多媒体光盘、教学/汇报课件、触摸屏软件、网络电影、网络交互式多媒体查询系统、企业多媒体形象展示、游戏和屏幕保护程序等的开发制作。

1989 年，Macromedia 推出 Director 1.0，时过两年，升级到 Director 2.0，加入了 Lingo 语言，使 Director 具有了交互功能。随着版本的不断升级，Director 的功能越来越强大，不仅可以使用 Xtra 外部模块来扩展 Director 的功能，而且 Lingo 的功能也逐步强大，几乎可以完成各种编程要求。2005 年 Adobe 收购了 Macromedia 公司，3 年后推出了 Director 11.0，拥有更富弹性、更易使用的创作环境，利用它可以创作出更强大的交互式程序、三维虚拟游戏等多媒体作品，目前的最新版本是 Director 12.0。

Director 具有以下特点：

(1) 提供了专业的编辑环境，高级的调试工具以及方便易用的属性面板，使得 Director 的操作简单方便，大大提高了开发的效率。

(2) 支持广泛的媒体类型，包括多种图像格式以及 QuickTime、AVI、MP3、WAV、AIFF、高级图像合成、动画、同步和声音播放效果等 40 多种媒体类型。

(3) 强大的交互功能使创作者可以随心所欲地开发多媒体项目，不熟悉编程的用户可以通过拖放预设的 Behavior 完成交互的制作，而程序员则可以通过 Lingo 制作出更复杂的交互效果、数据跟踪及二维和三维动画效果。

(4) Director 独有的 Shockwave 3D 引擎可以轻松地创建互动的三维空间，实现虚拟现实，制作交互的三维游戏，提供引人入胜的用户体验。

(5) 可扩展性强。Director 采用了 Xtra 体系结构，可以为 Director 添加无限的自定义特性和功能。

2. Authorware

Authorware 是 Macromedia 公司开发的多媒体制作工具。它是一种解释型、基于流程的多媒体制作软件，被用于创建互动的程序，其中整合了声音、文本、图形、简单动画以及数字电影，是一款非常优秀的多媒体创作软件，易学易用，创作出来的作品效果好，非常适合初学多媒体创作的用户使用。但遗憾的是，2005 年 Adobe 收购 Macromedia 公司以后，停止了 Authorware 的升级与开发，但是仍然有很多 Authorware 爱好者使用该软件开发多媒体作品、汇报演示、教学课件等。

Authorware 具有以下特点：

(1) 强大的集成能力。Authorware 的优势在于支持多种格式的多媒体元素，可以将文本、图形图像、动画、视频、声音等多媒体素材集成到一起，并以特有的方式进行合理的组织安排，最终以适当的形式将各种素材交互地表现出来，形成一个交互性强、富有表现力的作品。

(2) 强大的交互能力。Authorware 具有强大的人机交互性，提供了按钮、热区域、热对象、目标区、下拉菜单、条件、文本输入、按键、重试限制、时间限制、事件等 11 种交互方式，基本上可以满足用户的不同需要。同时，为了加强程序的交互性，Authorware 还提供了许多与交互方式有关的系统变量和函数。

(3) 直观易用的开发界面。Authorware 的工作环境中提供了一个非常直观的"设计窗口"，窗口中有一条贯穿上下的直线，称为"流程线"，流程线上的图标称为"设计图标"。用户在流程线上按照一定的规则将设计图标组合起来，然后对设计图标的属性加以适当的设置，就可以实现多媒体的整合功能，这是 Authorware 的一个主要特点，是其他软件不具备的。

(4) 高效的开发模块。Authorware 允许将以前的开发成果以模块或库的形式保存下来反复使用，这样便于分工合作，避免大量的重复劳动。同时 Authorware 还提供了一种智能化的设计模板——知识对象，开发者可以根据需要选用不同的知识对象，完成特定的多媒体功能，大大提高了工作效率。

(5) 强大的数据处理与编程能力。Authorware 虽然是可视化编程环境，但是它提供了丰富的变量与函数，而且还允许用户自定义变量与函数，以完成复杂的数据运算。另外，它支持开放式数据库的连接、ActiveX 技术、JavaScript 技术等，可扩展性极强。因此，正确运用 Authorware 的脚本语言，可以开发出专业的多媒体应用程序。

3．其他工具

除了前面介绍的两个比较流行的工具外，还有一些其他的可用于多媒体开发的工具，如 Flash、PowerPoint 等。

前面已经介绍过 Flash，它是目前最专业的网络动画软件之一。近几年，随着软件功能的不断增强，特别是 AS3.0 的出现，大大加强了其编程能力，被广泛地应用于多媒体开发、课件制作等领域。

PowerPoint 是微软公司 Office 中的成员之一，主要用于制作演示文稿、电子讲义等，是一款最简单易学的多媒体软件，可以用来制作要求不高的演示类多媒体项目。

Dreamweaver 是目前最流行的站点开发与制作工具，能够处理多种媒体信息，可以用于开发基于 Web 页的媒体作品。

6.3　图像的基础知识

图像是信息传递的重要方式，也是多媒体技术研究中的重要媒体之一，它是人类视觉所感受到的一种形象化的信息，特点是生动形象、直观可见。使用计算机处理图像数据，首先要将图像数字化。

6.3.1　位图与矢量图

数字图像以文件的形式保存，即图像文件，从图像数据的表示方法上，可以将图像分为两大类——位图和矢量图。前者以点阵的形式描述图形图像，后者以数学方法描述由几何元素组成的图形图像。通常我们将点阵图称为图像，把矢量图称为图形。

1．位图

位图又称为"栅格图或点阵图"，由描述图像的各个像素点的明暗强度与颜色的位数集合组成，工作方式类似于我们在画布上作画。将图像放大到一定的程度，就会发现它是由一个个小栅格组成的，这些小栅格称为像素点，像素点是图像中最基本的元素，位图图像的大小与质量取决于图像中像素点的多少。Photoshop 编辑的图像就是位图，处理位图时，实际上是编辑像素而不是图像本身。因此，在表现图像中的阴影和色彩的细微变化方面或者进行一些特殊效果处理时，位图是最佳的选择，但是位图的清晰度与其分辨率有关。因此，利用 Photoshop 处理图像时，要根据实际情况设置分辨率，否则图像中将出现锯齿边缘，甚至会遗漏图像的细节，如图 6-2 所示。

图 6-2 位图

2. 矢量图

矢量图由一些几何图形，如点、线、矩形、多边形、圆和弧线等元素组成。在计算机中记录了这些几何图形的形状参数与属性参数，这些参数值决定了图形应如何显示在屏幕上。例如一个圆可以表示成圆心在$(x1，y1)$上，半径为 r 的图形；一个矩形可以通过指定左上角的坐标$(x1，y1)$和右下角的坐标$(x2，y2)$的四边形来表示；线条可以用一个端点的坐标$(x1，y1)$和另一个端点的坐标$(x2，y2)$的连线来表示。当然还可以为每种元素再加上一些属性，如边框线的宽度、颜色，边框线是实线还是虚线，中间填充什么颜色等，然后把这些元素的代数式和它们的属性作为文件存盘，就生成了所谓的矢量图(也叫向量图)。所以矢量图文件相对比较小，而且图形颜色的多少与文件大小基本无关。

矢量图可以按任意分辨率进行打印，而不会丢失细节或降低清晰度。因此，矢量图形最适合表现醒目的图形。由于矢量图没有精度的概念，因而任意缩放图形都不会出现锯齿，如图 6-3 所示。

图 6-3 矢量图

一般来说，位图能够细致、真实地描述对象，但是进行放大图像时会失真；而矢量图无论如何放大都不失真，但是难以表现色彩层次丰富的图像。表 6-1 是位图与矢量图特点的比较。

表 6-1　位图与矢量图特点的比较

类　别	特　　点
位图	(1) 位图文件所占的存储空间大，对于高分辨率的彩色图像，消耗的硬盘空间、内存与显存都比较大； (2) 在色彩、色调方面的表现力丰富而且直观，尤其在表现图像的阴影和色彩的细微变化方面效果更佳； (3) 位图图像的大小、清晰度等与分辨率密切相关，分辨率越大，图像越清晰，占用的磁盘空间也越大； (4) 位图图像放大到一定倍数后会产生失真(变模糊)，甚至出现锯齿
矢量图	(1) 文件小，保存的是图形文件的代数式与属性信息； (2) 矢量图形文件与分辨率无关，只与图形的复杂程度有关，对图形进行缩放、旋转或变形操作时，不产生锯齿效果； (3) 难以表现色彩层次丰富的逼真效果，不适合表现人物或风景照片等复杂图像； (4) 可以按最高分辨率显示到输出设备上

6.3.2　图像文件的属性

介绍了计算机中图像的两大类型以后，接下来了解一下图像文件的相关属性或技术指标，这里所说的图像是指位图，它有三个基本属性是分辨率、颜色深度和图像文件大小。

1．分辨率

在位图中，图像的分辨率是指单位长度上的像素数，习惯上用每英寸中的像素数来表示(即 pixels per inch，ppi)。相同尺寸的图像，分辨率越高，单位长度上的像素数越多，图像越清晰；分辨率越低，单位长度上的像素数越少，图像越粗糙。例如分辨率为 72 ppi 时，1 英寸×1 英寸的图像总共包含 5184 个像素(72 像素宽×72 像素高=5184)。同样是 1 英寸×1 英寸，但分辨率为 300 ppi 的图像总共包含 90 000 个像素，所以高分辨率的图像通常比低分辨率的图像表现出更精细的颜色变化。

这里介绍的是图像的分辨率。实际上，分辨率是一个很综合的概念，还代表着输入、输出或者显示设备的清晰度等级。我们在处理图像时，涉及显示器的分辨率、图像的分辨率和打印机的分辨率三个方面。

显示器的分辨率是指在显示器屏幕上单位长度显示的像素数。通常显示器的分辨率是 96 ppi。在 Photoshop 中，图像的像素是直接转换为显示器的像素的。因此，96 ppi、1 厘米×1 厘米的图像在显示器上显示为原大小；但是 192 ppi、1 厘米×1 厘米的图像在显示器上则显示为 2 厘米×2 厘米。

打印机的分辨率是指输出图像时单位长度上的油墨点数，通常以 dpi 表示。打印机的分辨率决定了输出图像的质量。

一般地，图像的质量取决于图像自身的分辨率及打印机的分辨率，而与显示器的分辨率无关。

2．颜色深度

颜色深度也称作位深，是指表示一个像素所需的二进制数的位数，以比特(bit)作为单位。颜色深度一般写成 2 的 n 次方，n 代表位数，反映了构成图像颜色的总数目，位数越高，图像的颜色越丰富。当用 1 位二进制数表示像素时，即单色(黑白)图像，这时只有黑色、白色两种颜色，如图 6-4 所示；当用 8 位二进制数表示像素时，即灰度图像，它可以由 0～255 的不同灰度值来表示图像的灰阶，如图 6-5 所示；当位数达到 24 位时，可以表现出 1680 万种颜色。一般认为当采用 24 位色彩深度时就已经达到人眼分辨能力的极限，因此 24 位颜色也称为"真彩色"。

图 6-4　黑白图像

图 6-5　灰度图像

3．图像文件大小

计算机以字节(byte)为单位表示图像文件的大小，数据量大是图像数据的显著特点，即使使用压缩算法存储的文件格式，数据量也是相当大的，图像文件的大小与图像所表现的内容无关，与图像的尺寸、分辨率、颜色数量用文件格式有关。

一般地，图像文件越大，所占用的计算机资源就越多，处理速度就越慢。

6.3.3　颜色模式

在进行图形图像处理时，颜色模式以建立好的描述和重现色彩的模型为基础，每一种模式都有它自己的特点和适用范围，用户可以按照制作要求来确定颜色模式，并且可以根据需要在不同的颜色模式之间转换。

1．RGB 颜色模式

RGB 模式是基于光色的一种颜色模式，所有发光体都是基于该模式工作的，例如电视机、电脑显示器、幻灯片等都是基于 RGB 模式来还原自然界的色彩。

在该模式下，R 代表 Red(红色)，G 代表 Green(绿色)，B 代表 Blue(蓝色)，这三种颜色就是光的三原色，每一种颜色都有 256 个亮度级别，所以三种颜色通过不同比例的叠加就能形成约 1680 万种颜色(真彩色)，几乎可以得到大自然中所有的色彩。

通俗地理解 RGB 模式，可以把它想象成红、绿、蓝三盏灯，当它们的光相互叠加的时候，就会产生不同的色彩，如图 6-6 所示，并且每盏灯有 256 个亮度级别，当值为 0 时，表示"灯"关掉；当值为 255 时，表示"灯"最亮。

图 6-6 RGB 模型

2．CMYK 颜色模式

CMYK 模式是针对印刷的一种颜色模式。印刷需要油墨，所以 CMYK 模式对应的媒介是油墨(颜料)。在印刷时，通过洋红(Magenta)、黄色(Yellow)、青色(Cyan)三原色油墨进行不同配比的混合，可以产生非常丰富的颜色信息，我们使用从 0～100%的浓淡来控制。从理论上来说，只需要 CMY 三种油墨就足够了，它们三个 100%地混合在一起就应该得到黑色。但是由于目前制造工艺还不能造出高纯度的油墨，所以 CMY 混合后的结果实际是一种暗红色。因此，为了满足印刷的需要，单独生产了一种专门的黑墨(Black)，这就构成了 CMYK 印刷 4 分色，如图 6-7 所示。

图 6-7 CMYK 模型

制作用于印刷的图像时要使用 CMYK 颜色模式。RGB 颜色模式的图像转换成 CMYK 颜色模式的图像会产生失色，因为 RGB 模式的色域更广。

3．HSB 颜色模式

HSB 模式是一种从视觉的角度定义的颜色模式。基于人类对色彩的感觉，HSB 模型描述颜色的三个特征：将色彩分为 H(Hue，色相)、S(Saturation，饱和度)和 B(Brightness，亮度)三个要素。

色相即颜色的名称，是指光经过折射或反射后产生的单色光谱，即纯色，它组成了可见光谱，并用 360°的色轮来表现；饱和度指颜色的纯度或鲜浊度，表示色相中彩色成分所占的比例，用 0～100%的百分比来度量；亮度指颜色的相对明暗程度，通常以 0～100%的百分比来度量。

4．索引颜色模式

索引颜色模式最多使用 256 种颜色，当将图像转换为索引颜色模式时，通常会构建一个调色板存放并索引图像中的颜色。如果原图像中的一种颜色没有出现在调色板中，程序会选取已有颜色中最相近的颜色或使用已有颜色模拟该种颜色。

在索引颜色模式下，通过限制调色板中颜色的数目可以减小文件大小，同时保持视觉上的品质不变。在网页中常常需要使用索引模式的图像。

6.3.4 常见的图像文件格式

图像文件格式是指计算机表示和保存图像的方法。每一种图像处理软件几乎都有各自处理图像的方式，用不同的格式存储图像。为了利用已有图像文件，我们必须了解主要的图像格式，以便在需要时对它们进行图像格式的转换。

1．JPEG 格式

JPEG 是 Joint Photographic Experts Group(联合图像专家组)的缩写，文件后缀名为".jpg"或".jpeg"。JPEG 是使用最广泛的图像格式，是一种有损压缩格式，能够将图像压缩在很小的存储空间内，压缩技术十分优越，可以用最少的磁盘空间得到较好的图像质量。但是要注意，使用过高的压缩比例将会影响图像的质量，如果追求高品质图像，不宜采用过高压缩比例。

JPEG 是一种很灵活的图像格式，具有调节图像质量的功能，允许用不同的压缩比例对图像文件进行压缩，支持多种压缩级别，压缩比率通常在 10：1 到 40：1 之间，压缩比越大，品质就越低；相反，压缩比越小，品质就越好。

在 Photoshop 中以 JPEG 格式存储图像时，提供了 12 个压缩级别，以 0～12 表示。其中 0 级压缩比最高，图像品质最差；即使采用细节几乎无损的 12 级质量保存时，压缩比也可达 5：1。一幅大小为 4.28 MB 的 BMP 格式的图像，采用 JPG 格式保存时，其大小仅为 178 KB，压缩比达到 24：1。正是由于 JPEG 格式采用有损压缩，所以我们在保存 JPG 格式的图像时，需要在图像质量和文件尺寸之间寻找平衡点。

2．PSD 格式

PSD 是 Photoshop 图像处理软件的专用文件格式，文件扩展名是".psd"，可以支持图层、通道、蒙版和不同色彩模式的各种图像特征，是一种非压缩的原始文件保存格式，所以占据的磁盘空间较大，扫描仪不能直接生成该种格式的文件。PSD 文件有时容量会很大，但由于可以保留所有原始信息，在图像处理中对于尚未制作完成的图像，选用 PSD 格式保存是最佳的选择。

现在，Flash、Director 等多媒体软件开始支持 PSD 格式图像的导入，这对软件之间的配合工作提供了极大的方便。

3．PNG 格式

PNG 是 Portable Network Graphics(可移植性网络图像)的缩写，是网络上接受的最新图像文件格式。PNG 能够提供长度比 GIF 小 30% 的无损压缩图像文件，同时提供 24 位和 48位真彩色图像，并且 PNG 格式的图像支持背景透明，这对于制作多媒体与网页中的导航按钮、标题图片等提供了非常好的支持，既可以保证图像颜色的层次，又能够做到背景透明。

由于 PNG 比较新，所以目前并不是所有的程序都支持这种格式，但 Photoshop 可以处理 PNG 图像文件，也可以用 PNG 图像文件格式存储。

4．BMP 格式

BMP 格式是 Windows 最早支持的位图格式，文件几乎不压缩，占用磁盘空间较大，它的颜色存储格式有 1 位、4 位、8 位及 24 位。该格式仍然是当今应用比较广泛的一种格式，但由于其文件尺寸比较大，所以多应用在单机上，不受网络欢迎。

5．AI 格式

AI 格式是 Adobe 公司开发的矢量图像处理软件 Illustrator 所使用的文件格式，也是当今最流行的矢量图像格式之一，广泛应用于印刷出版业等。现已成为业界矢量图的标准，几乎所有的图形软件都能导入 AI 格式。它的优点是占用硬盘空间小，打开速度快，方便格式转换。

6．CDR 格式

CDR 格式是绘图软件 CorelDRAW 的专用图形文件格式。由于 CorelDRAW 是矢量图形绘制软件，所以 CDR 可以记录文件的属性、位置和分页等。但它在兼容度上比较差，所有 CorelDraw 应用程序中均能够使用，而其他图像编辑软件打不开此类文件。

6.4　声音的基础知识

在多媒体作品中，声音是不可缺少的一种媒体形式，在人类传递信息的各种方式中，声音占了 20%的比例。本节主要介绍声音的基础知识。

6.4.1　声音的定义

声音是因物体的振动而产生的一种物理现象，振动使物体周围的空气扰动而形成声波，声波以空气为媒介传入人们的耳朵，于是人们就听到了声音。因此，从物理上讲，声音是一种波。用物理学的方法分析，描述声音特征的物理量有声波的振幅(Amplitude)、周期(Period)和频率(Frequency)，因为频率和周期互为倒数，因此，一般只用振幅和频率两个参数来描述声音。

其中，频率反映声音的高低，振幅反映声音的大小。声音中含有高频成分越多，音调就越高，也就是越尖；反之则越低。声音的振幅越大，声音则越大；反之则越小。

需要指出的是，现实世界的声音不是由某个频率或某几个频率组成的，而是由许多不同频率不同振幅的正弦波叠加而成的。

6.4.2　声音的分类

声音的分类有多种标准，根据客观需要可有以下三种分类标准。

按频率划分，可分为亚音频、音频、超音频和过音频。频率分类的意义主要是为了区分音频声音和非音频声音。

(1) 亚音频(Infrasound)：0～20 Hz。

(2) 音频(Audio)：20 Hz～20 kHz。

(3) 超音频(Ultrasound)：20 kHz～1 GHz。

(4) 过音频(Hypersound)：1 GHz～1 THz。

按原始声源划分，可分为语音、乐音和声响。按声源发出的声音分类，是为了针对不同类型的声音使用不同的采样频率进行数字化处理，以及依据它们产生的方法和特点采取不同的识别、合成和编码方法。

(1) 语音：人类为表达思想和感情而发出的声音。

(2) 乐音：弹奏乐器时乐器发出的声音。

(3) 声响：除语音和乐音之外的所有声音，如风声、雨声和雷声等自然界或物体发出的声音。

按存储形式划分，可分为模拟声音和数字声音。

(1) 模拟声音：对声源发出的声音采用模拟方式进行存储，通常采用电磁信号对声音波形进行模拟记录，如用录音带录制的声音。

(2) 数字声音：对声源发出的声音采用数字化处理，用 0、1 表示声音的数据流或者是计算机合成的语音和音乐。

6.4.3　声音的数字化

我们平时听到的声音是典型的连续信号，不仅在时间上是连续的，在幅度上也是连续的。我们把时间和幅度上都连续的信号称为模拟信号，由于计算机只能处理数字信息，所以声音进入计算机的第一步就是数字化，从技术上来说，就是将连续的模拟声音信息通过模/数转换器(A/D)转换为计算机可以处理的数字声音信息。

数字化声音的具体原理是：输入模拟声音信号，然后按照固定的时间间隔获取模拟声音信号的振幅值，再将获取的振幅值用若干二进制数表示，从而将模拟声音信号变成数字声音信号。衡量声音数字化的质量有以下三个指标。

1．采样频率

采样频率指每秒钟对模拟信号采取样本的次数。采样频率越高，声音的质量也就越好。在多媒体技术中通常采用三种音频采样频率：11 kHz、22 kHz 和 44 kHz。一般在允许失真的条件下，尽可能将采样频率选低些，以减少数据量。

常用的音频采样频率和适用情况如下：

❖　8 kHz——适用于语音采样，能达到电话语音音质标准的要求。

❖　11 kHz——可用于对语音和最高频率不超过 5 kHz 的声音采样，能达到电话语音音质标准以上，但不及调幅广播(FM)的音质要求。

❖　16 kHz 和 22 kHz——适用于对最高频率在 10 kHz 以下的声音采样，能达到调幅广播音质标准。

❖　44 kHz 和 48 kHz——主要用于对音乐采样，可以达到激光唱盘的音质标准。对最高频率在 20 kHz 以下的声音，一般采用 44 kHz 的采样频率，可以减少对数字声音的存储开销。

2．量化位数

量化位数是指在采集声音时使用多少二进制位来存储数字声音信号，这个数值越大，分辨率就越高，录制和回放的声音就越真实。量化位数客观地反映了数字声音信号对输入声音信号描述的准确程度。目前常用的有 8 位、12 位和 16 位三种，位数越多，音质越好，但存储的数据量也越大。

3．声道数

声道数包括单声道和双声道(立体声)两种。

6.4.4　常见声音文件格式

一段声音经过数字化以后，所产生的编码信息可以用各种方式编排起来，形成一个个文件存储在计算机中，与图像文件一样，声音文件也有各种各样的格式。

1．WAV 格式

WAV 格式是微软公司开发的一种声音文件格式，是最早的数字音频格式，被 Windows 平台及其应用程序广泛支持。

WAV 格式存放的是对模拟声音波形经数字化采样、量化和编码后得到的音频数据。原本由声音波形而来，所以 WAV 文件又称波形文件。WAV 文件对声源类型的包容性强，只要是声音波形，不管是语音、乐音还是各种各样的声响，甚至噪音都可以用 WAV 格式记录并重放。

WAV 格式采用 44 kHz 的采样频率，16 位量化位数，因此 WAV 的音质与 CD 相差无几，但 WAV 格式对存储空间需求太大，不便于交流和传播。

2．MP3 格式

MP3 的全称是 Moving Picture Experts Group Audio Layer Ⅲ。简单地说，MP3 就是一种音频压缩技术，由于这种压缩方式的全称叫 MPEG Audio Layer 3，所以人们把它简称为 MP3，从本质上讲仍是波形文件。MP3 是利用 MPEG Audio Layer 3 的技术，将音乐以 1∶10 甚至 1∶12 的压缩率压缩成容量较小的文件，即能够在音质丢失很小的情况下把文件压缩到更小的程度。

正是因为 MP3 体积小、音质高的特点使得 MP3 格式成为网上音乐的代名词。每分钟音乐的 MP3 格式只有 1 MB 左右大小。与一般声音压缩编码方案不同，MP3 主要是从人类的听觉心理和生理学模型出发研究出的一套压缩比高、声音压缩品质又能保持得很好的压缩编码方案。

3．WMA 格式

WMA 的全称是 Windows Media Audio，是微软力推的一种音频格式。WMA 格式是以减少数据流量但保持音质的方法来达到更高的压缩目的，其压缩率一般可以达到 1∶18，生成的文件大小只有相应 MP3 文件的一半。此外，WMA 还可以通过 DRM(Digital Rights Management)方案加入防止拷贝，或者限制播放时间和播放次数，甚至是播放机器的限制，能够有力地防止盗版。

4．MIDI 格式

MIDI 的含义是乐器数字接口(Musical Instrument Digital Interface)，它本来是由全球的数字电子乐器制造商建立起来的一个通信标准，以规定计算机音乐程序、电子合成器和其他电子设备之间交换信息与控制信号的方法。

MIDI 文件记录的是 MIDI 消息，它不是数字化后得到的波形声音数据，而是一系列指令。在 MIDI 文件中，包含着音符、定时和多达 16 个通道的演奏定义。每个通道的演奏音符又包括键、通道号、音长、音量和力度等信息。显然，MIDI 文件记录的是一些描述乐曲如何演奏的指令而非乐曲本身。

与波形声音文件相比，同样演奏长度的 MIDI 音乐文件比波形音乐文件所需的存储空间要少很多。例如同样 30 分钟的立体声音乐，MIDI 文件大约只需 200 KB，而波形文件要大约 300 MB。MIDI 格式的文件一般用 .mid 作为文件扩展名。

6.5　视频的基础知识

视频在多媒体作品中是不可缺少的信息载体，它可以起到烘托气氛的作用，可以给人一种震撼力，是其他信息元素所无法替代的。同时也应看到，视频素材的采集与加工整理的难度最大。

6.5.1　视频的定义与分类

视频(Video)是由一幅幅单独的画面(称为帧，Frame)序列组成的，这些画面以一定的速率(帧率 fps，即每秒播放帧的数目)连续地投射在屏幕上，与连续的音频信息在时间上同步，使观察者产生对象或场景在运动的感觉。所以就其本质而言，视频是内容随时间变化的一组动态图像，所以视频又叫运动图像或活动图像。

在视频文件中，一帧就是一幅静态画面，快速连续地显示帧就会形成运动的图像，每秒钟显示帧数越多，所显示的动作就会越流畅。根据实验，人们发现要想看到连续不闪烁的画面，帧与帧之间的时间间隔最少要达到二十四分之一秒。

视频与图像是两个既有联系又有区别的概念：静止的图片称为图像(Image)，运动的图像称为视频(Video)。视频与图像两者的信号源不同，视频的输入是摄像机、录像机、影碟机以及可以输出连续图像信号的设备；图像的输入靠扫描仪、数码相机等设备。

按照视频的存储和处理方式不同，视频可分为模拟视频和数字视频两大类。

1．模拟视频

模拟视频(Analog Video)属于传统的电视视频信号的范畴，模拟视频信号是基于模拟技术以及图像显示的国际标准来产生视频画面的。早期视频的记录、存储和传输都采用模拟方式。例如在电视上所见到的视频图像，它是以一种模拟电信号的形式来记录的，并依靠模拟调幅的手段在空间传播，再用盒式磁带录像机将其作为模拟信号存放在磁带上。模拟视频具有如下特点：

❖ 以模拟电信号的形式来记录信息。
❖ 依靠模拟调幅的手段在空间传播。

❖　使用磁带录像机将视频作为模拟信号存放在磁带上。

❖　模拟视频不适合网络传输，在传输效率方面先天不足，而且图像随时间和频道的衰减较大，不便于分类、检索和编辑。

2. 数字视频

数字视频(Digital Video)是对模拟视频信号进行数字化后的产物，它是基于数字技术记录视频信息的。模拟视频可以通过视频采集卡进行 A/D (模/数)转换，这个转换过程就是视频捕捉(或采集)过程，将转换后的信号采用数字压缩技术存入计算机磁盘中就成为数字视频。数字视频具有如下特点：

❖　数字视频可以不失真地进行无数次复制。

❖　数字视频便于长时间的存放而不会有任何的质量降低。

❖　可以对数字视频进行非线性编辑，并可增加特技效果等。

❖　数字视频数据量大，在存储与传输的过程中必须进行压缩编码。

6.5.2　数字视频压缩标准

未压缩的数字视频数据量是非常大的，因而需要采取有效的途径对其进行压缩。人们从视频数据的冗余可能出发，分析研究出一系列编码压缩算法，其方法可分为帧内压缩和帧间压缩两种。

与音频压缩编码相类似，为了使图像信息系统及设备具有普遍的交互操作性，一些相关的国际化组织先后审议制定了一系列有关图像编码的标准，其中 MPEG 系列标准由运动图像专家组(Moving Picture Experts Group)制定。

MPEG 系列标准包含 MPEG-1、MPEG-2、MPEG-4、MPEG-7 和 MPEG-21 五个具体标准，每种编码都有各自的目标问题和特点。

1. MPEG-1

MPEG-1 标准于 1988 年 5 月提出，1992 年 11 月形成国际标准。它的设计思想是在 1 Mb/s～1.5 Mb/s 的低带宽条件下提供尽可能高的图像质量(包括音频，以下所指图像均包括音频)。这是世界上第一个用于运动图像及其伴音的编码标准，主要应用于 VCD，图像尺寸为 352×288 像素，标准带宽为 1.2 Mb/s，每秒 30 帧。

2. MPEG-2

MPEG-2 发布于 1994 年，其设计目标是高级工业标准的图像质量以及更高的传输率，能提供的传输率在 3 Mb/s～10 Mb/s 之间，其在 NTSC 制式下的分辨率可达 720×486 像素，可提供广播级的视频和 CD 级的音质。MPEG-2 的音频编码可提供左、右、中及两个环绕声道，以及一个加重低音声道和多达 7 个伴音声道。

由于 MPEG-2 在设计时的巧妙处理，使得大多数 MPEG-2 解码器也可播放 MPEG-1 格式的数据，如 VCD。MPEG-2 除了作为 DVD 的指定标准外，还可用于为广播、有线电视网、电缆网络以及卫星直播提供广播级的数字视频。

3. MPEG-4

MPEG-4 标准于 1993 年提出，1998 年发布。MPEG-4 是为了播放流式媒体的高质量视频而专门设计的，它可利用很窄的带宽，通过帧重建技术压缩和传输数据，以求使用最少的数据获得最佳的图像质量。

MPEG-4 标准是一种基于对象的视音频编码标准，它包含了 MPEG-1 及 MPEG-2 的绝大部分功能及其他格式的长处，并加入及扩充了对虚拟现实模型语言(VRML)的支持、面向对象的合成文件及数字版权管理(DRM)等功能。

MPEG-4 最有吸引力的地方在于它能够保存接近于 DVD 画质的小体积视频文件，所以主要用途是互联网、光盘、语音传送(视频电话)及电视广播等。

由于 MPEG-4 是一个公开的平台，各公司、机构均可以根据 MPEG-4 标准开发不同的制式，因此市场上出现了很多基于 MPEG-4 技术的视频格式，例如 QuickTime、DivX、Xvid 等。这种情况也给最终用户带来很大麻烦，因为观看这些视频要下载不同的插件和播放器，而用户往往无从知道这些视频采用的是什么编解码器。

一个比较简便的解决方案是安装暴风影音，暴风影音提供了绝大多数影音文件和流媒体支持，包括 RM，QuickTime，MPEG-2，MPEG-4(DivX、Xvid、3ivx、MP4、FFDS、H264…)，HDTV 等。

4．MPEG-7

MPEG-7 标准于 1997 年提出，在 2001 年形成国际标准。该标准是一种多媒体内容描述标准，定义了描述符、描述语言和描述方案，支持对多媒体资源的组织管理、搜索、过滤、检索等，便于用户对其感兴趣的多媒体素材进行快速有效地检索，可以应用于数字图书馆、各种多媒体目录业务、广播媒体的选择、多媒体编辑等领域。

5．MPEG-21

MPEG-21 标准是与 MPEG-7 标准几乎同步制定的。MPEG-21 标准的重点是建立统一的多媒体框架，支持连接全球网络的各种设备透明地访问各种多媒体资源。

6.5.3　常见视频文件格式

视频文件的格式很多，一般情况下，不同格式的文件要选择匹配的播放器来播放，当然也有一些播放器可以支持多种视频文件格式。下面介绍一些常见的视频文件格式。

1．AVI 格式

AVI(Audio Video Interleaved，音频视频交错格式)是一种将语音和影像同步组合在一起的文件格式，具有通用和开放的特点。它对视频文件采用了一种有损压缩方式，压缩比较高，应用范围非常广泛。AVI 支持 256 色和 RLE 压缩，主要应用在多媒体光盘上，用来保存电视、电影等各种影像信息。这种文件格式的优点是图像质量好，可以跨平台使用，缺点是文件体积较大。

AVI 格式是 Windows 操作系统支持的视频格式，从 Windows 3.1 开始即支持该视频格式。安装 Windows 操作系统后，会自带几种常用的 AVI 压缩格式，如 Cinepak Codec by Radius、Indeo Video 5.10、Intel Indeo(R) Video 3.2、Video 1 等。

2．MPEG 格式

MPEG/DAT 格式的具体后缀是 .mpeg、.mpg 或 .dat，家庭中的 VCD/SVCD 和 DVD 使用的就是 MPEG 格式文件。MPEG 格式文件在 1024×768 像素下可以用每秒 25 帧(或 30

帧)的速率同步播放视频和音频，其文件大小仅为 AVI 文件的 1/6。MPEG 的平均压缩比为 50∶1，最高可达 200∶1，压缩效率非常高，同时图像和声音的质量也非常好，几乎被所有的计算机平台共同支持，是主流的视频文件格式。

3．MOV 格式

MOV(Movie Digital Video Technology)是美国 Apple 公司开发的一种视频文件格式，默认的播放器是 Quick Time Player，具有较高的压缩比和较好的视频清晰度，并且可以跨平台使用。

4．ASF 格式

ASF(Advanced Streaming Format)是微软公司前期的流媒体格式，采用 MPEG-4 压缩算法。它是微软为了和 Real Player 竞争而推出的一种视频格式，用户可以直接使用 Windows 自带的 Windows Media Player 对其进行播放。

5．WMV 格式

WMV(Windows Media Video)也是微软推出的一种采用独立编码方式并且可以直接在网上实时观看视频节目的文件压缩格式，是目前应用最广泛的流媒体视频格式之一。WMV 格式的主要优点包括本地或网络回放、可扩充的媒体类型、多语言支持、环境独立性以及扩展性等。

6．RM 格式

RM 是 Real Networks 公司开发的一种流媒体文件格式，是目前主流的网络视频文件格式。它可以根据不同的网络传输速率制定出不同的压缩比率，从而实现在低速率的网络上进行影像数据实时传送和播放。Real Networks 所制定的音频、视频压缩规范称为 Real Media，相应的播放器为 Real Player。

RM 和 ASF 格式可以说各有千秋，通常 RM 视频更柔和一些，而 ASF 视频则相对清晰一些。

本 章 习 题

一、填空题

1．数字图像以文件的形式保存，即图像文件，从图像数据的表示方法上，可以将图像分为两大类——_____和_____。

2．从物理上讲，声音是一种波。用物理学的方法分析，描述声音特征的物理量有声波的_____、周期和_____。

3．数字化声音的具体原理是：输入_____声音信号，然后按照固定的时间间隔获取该声音信号的振幅值，再将获取的振幅值用若干_____表示，从而将声音信号变成_____声音信号。

4．位图有三个基本属性：_____、色彩深度和文件大小。

5．视频分为两种类型，分别是_____和_____。

6．多媒体技术的发展主要遵循了两条主线：一是_____；二是_____。

7．多媒体计算机的关键技术是多媒体数据的_____和_____。

二、简述题

1. 简述多媒体技术的几个主要特点。
2. 简述位图与矢量图的区别。
3. 常见的图像格式有哪些？
4. 分别解释 RGB 模式与 CMYK 模式。
5. 数字视频数据压缩标准有哪些？

第 7 章　计算机网络基础

　　计算机网络从形成、发展到广泛应用已经历了 50 多年的时间，它的诞生使计算机的体系结构发生了巨大的变化。在当今社会生活中，计算机网络已成为人们工作、学习、生活中不可缺少的一部分，它不仅为我们的生活带来了极大方便，同时也改变着人类社会的生活方式。现在，计算机网络的应用遍布全球及各个领域，从某种意义上说，计算机网络的应用水平已成为一个国家信息化水平的重要标志，反映了一个国家的现代化程度和水平。因此，对计算机网络的研究、开发和应用越来越受到各国的重视。

7.1　计算机网络概述

　　计算机网络(Computer Network)是计算机技术(Computer)和通信技术(Communication)相结合的产物，它是信息高速公路的重要组成部分，是一种涉及多门学科和多个技术领域的综合性技术。它可以将分布在不同地理位置的计算机系统互联起来，实现了资源共享和信息传递。

7.1.1　计算机网络的概念

　　计算机网络在不同的时期从不同的角度出发有各种不同的定义。

　　早期把计算机网络定义为"以相互共享(硬件、软件及数据)资源的方式连接起来，且各自具有独立功能的计算机系统的集合"。这个定义侧重于应用目的，没有指出物理结构。

　　现在一般认为：计算机网络是指将地理位置不同的、具有独立功能的多台计算机及其外部设备，利用通信设备与线路连接起来，在网络操作系统、网络管理软件及网络通信协议的管理和协调下，实现资源共享和信息传递的计算机系统。

　　从计算机网络的定义中可以看出以下几层含义：

　　❖　计算机网络连接的是独立运行的计算机，而不只是计算机上的一个设备。

　　❖　计算机互联的目的是实现硬件、软件及数据资源的共享，以克服单机的局限性。

　　❖　计算机网络靠通信设备和线路，把处于不同地点的计算机连接起来，以实现网络用户间的数据传输。

　　❖　在计算机网络中，网络操作系统、网络软件、网络通信协议是必不可少的，否则无法实现资源共享。

7.1.2　计算机网络的发展历史

　　计算机网络从无到有，从小到大，由局部应用发展到今天的全球互联，如此庞大的一个互联网系统，既不属于某个组织，也不属于某个国家。它是如何演变过来的呢？根据其发展过程可大致分为四个阶段。

1. 第一阶段：面向终端的计算机网络

面向终端的计算机网络出现在 20 世纪 50 年代。自 1946 年世界上第一台电子计算机问世后的十多年时间内，由于计算机价格很昂贵，而通信线路与通信设备的价格相对便宜，所以为了提高使用效率，将一台计算机主机(Host)经过通信线路与若干台终端(Terminal)直接连接，从而实现主机资源的共享，这就是最初的计算机网络雏形，其结构如图 7-1 所示。当接入主机的终端过多时，通信线路增多，费用随之增大，于是为了节约通信线路，又出现了若干终端共享通信线路的结构，如图 7-2 所示。

图 7-1　计算机网络雏形的结构　　　　图 7-2　共享通信线路的网络结构

为了满足远程用户的需求，让数据信息传输得更远，后来网络结构中又使用了 Modem，如图 7-3 所示。随着远程用户任务需求越来越多，前端处理机(Front End Processor，FEP)与终端控制器(Terminal Controller，TC)相继出现，它可以让计算机和多个远程终端相连接，构成面向终端的计算机网络，如图 7-4 所示。

图 7-3　含有 Modem 的远程网络结构

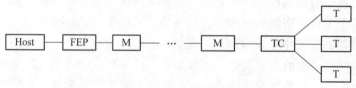

图 7-4　含有 FEP 与 TC 的远程网络结构

面向终端的计算机网络的主要特点如下：

❖　以单个计算机为中心，分时访问与使用计算机上的信息资源，否则会导致计算机负荷过重，响应时间过长。

❖　计算机是网络的控制中心，终端围绕着中心分布在各处。

❖　计算机的性能和运算速度决定了终端用户的数量。

❖　只提供终端和计算机之间的通信，终端之间无法通信。

❖　可靠性低，一旦计算机发生故障，整个网络系统就会瘫痪。

2. 第二阶段：面向内部的计算机网络

面向内部的计算机网络出现在 20 世纪 60 年代中期。由于上一代计算机网络只能在终端与主机之间进行通信，每台主机与它所提供服务的终端构成一个子网，子网与子网之间是无法通信的。为了克服第一代计算机网络的缺点，人们开始研究将多台计算机相互连接的方法。1969 年美国国防部的研究机构建立了 ARPA 网络，连接了美国加州大学洛杉矶分校、加州大学圣巴巴拉分校、斯坦福大学和犹他大学 4 个节点的计算机。两年后，建成 15 个节点并进入工作阶段。此后计算机网络规模不断扩大，到了 1975 年，已经发展成为超过 60 个节点和 100 多台大中型计算机的大型网络，地理上不仅跨越美国大陆，而且通过通信卫星与夏威夷及欧洲地区的计算机网络相互连通。

面向内部的计算机网络实现了主机与主机之间的通信，主机之间不是直接用线路相连，而是由接口报文处理机(Interface Message Processor，IMP)转接后互联的，如图 7-5 所示。

图 7-5　面向内部通信的计算机网络结构

此时的计算机网络的构成分为两大部分：通信子网与资源子网。接口报文处理机 IMP 负责网上各主机间的通信控制和通信处理，它们组成的通信子网是网络的内层。外围所有的主机和终端组成资源子网。

这个时期的计算机网络是以能够相互共享资源为目的互联起来的、具有独立功能的计算机的集合体，主要特点如下：

❖　多个主机互联，实现了计算机和计算机之间的通信。

❖　整个网络以资源子网为中心，采用全新的网络资源交换模式。

❖　终端用户可以访问本地主机和通信子网上所有主机的软硬件资源。

❖　数据处理与数据通信功能分开，负载均衡，响应速度提高。

❖　使用分组交换技术。

3. 第三阶段：开放互联的计算机网络

随着计算机网络技术的成熟，网络应用越来越广泛，网络规模不断增大。但是这个时期的计算机网络没有统一的标准，各大计算机公司研制的网络体系结构只能连接本部门生产的网络设备，互不兼容。因此，人们迫切需要一种开放性的标准化网络环境。1977 年国际标准化组织(International Standardization Organization，ISO)成立专门机构，开始着手制定开放系统互联参考模型。1980 年公布了国际通用的 OSIRM(Open System Interconnection Reference Model)网络体系结构，从而使网络的发展有了统一的标准，结束了各自为政的局面。OSIRM 标志着第三代计算机网络的诞生，是公认的新一代计算机网络体系结构的基础，为普及局域网奠定了基础。

4．第四阶段：多媒体计算机网络——信息高速公路

1986 年，美国国家科学基金会(NSF)建立了自己的基于 TCP/IP 协议的计算机通信网络 NSFNET。到了 1990 年 7 月，NSFNET 发展成为 Internet 的主干网，最终形成了全球范围的 Internet，从而真正实现了资源共享、数据通信和分布处理的目标。

20 世纪 90 年代，随着 Internet 的不断发展，计算机网络被世界上越来越多的人所接受，计算机网络进入一个全新的发展阶段。目前，Internet 已经深入到社会生活的各个领域，成为人们工作、学习、生活中不可缺少的一部分。

为了发展"信息高速公路"，在网络上实现各种多媒体应用，如视频广播、可视电话、远程教学、网上银行等，各种高性能的网络技术和产品相继出现。目前，随着光纤通信技术的应用，多媒体技术迅速发展，计算机网络正朝着综合化、高速化、多媒体化的方向发展，人类已经真正进入了"信息高速公路"时代。

7.1.3　计算机网络的功能

计算机网络的功能主要体现在以下几个方面。

1．数据通信

数据通信是计算机网络最基本的功能，用来快速传送计算机与终端、计算机与计算机之间的各种信息。任何人都需要与他人交换信息，计算机网络提供了最快捷、最方便的途径。利用网络可以实现传真、电子邮件、发布新闻消息、电子数据交换(EDI)、电子公告牌(BBS)、远程登录和浏览等数据通信。

2．资源共享

资源指的是网络中所有的硬件、软件和数据文件。资源共享指的是网络中的用户都能够部分或全部地使用这些资源。

1) 硬件共享

在计算机独立工作模式下，所有的硬件设备都是独占式的，例如在一台计算机上安装的光驱、打印机、扫描仪等，其他计算机无法直接使用。而在计算机网络的环境中，可以方便地实现硬件设备的共享，允许其他用户通过网络来使用，例如可以通过计算机网络使用其他计算机上的打印机、光驱、硬盘等。通过网络共享硬件可以提高设备的利用率，节省重复投资。

2) 软件共享

软件共享是网络用户对网络系统中的各种软件资源的共享，如主计算机中的各种应用软件、工具软件等。

共享软件的原因：一方面是由于有些软件对硬件的要求较高，有的计算机无法安装，可以通过计算机网络使用安装在服务器上的软件；另一方面，软件共享可以更好地进行软件版本的控制。除此之外，在许多没有硬盘的计算机上，即早期的无盘工作站计算机上，软件共享是必须的。

3) 数据共享

数据共享是网络用户对网络系统中的各种数据资源的共享。网上的数据库和各种信息

资源是共享的一个主要内容。因为任何用户都不可能自己搜集齐全所需要的各种信息，况且也没有这个必要，计算机网络提供了这样的便利，全世界的信息资源可通过 Internet 实现共享。

3．分布式处理

随着计算机技术和网络技术的发展，计算机网络的功能也不断地向纵深发展。除了传统的通信和资源共享外，计算机网络已经成为分布式处理任务的重要工具。对于大型的综合性问题，可以将问题的各部分交给不同的计算机分别进行处理，充分利用网络资源，扩大计算机的处理能力，这样处理问题能均衡各计算机的负载，提高处理问题的实效性。

7.1.4　计算机网络的分类

网络分类有很多标准，按照不同的标准，计算机网络有不同的分类方法，我们可以按地理范围、传输介质、传输速率和拓扑结构等分类。

1．按地理范围分类

按网络覆盖的地理范围可以将网络分为局域网(Local Area Network，LAN)、城域网(Metropolitan Area Network，MAN)和广域网(Wide Area Network，WAN)三种类型。

1) 局域网

局域网一般用微型计算机通过高速通信线路相连，覆盖范围一般在 10 km 以内，通常用于一个房间、一幢建筑物或一个单位。采用不同传输能力的传输介质时，局域网的传输速率也不同，一般为 1 Mb/s～1000 Mb/s。局域网是目前使用最多的计算机网络，具有传输可靠、误码率低、结构简单、容易实现等特点。机关、单位、企业、学校都可以使用局域网进行各自的管理。

2) 城域网

城域网是在一个城市范围内建立的计算机通信网络。这种网络的连接距离可以在10 km～100 km，与 LAN 相比，MAN 扩展的距离更长，连接的计算机数量更多，在地理范围上可以说是 LAN 网络的延伸。传输媒介主要采用光缆，传输速率一般在 100 Mb/s 以上。一个 MAN 网络通常连接着多个 LAN 网，例如政府机构的 LAN、医院的 LAN、电信的 LAN、公司企业的 LAN 等。

3) 广域网

广域网又称远程网，覆盖的地理范围很宽，可以是几个城市或几个国家，甚至全球范围，这种网络的连接距离也是没有限制的。广域网一般是由很多不同的局域网、城域网连接而成，是网络系统中最大型的网络，也叫互联网。Internet 是世界上最大的互联网，其国际互联网的名称也因此而得。

2．按传输介质分类

按照网络的传输介质不同可以将计算机网络分为有线网络和无线网络两种。

有线网络指采用同轴电缆、双绞线、光纤等有线介质连接计算机的网络。通常所说的计算机网络一般是指有线网络。

采用无线介质连接的网络称为无线网。目前无线网主要采用三种技术：微波通信、红外线通信和激光通信。其中微波通信用途最广，它利用地球同步卫星作中继站来转发微波信号，通过空气把网络信号传送到具有相应接收设备的其他网络工作站。目前常见的网络通常是把有线网络和无线网络结合起来。

3．按传输速率分类

网络的传输速率有快有慢，传输速率快的称为高速网，传输速率慢的称为低速网。

传输速率的单位是 b/s(比特/秒，也可以写为 bps)。一般将传输速率在 Kb/s～Mb/s 范围的网络称为低速网，在 Mb/s～Gb/s 范围的网络称为高速网。也可以将 Kb/s 网络称为低速网，将 Mb/s 网络称为中速网，将 Gb/s 网络称为高速网。

网络的传输速率与网络的带宽有直接关系。带宽是指传输信道的宽度，带宽的单位是 Hz(赫兹)。按照传输信道的宽度可以分为窄带网和宽带网。一般将带宽在 kHz～MHz 之间的网络称为窄带网，将带宽在 MHz～GHz 之间的网络称为宽带网，也可以将 kHz 带宽的网络称为窄带网，将 MHz 带宽的网络称为中带网，将 GHz 带宽的网络称为宽带网。

4．按拓扑结构分类

计算机网络的物理连接方式叫作网络的物理拓扑结构。按照网络的拓扑结构可以分为星型网络、总线型网络、树型网络、环型网络。关于网络的拓扑结构，将在下一节详细介绍。

另外，按照不同的分类标准，计算机网络可以划分更多的分类。按照网络的通信方式可以分为点对点传输网和广播式传输网；按照网络中各组件的功能可以分为对等网络和基于服务器的网络；按照介质访问协议可以分为以太网、令牌环网和令牌总线网。

7.1.5　计算机网络的拓扑结构

拓扑(Topology)是拓扑学中研究由点、线组成几何图形的一种方法。计算机网络的拓扑结构是指抛开网络中的具体设备，把网络中的计算机抽象为点，把两点间的网络连接抽象为线，用相对简单的拓扑图形式画出网络上的计算机连接方式。常见的网络拓扑结构有以下几种。

1．总线拓扑结构

总线(BUS)拓扑结构由一条高速公用的主干电缆(即总线)连接若干个节点(即终端)，是一种共享通路的物理结构，如图 7-6 所示。这种结构中总线具有消息的双向传输功能，采用广播方式进行通信，网上所有节点都可以接收同一信息，普遍用于局域网的连接，总线一般采用同轴电缆或双绞线。

图 7-6　总线拓扑结构

总线拓扑结构的优点如下：

(1) 总线结构所需要的电缆数量少。

(2) 总线结构简单，可靠性高，节点故障不会殃及系统。

(3) 易于扩充，增加或减少用户比较方便。

总线拓扑结构的缺点如下：

(1) 总线的传输距离有限，通信范围受到限制。

(2) 总线是整个网络的瓶颈，如果出现故障，诊断较为困难。

(3) 分布式协议不能保证信息及时传送，不具有实时功能。

2．星型拓扑结构

星型(Star)拓扑结构以一台设备作为中央节点，其他外围节点都单独连接在中央节点上，形成一种辐射式互联结构，如图 7-7 所示。各个外围节点之间不能直接通信，必须通过中央节点进行通信。这种结构适用于局域网，近年来局域网多数采纳这种连接方式，连接线一般采用双绞线或同轴电缆。

星型拓扑结构的优点如下：

(1) 控制简单，便于调试、维护和管理。

(2) 每个节点直接连到中央节点，故障诊断和隔离容易。

(3) 网络延迟时间较短，误码率较低。

星型拓扑结构的缺点如下：

(1) 安装工作量较大，线路利用率低，成本比较高。

图 7-7 星型拓扑结构

(2) 中央节点的负担较重，一旦出现故障会导致网络的瘫痪。

(3) 各节点的分布处理能力较低。

3．环型拓扑结构

环型(Ring)拓扑结构是把各个相邻的节点相互连接起来构成环状，如图 7-8 所示。各节点通过中继器连接到闭环上，对于任意两个节点之间的数据传送，其信息是单向、沿环、逐点通过转发传送到下一节点，并最终到达目标节点。这种拓扑网络结构采用非集中控制方式，各节点之间无主从关系。

环型拓扑结构的优点如下：

(1) 使用电缆长度短，费用低。

(2) 结构简单，安装比较方便，增加或减少节点时，只需简单的连接操作。

(3) 传输速率高，传输距离远。

环型拓扑结构的缺点如下：

(1) 节点的故障会导致整个网络崩溃。

(2) 故障检测比较困难。

(3) 环型拓扑结构采用令牌传送方式，负载较轻时，信道利用率较低。

图 7-8 环型拓扑结构

4．树型拓扑结构

树型(Tree)拓扑结构实际上是星型拓扑结构的发展
和扩充，是一种倒树型的分级结构，节点按层次进行连
接，具有根节点和各分支节点，如图 7-9 所示。在树型
拓扑结构中，信息交换主要在上下节点之间进行，同层
节点之间一般不进行数据交换。

树型拓扑结构的优点如下：

(1) 通信线路连接简单，易于进行网络的扩展。

(2) 网络管理软件也不复杂，维护方便。

树型拓扑结构的缺点如下：

图 7-9　树型拓扑结构

(1) 资源共享能力差。

(2) 可靠性低，任何一个工作站或链路的故障都会影响整个网络的运行。

7.1.6　计算机网络协议

通俗地说，网络协议(Protocol)就是网络之间沟通、交流的桥梁，只有采用相同网络协
议的计算机才能进行信息的沟通与交流，这就好比人与人之间交流所使用的各种语言，只
有使用相同语言才能正常、顺利地进行交流。

从计算机网络角度来说，网络协议是计算机在网络中实现通信时必须遵守的约定，即
通信协议。一般来说，协议要由如下三个要素组成：

(1) 语义(Semantics)。语义用于解释控制信息每一部分的意义，它规定了需要发出何种
控制信息，以及完成的动作与作出什么样的响应。

(2) 语法(Syntax)。语法是指用户数据与控制信息的结构与格式，以及数据出现的顺序。

(3) 定时(Timing)。定时是指对事件发生顺序的详细说明。

协议本质上无非是一种网上交流的约定，由于联网的计算机类型可以各不相同，各自
使用的操作系统和应用软件也不尽相同，为了保持彼此之间实现信息交换和资源共享，它
们必须具有共同的语言，交流什么、怎样交流及何时交流，都必须遵行某种互相都能够接
受的规则。

网络协议的作用是使网络上各种设备能够相互交换信息。常见的协议有 TCP/IP 协议、
IPX/SPX 协议、NetBEUI 协议等。

1．TCP/IP 协议

TCP/IP(传输控制协议/因特网互联协议)是一种网络通信协议，它规范了网络上的所有
通信设备，是互联网的基础协议，没有它就根本不可能上网，任何和互联网有关的操作都
离不开 TCP/IP 协议。TCP/IP 协议定义了电子设备如何连入因特网，以及数据如何在它们
之间传输的标准。

TCP/IP 尽管是目前最流行的网络协议，但 TCP/IP 协议在局域网中的通信效率并不高，
使用它在浏览"网上邻居"中的计算机时，经常会出现不能正常浏览的现象，此时安装
NetBEUI 协议就能解决这个问题。

2．IPX/SPX 协议

IPX/SPX(互联网络数据包交换/序列分组交换协议)是 IPX 与 SPX 协议的组合，是 Novell 公司为了适应网络的发展而开发的通信协议，具有很强的适应性，安装方便，同时还具有路由功能。其中，IPX 协议负责数据包的传送；SPX 负责数据包传输的完整性。大部分可以联机的游戏都支持 IPX/SPX 协议，比如星际争霸、反恐精英等。虽然这些游戏通过 TCP/IP 协议也能联机，但显然还是通过 IPX/SPX 协议更省事，因为根本不需要任何设置。

IPX/SPX 协议在局域网中的用途似乎并不是很大，如果确定不在局域网中联机玩游戏，那么这个协议可有可无。

3．NetBEUI 协议

NetBEUI 即 NetBIOS 增强用户接口(NetBIOS Enhanced User Interface)。它是 NetBIOS 协议的增强版本，被许多操作系统采用，例如 Windows for Workgroup、Windows 9x 系列、Windows NT 等。NetBEUI 协议在许多情形下很有用，是 Windows 98 之前操作系统的缺省协议。NetBEUI 协议是一种短小精悍、通信效率高的广播型协议，安装后不需要进行设置，特别适合于在"网上邻居"传送数据。所以，小型局域网的计算机也可以安装 NetBEUI 协议。

7.1.7　计算机网络的体系结构

计算机网络体系结构是指计算机网络层次结构模型和各层协议的集合。我们知道，计算机网络是计算机、外围设备和数据传输设备互联的复合系统，在这个系统中，由于计算机型号不同，终端类型不同，线路类型、连接方式、通信方式等也不相同，所以在网络中实现各节点之间的通信并不容易。

为了使复杂的计算机网络能够实现通信任务，早在最初的 ARPANET 设计时就提出了分层的方法。在制定协议时，通常把复杂问题分解成一些简单问题，然后再将它们复合起来。1974 年，美国的 IBM 公司宣布了它研制的系统网络体系结构 SNA(System Network Architecture)，随后各大公司研制出了自己的系统网络体系结构。

为了使不同计算机厂家生产的计算机能够相互通信，以便在更大的范围内建立计算机网络，国际标准化组织(ISO)在 1978 年提出了"开放系统互联参考模型"，即著名的 OSI/RM 模型(Open System Interconnection/Reference Model)。它将计算机网络体系结构的通信协议划分为七层，自下而上依次为：物理层(Physics Layer)、数据链路层(Data Link Layer)、网络层(Network Layer)、传输层(Transport Layer)、会话层(Session Layer)、表示层(Presentation Layer)、应用层(Application Layer)。

1．物理层

物理层是参考模型的最底层。该层定义了网络通信的数据传输介质，由连接不同节点的电缆与设备共同构成。物理层规定了激活、维持、关闭通信端点之间的机械特性、电气特性、功能特性以及过程特性。在这一层中，数据的单位称为比特(bit)。

2．数据链路层

数据链路层是参考模型的第 2 层。该层的主要功能是在物理层提供服务的基础上，在通信实体间建立起数据链路的连接，通过差错控制提供数据帧(Frame)在信道上无差错地传输。在这一层中，数据的单位称为帧。

3．网络层

网络层是参考模型的第 3 层。在计算机网络中进行通信的两个计算机之间可能会经过很多个数据链路，也可能还要经过很多通信子网。网络层的任务就是选择合适的网间路由和交换节点，确保数据及时传送，网络层还可以实现拥塞控制、网际互联等功能。在这一层中，数据的单位称为数据包(Packet)。

4．传输层

传输层是参考模型的第 4 层。该层的主要功能是向用户提供可靠的端到端服务，处理数据包错误、数据包次序，以及其他一些关键传输问题。在通信过程中传输层对上层屏蔽了通信传输系统的具体细节，因此，它是计算机通信体系结构中关键的一层。传输层协议的代表包括 TCP、UDP、SPX 等。

5．会话层

会话层是参考模型的第 5 层。这一层也可以称为会晤层或对话层，主要功能是提供一个面向用户的连接服务，并为会话活动提供有效的组织和同步所必须的手段，为数据传送提供控制和管理。

6．表示层

表示层是参考模型的第 6 层。这一层主要解决用户信息的语法表示问题，主要功能是提供格式化的表示和转换数据服务，包括数据格式变换、数据加密与解密、数据压缩与恢复等。

7．应用层

应用层是参考模型的最高层。该层为操作系统或网络应用程序提供访问网络服务的接口。应用层协议的代表包括 Telnet、FTP、HTTP、SNMP 等。

7.1.8　局域网的软/硬件组成

局域网由网络硬件和网络软件两部分组成。

1．网络硬件

组建局域网需要的网络硬件主要是服务器、网络工作站、网络适配器(网卡)、集线器(HUB)及传输介质等。

1) 服务器

服务器(Server)是以集中方式管理局域网中的共享资源，为网络工作站提供服务的高性能、高配置计算机。常见的有文件、打印和异步通信三种服务器。

2) 网络工作站

网络工作站(WorkStation，WS)简称工作站，是为本地用户访问本地资源和网络资源提供服务的配置较低的计算机。工作站分带盘(磁盘)工作站和无盘工作站两种类型。

3) 网络适配器

网络适配器俗称网卡，是构成网络的基本部件。它是一块插件板，插在计算机主板的扩展槽中，通过网卡上的接口与网络的电缆系统连接，从而将服务器、工作站连接到传输介质上并进行电信号的匹配，实现数据传输。

网卡有多种类型，选择网卡时应从计算机总线的类型、传输介质的类型、组网的拓扑结构、节点之间的距离及网络段的最大长度等方面进行综合考虑。例如针对不同的传输介质，适用于粗缆的网卡有 AUI 接口；适用于细缆的网卡有 BNC 接口；适用于非屏蔽双绞线的网卡有 RJ-45 接口；适用于光纤的网卡有 F/O 接口。现在的网卡一般都有 RJ-45 和 BNC 接口。

4) 集线器

集线器(HUB)是在局域网上广为使用的网络设备，可以将来自多个计算机的双绞线集中于一体，并将接收到的数据转发到每一个端口，从而构成一个局域网，还可以连接多个网段(不包含任何互联设备的网络)，扩展局域网的物理作用范围。

5) 传输介质

传输介质也称为通信介质或媒体，在网络中充当数据传输的通道。传输介质决定了局域网的数据传输速率、网络段的最大长度、传输的可靠性及网卡的复杂性。局域网的传输介质主要是双绞线、同轴电缆和光纤。

(1) 双绞线：局域网所使用的双绞线也分为两类，即屏蔽双绞线(STP)与非屏蔽双绞线(UTP)。典型的屏蔽双绞线由外部保护层、屏蔽层与多对双绞线组成；非屏蔽双绞线由外部保护层与多对双绞线组成。屏蔽双绞线的抗干扰性能优于非屏蔽双绞线。常用的非屏蔽双绞线根据其通信质量一般分为 5 类，局域网中主要使用第 3 类、第 4 类和第 5 类，简称为三类线、四类线和五类线。其中三类线适用 10 Mb/s 以下的数据传输，四类线适用于 16 Mb/s 以下的数据传输，五类线适用于 100 Mb/s 甚至更高速率的数据传输。

(2) 同轴电缆：局域网中使用的同轴电缆由内导体、绝缘层、外屏蔽层和外部保护层组成，分为粗同轴电缆和细同轴电缆两种类型。

(3) 光纤：光纤是一种直径为 50 μm～100 μm 的柔软、能传导光波的介质。玻璃和塑料可以用来制造光纤，其中用超高纯度石英玻璃纤维制作的光纤可以得到最低的传输损耗。光纤传输有许多突出的优点，如频带宽、损耗低、重量轻、抗干扰能力强、保真度高等。

在同轴电缆、双绞线及光纤三种传输介质中，双绞线的价格最低且安装、维护方便；同轴电缆造价介于双绞线和光纤之间，维护方便；光纤的价格高于同轴电缆和双绞线，但光纤具有低损耗、高数据传输速率、低误码率、安全保密性好的特性。

2．网络软件

组建局域网的基础是网络硬件，网络的使用和维护要依赖于网络软件。在局域网上使用的网络软件主要是网络操作系统、网络数据库管理系统和网络应用软件。

1) 网络操作系统

在局域网硬件提供数据传输能力的基础上，为网络用户管理共享资源、提供网络服务功能的局域网系统软件被定义为网络操作系统。

网络操作系统是网络环境下用户与网络资源之间的接口，用以实现对网络的管理和控制。目前，世界上较流行的网络操作系统有 Novell 公司的 NetWare、Microsoft 公司的 Windows NT 或 Windows 8 的 Server 2012、IBM 公司的 LAN Server 等。

它们在技术、性能、功能方面各有所长，支持多种工作环境，也支持多种网络协议，能够满足不同用户的需要，为局域网的广泛应用奠定了良好的基础。

2) 网络数据库管理系统

网络数据库管理系统是一种可以将网上各种形式的数据组织起来，科学、高效地进行存储、处理、传输和使用的系统软件，我们可以把它看作网上的编程工具，如 Visual FoxPro、SQL Server、Oracle、Informix 等。

3) 网络应用软件

网络应用软件是软件开发者根据网络用户的需要，用开发工具开发出的各种应用软件。例如常见的在局域网环境中使用的 Office 办公套件、收银台收款软件等。

7.2 Internet 基本概念

Internet 代表着当代计算机体系结构发展的一个重要方向，由于 Internet 的成功和发展，人类社会的生活理念正在发生变化，Internet 把全世界联成一个地球村，全世界正在为此构筑一个数字地球。

7.2.1 Internet 的发展历程

Internet 的起源要追溯到 1957 年，那一年苏联发射了第一颗人造地球卫星。在这种情况下，美国政府为了加强科技基础设施，提高科学技术水平，创立了高级研究计划局 (ARPA)。ARPA 的主要工作是设计并实施一项工程，帮助科学家进行通信和共享某些计算机资源。

1969 年，诞生了 ARPANET，它连接了加利福尼亚的洛杉矶分校、斯坦福研究生院、犹他州大学以及圣巴巴拉的加利福尼亚大学的计算机，它就是 Internet 的前身，这个只有 4 个节点的网络被称为"网络之父"。到了 1972 年，由于学术研究机构及政府机构的加入，这个系统已经连接了 50 所大学和研究机构的主机。1982 年，ARPANET 又实现了与其他多个网络的互联，形成了以 ARPANET 为主干的互联网。1985 年，美国国家科学基金会使用 ARPANET 技术建成了一个规模大、像网一样的系统，连接了所有的主机以及本地机器，建立了基于 IP 协议的计算机通信网络 NFSNET。

早期的 ARPANET 只对少数的专家和政府要员开放，而以 NFSNET 为主干的互联网则向社会开放。到了 20 世纪 90 年代，随着计算机的普及和信息技术的发展，软件开发者开发了一个用户界面友好的 Internet 访问工具，进一步促进了互联网的迅速普及。现在，Internet 连接了世界上几乎所有的计算机，并为各年龄段的用户提供信息，人类的工作、生活已经与互联网密不可分。

Internet 的中文译名目前没有统一，国际互联网、全球互联网、互联网、因特网等都指 Internet。

7.2.2 中国的 Internet

我国于 1994 年正式接入 Internet，但国内主干网的建设从 20 世纪 90 年代初就开始了。

到 20 世纪末，已先后建成中国科技网(CSTNET)、中国教育和科研网(CERNET)、中国金桥信息网(CHINAGBN)和中国公用计算机互联网(CHINANET)四大中国互联网主干网。其中，前两个为非经营性网络，分别由中国科学院和教育部管理，后两个网为经营性网络，由传统的电信部门管理。

1) 中国科技网

中国科技网是我国建设最早的四大互联网络中的一个。作为非营利性的公益网络，它主要为科技界、科技管理部门、政府部门和高新技术企业服务。

CSTNET 于 1994 年首次实现了我国与 Internet 的直接连接，同时在国内开始管理和运行中国顶级域名 cn，其服务主要包括网络通信服务、域名注册服务、信息资源服务和超级计算服务。网上的科技信息资源有科学数据库、中国科普博览、科技成果、科技管理、技术资料、农业资源和文献情报等，数据量相当大，可以向国内、外用户提供各种科技信息服务。

2) 中国教育和科研网

中国教育和科研网是由国家投资建设，教育部负责管理，清华大学等高等院校承担建设和管理运行的全国性学术计算机互联网络，它主要面向教育和科研单位，是全国最大的公益性互联网络。

CERNET 分四级管理，分别是全国网络中心、地区网络中心和地区主节点、省教育科研网、校园网。CERNET 全国网络中心设在清华大学，负责全国主干网的运行管理。地区的网络中心作为主干网的节点负责地区网的运行管理和规划建设。

3) 中国金桥信息网

中国金桥信息网全称为中国公用经济信息网，是我国经济和社会信息化的基础设施之一，该网是国家"三金(金桥、金关和金卡)"工程的金桥工程，是由吉通通信有限公司承建，并承担该网的运营和管理工作。它是一个可在全国范围内提供 Internet 商业服务的网络之一。

CHINAGBN 是以卫星综合数字业务网为基础，以光纤、无线移动等方式形成天地一体的网络结构，使天上卫星网和地面光纤网互联互通，互为备用，可以覆盖全国各省市和自治区。中国金桥信息网的接入途径包括拨号方式和专线接入方式，其中的专线接入又包括DDN 专线接入方案、点对点微波接入方案、共享微波接入方案和卫星接入方案等。

4) 中国公用计算机互联网

中国公用计算机互联网由信息产业部负责组建，其骨干网覆盖全国各省、自治区、直辖市，以营业商业活动为主，业务范围覆盖所有电话能通达的地区。

自 2003 年 3 月起，信息产业部将南方 21 省资源、原 CHINANET 品牌归属中国电信，电话上网接入号码为 16300 和 16388；北方 10 省资源归属中国网通，其互联网业务为"宽带中国 CHINA169"，电话上网接入号码为 16900。

随着我国国民经济信息化建设迅速发展，拥有连接国际出口的互联网已由上述四家发展成九大网络，新增的五大网络是：

❖ 中国联合通信网(中国联通)：http://www.cnuninet.com；
❖ 中国网络通信网(中国网通)：http://www.cnc.net.cn；

❖ 中国移动通信网(中国移动)：http://www.chinamobile.com.cn;

    ❖ 中国长城宽带网：http://www.cgw.net.cn;

    ❖ 中国国际经济贸易网：http://www.ciet.net。

7.2.3　Internet 的特点

Internet 之所以发展如此迅速，被称为二十世纪末最伟大的发明，是因为 Internet 从一开始就具有的开放、共享、平等、免费和合作的特性所推动的。也正是这些特性，使得 Internet 得到了迅猛的普及。

1．开放性

Internet 是开放的，可以自由连接，而且没有时间和空间的限制，没有地理上的距离概念。只要遵循规定的网络协议，任何人都可以加入 Internet。在 Internet 网络中没有所谓的最高权力机构，网络的运作是由使用者相互协调来决定的，网络中的每一个用户都是平等的。Internet 也是一个无国界的虚拟自由王国，在网络上信息的流动自由、用户的言论自由、用户的使用自由。

2．共享性

网络用户在网络上可以随意调阅别人的网页(Homepage)或访问电子公告板，从中寻找自己需要的信息和资料，还可以通过百度、搜狗等搜索引擎查询更多的资料，另外有一些网站还提供了下载功能，网络用户可以通过付费或免费的方式来共享相关的信息或文件等。

3．平等性

在 Internet 上是人人平等的，一台计算机与其他任何一台计算机都是一样的，网络用户无论老少，无论美丑，无论是学生、商界管理人士，还是建筑工人、残疾人都没有关系，大家是通过网络进行交流，一切都是平等的。个人、企业、政府组织之间也是平等的、无等级的。

4．低廉性

Internet 是从学术信息交流开始，人们已经习惯于免费使用。进入商业化之后，网络服务供应商(ISP)一般采用低价策略占领市场，使用户支付的通讯费和网络使用费等大为降低，增加了网络的吸引力。

5．交互性

网络的交互性是通过三个方面实现的：其一是通过网页实现实时的人机对话，这是通过在程序中预先设定的超文本链接来实现的；其二是通过电子公告板或电子邮件实现异步的人机对话；其三是通过即时通讯工具实现的，如腾讯 QQ、微软的 MSN 等。

另外，Internet 还具有合作性、虚拟性、个性化和全球性的特点。Internet 是一个没有中心的自主式开放组织，Internet 的发展强调的是资源共享和双赢发展的模式。

7.2.4　TCP/IP 协议

在 Internet 上规定使用的网络协议标准是 TCP/IP 协议。

TCP/IP 是传输控制协议/因特网互联协议(Transport Control Protocol/Internet Protocol)的

缩写，它是每一台连入 Internet 的计算机都必须遵守的通信标准。有了 TCP/IP 协议，Internet 就可以有效地在计算机、Internet 网络服务提供商之间进行数据传输，不再会有任何隔阂。

TCP/IP 协议并不完全符合 OSI/RM 模型。传统的开放系统互联参考模型是一种通信协议的七层抽象参考模型，其中每一层执行某一特定任务，该模型的目的是使各种硬件在相同的层次上相互通信。而 TCP/IP 通信协议采用了四层的层次结构，即应用层、传输层、互联网络层和网络接口层。

应用层主要向用户提供一组常用的应用程序，比如电子邮件、文件传输访问、远程登录等，应用层协议主要包括 SMTP、FTP、TELNET、HTTP 等。

传输层负责传送数据，并且确定数据已被送达并接收。它提供了节点间的数据传送服务，如传输控制协议(TCP)、用户数据报协议(UDP)等，TCP 和 UDP 给数据包加入传输数据并把它传输到下一层中。

互联网络层负责相邻计算机之间的通信，提供基本的数据封包传送功能，让每一块数据包都能够到达目的主机。网络层协议包括 IP、ICMP、ARP 等。

网络接口层主要对实际的网络媒体进行管理，定义如何使用实际网络(如 Ethernet、Serial Line 等)来传送数据。

TCP/IP 协议包括传输控制协议 TCP 和网际协议 IP 两部分。

1．TCP 协议

TCP 协议提供了一种可靠的数据交互服务，是面向连接的通信协议。它对网络传输只有基本的要求，通过呼叫建立连接、进行数据发送、最终终止会话，从而完成交互过程。它从发送端接收任意长的报文(即数据)，将它们分成每块不超过 64 KB 的数据段，再将每个数据段作为一个独立的数据包传送。在传送中，如果发生丢失、破坏、重复、延迟和乱序等问题，TCP 就会重传这些数据包，最后接收端按正确的顺序将它们重新组装成报文。

2．IP 协议

IP 协议主要规定了数据包传送的格式，以及数据包如何寻找路径最终到达目的地。由于连接在 Internet 上的所有计算机都运行 IP 软件，使具有 IP 格式的数据包在 Internet 世界里畅通无阻。在 IP 数据包中，除了要传送的数据外，还带有源地址和目的地址。由于 Internet 是一个网际网，数据从源地址到目的地址，途中要经过一系列的子网，靠相邻的子网一站一站地传送下去，每一个子网都有传送设备，它根据目的地址来决定下一站传送给哪一个子网。如果传送的是电子邮件，且目的地址有误，则可以根据源地址把邮件退回发信人。IP 协议在传送过程中不考虑数据包的丢失或出错，纠错功能由 TCP 协议来保证。

上述两种协议，一个实现数据传送，一个保证数据的正确，两者密切配合，相辅相成，从而构成 Internet 上完整的传输协议。

7.2.5　IP 地址和域名

一般住房总有个门牌号码，这样邮递员才能把邮件准确无误地投寄到您的手中。在 Internet 中，为了实现与其他用户的通信，使用 Internet 上的资源，必须使用 IP 地址唯一标识 Internet 上的网络实体。为了便于记忆和理解，Internet 引入了一种用字符表示的域名来代表 IP 地址。

1．IP 地址

Internet 上连接的计算机数以千万计，如何来辨认要进行数据传送的目的计算机呢？根据 IP 协议规定，在 Internet 上的每一台计算机，都必须拥有一个 Internet 地址(IP 地址)，并且以系统的方法，按国家、区域、地域等一系列的规则来分配，以确保数据在 Internet 上快速、准确地传送。在 Internet 上，IP 地址是唯一的，一个主机对应一个 IP 地址。

IP 地址是一个 32 位的二进制无符号数，难以书写和记忆，因此，国际上通用一种"点分十进制"表示法，即将 32 位地址分成 4 组，每组 8 位，然后把每一组转换成十进制数，两相邻组之间用小数点"．"分隔。8 位二进制数(00000000～11111111)对应的十进制数范围为 0～255。例如，某台主机的 IP 地址是：

11000000101010001000011101000001

该 IP 地址采用"点分十进制"表示如图 7-10 所示。

进制	IP 地址				缩写后的 IP 地址
二进制	11000000	10101000	10000111	01000001	192.168.135.65
十进制	192	168	135	65	

图 7-10　"点分十进制"表示 IP 地址

其中，192.168.135.65 就是我们平时看到的 IP 地址形式。

采用"点分十进制"表示法可使 Internet 容纳 40 亿台计算机。

用户如果使用电话拨号上网，当用户的计算机连接到 Internet 上时，网络服务商(ISP)会临时分配给用户一个 IP 地址；如果使用专线上网，则必须事先申请一个专有 IP 地址。

2．域名系统

尽管利用 IP 地址就可以在计算机之间进行通信，但要记住这一串长长的数字不太容易，为此 Internet 引入了一种用字符表示的域名来代表 IP 地址。但是在 Internet 上是以 IP 地址来区分计算机的。因此，使用域名作为计算机的网址时，必须借助于域名服务器 DNS(Domain Name System)完成域名到 IP 地址的解析工作。

域名的写法类似于"点分十进制"的 IP 地址，用圆点将各级子域名分隔开，域的层次序列从右到左(即由高到低)，分别称为顶级域名、二级域名、三级域名等。典型的域名结构为：主机名.单位名.机构名.国家名。例如"www.sina.com.cn"，其中 sina 表示新浪公司的域名，com 表示域名所有者的性质为商业机构，cn 表示国家为中国。

网络中常见的机构或组织类型的域名及其含义如表 7-1 所示。

表 7-1　常见的机构或组织域名表

组织或域名	含义	组织或域名	含义
com	商业机构	mil	军队机构
edu	教育机构	net	网络机构
gov	政府部门	org	非营利性机构
int	国际机构		

另外,为了适应 Internet 在全球范围内的使用,在域名中增加了国家或地区的域名部分,规定采用两个字母表示国家或地区,主要国家或地区域名如表 7-2 所示。

表 7-2　常用的国家或地区域名表

国家或地区域名	含义	国家或地区域名	含义
cn	中国	ca	加拿大
hk	香港	uk	英国
tw	台湾	jp	日本
fr	法国	us	美国

3. URL 地址

在 WWW 上每一信息资源都有统一的且在网上唯一的地址,该地址就叫 URL(Uniform Resource Locator),它是 WWW 的统一资源定位标志。URL 就像域名一样,也是 Internet 上的地址,但 URL 是计算机上网页文件的地址,而域名对应的是计算机的 IP 地址。URL 由三部分组成:资源类型、存放资源的主机域名及网页文件名。

当用浏览器(如 IE)浏览网页时,每一个网页都有唯一的 URL 地址,例如:

　　　　http://www.tsinghua.edu.cn

其中,http 是 Hyper Text Transfer Protocol(超文本传输协议)的缩写,表示该资源类型是超文本信息;www.tsinghua.edu.cn 是清华大学的主机域名。在 IE 浏览器的地址栏中输入上述 URL 地址,就可以打开该网站的主页。值得注意的是,当 URL 省略网页文件名时,表示定位于 Web 站点的主页。

7.2.6　Internet 的应用

通过 Internet 可以进行全球电子邮件通信、查询和检索各种信息等。Internet 的应用领域包括教育、科研、娱乐、购物、广告、旅游、可视电话会议、讨论小组、公司项目管理以及电子商务等。

Internet 发展到今天,提供的信息资源非常丰富,任何人在 Internet 上都可以找到他所感兴趣的主题,Internet 已经成为了信息资源的"海洋"。这里将介绍一下最常用的 Internet 应用。

1. 远程登录

远程登录(Telnet)是 Internet 提供的基本服务之一,它允许用户在本地机器上对远方节点进行账号注册,注册成功后,可以把本地机器看作远方节点的一个终端,从而使用远方机器上的软、硬件资源。

远程登录的作用就是把本地主机作为远程主机的一台仿真终端使用,这是一种非常重要的 Internet 基本服务。事实上,Internet 上的绝大多数服务都可通过 Telnet 进行访问。

2. 文件传输

文件传输(FTP)是 Internet 的主要用途之一。使用基于 FTP 的文件传输程序可以登录到 Internet 上的一台远程计算机,把其中的文件传送回自己的计算机系统,或者将本地计算机上的文件传送到远程计算机中。

3．电子邮件

在 Internet 上，电子邮件(E-mail)系统拥有的用户最多，是最受欢迎的通信方式。用户可以通过 E-mail 系统同世界上任何地方的朋友交换电子邮件，只要对方也是 Internet 的用户。

电子邮件服务是计算机网络中应用最广泛和使用最频繁的一项服务。由于它的使用，加速了世界范围内的数据交换和信息传播。

4．信息浏览

信息浏览(World Wide Web，WWW)是一个基于超文本文档的分布式 Internet 数据库系统，用于描述 Internet 上所有可用信息和多媒体资源。

WWW 系统有时又称为 Web 系统，是由无数网页(Web Page)组合在一起的信息世界。这些网页使用了一种被称为 HTML(超文本标记语言)格式的文件，所谓超文本是一种非常简单的结构，它在普通文本的基础上增加了链接(Link)功能，即可以很方便地通过链接从一个页面跳到另一个页面，而这些页面遍布 Internet 世界。Web 页面的链接是非常神奇的，它使原本孤立、静止的文本有了互动的能力，这种互动的形式为人们搜索信息、获取知识提供了方便。

5．新闻组

新闻组(Newsgroups)并非是传递新闻的地方，而是一种论坛，是 Internet 上一种让人们分享信息、交换意见与知识的地方。在新闻组上包含了科学、艺术、政治、商务、医疗、教育、娱乐等各方面的讨论主题。

新闻组成员必须使用一种称为 Newsread 的程序来访问新闻组，也可以使用 Outlook Express 访问新闻组，新闻组中的信息通常是保存在称为新闻服务器(News servers)的计算机中。

6．电子公告板

电子公告板系统(Bulletin Board System，BBS)是一种远程电子通信手段。现在很多 BBS 在 Internet 上已经变成纯粹的"讨论区"，主要功能就是将所需内容以电子公告的形式进行发布，目前延伸为个人与个人、企业与个人、企业与企业之间的交流。

7．即时通讯

即时通讯(Instant Messenger，IM)是指通过互联网和其他网络开展的实时通信。全世界第一个即时通讯软件是 ICQ。目前国内最为流行的即时通讯软件是腾讯 QQ，它以良好的中文界面和不断增强的功能形成了一定的 QQ 网络文化。除此以外，还有腾讯的微信、微软的 MSN、网易的 POPO、多玩 YY 等都是各具特色的即时通讯工具，主要功能包括文字聊天、语音聊天、传送文件、远程协助、视频聊天、发送短信等。

7.3　浏览器的使用

随着计算机与网络技术的迅猛发展，互联网已经深入到人们日常生活的每一个角落，并且极大地影响和改变了人们的生活和工作方式。互联网为我们提供了丰富的网络资源，有效地利用它们，可以为我们的工作、学习和生活带来很多帮助。当计算机连接了互联网以后，我们就进入了一个信息的"海洋"，这时可以在网上尽情地"冲浪"。本节将介绍 Internet 的基本应用。

上网必须要有浏览器，没有浏览器，就无法实现"网上冲浪"。网络浏览器是一种接受用户的请求信息后，到相应网站获取网页内容的专用软件。

7.3.1　常见的浏览器

最常见的网络浏览器就是微软的 Internet Explorer，除此之外，还有一些比较常见的浏览器，下面简要介绍几款网络浏览器。

1. Internet Explorer

Internet Explorer(旧称 Microsoft Internet Explorer、Windows Internet Explorer，简称 IE 或 MSIE)是微软公司推出的图形用户界面网页浏览器，曾是使用最广泛的网页浏览器之一。自从 1995 年开始，它被内置在各个新版本的 Windows 作业系统作为默认浏览器，也是微软Windows 操作系统的组成部分。

2015 年 3 月，微软确认将放弃 IE 品牌，转而到 Windows 10 上，以 Microsoft Edge 取代它，并停止发布 Internet Explorer 11 之前版本的安全性更新。

2. 谷歌浏览器

谷歌浏览器(Google Chrome)是由Google 公司开发的免费网页浏览器。该浏览器基于其他开源软件撰写，包括 Apple WebKit 和 Mozilla Firefox，目标是提升稳定、速度和安全性，并创造出简单且高效的使用者界面。

软件的名称是来自于称作 Chrome 的网络浏览器GUI（图形使用者界面）。其beta 测试版本在 2008 年 9 月 2 日发布，提供 50 种语言版本，有 Windows、OS X、Linux、Android 以及 iOS 版本提供下载。

3. 360 安全浏览器

360 安全浏览器简称 360SE，是互联网上非常好用和安全的浏览器，它以全新的安全防护技术向浏览器安全界发起了挑战，号称全球首个"防挂马"浏览器。

木马已经取代病毒成为当前互联网上最大的威胁，90%的木马用挂马网站通过普通浏览器入侵，每天有 200 万用户访问挂马网站中毒。360 安全浏览器拥有全国最大的恶意网址库，采用恶意网址拦截技术，可自动拦截挂马、欺诈、网银仿冒等恶意网址。

除了安全防护方面具有"百毒不侵"的优势以外，360 安全浏览器在速度、资源占用、防假死不崩溃等基础特性上同样表现优异，在功能上则拥有翻译、截图、鼠标手势、广告过滤等几十种实用功能。

4. 火狐浏览器

火狐浏览器(Mozilla Firefox)体积小、速度快，是一个开源网页浏览器，使用 Gecko 引擎（即非 IE 内核），由 Mozilla 基金会与数百个志愿者共同开发，适用于 Windows、Linux

和 MacOS X 平台。

火狐浏览器内置了分页浏览、广告拦截、即时书签、界面主题、下载管理器和自定义搜索引擎等功能，用户可以根据需要添加各种扩展插件来满足个人的要求。另外，它对最新的 HTML、XHTML、CSS、Java Script、MathML、XSLT 和 XPath 的支持很完整，还支持 PNG 格式图片的透明图层以及大部分 CSS2 和一部分 CSS3。

5．世界之窗

世界之窗(The World)浏览器是一款采用 IE 内核的多选项卡浏览器，具有广告拦截、一键上网、贴心搜索等多项功能，没有任何功能限制，不捆绑任何第三方软件，可以干净卸载。

世界之窗浏览器兼容微软 IE 浏览器，可运行于 Windows 2000/XP 系列操作系统上，并且要求系统已经安装了 IE，推荐运行在 IE 5.5 以上的版本，具有多线程窗口框架、浏览器性能优化、全新界面布局、自行开发的界面库等特性。

6．傲游浏览器

傲游(Maxthon)浏览器是基于 IE 内核，并有所创新的个性化多选项卡浏览器，它允许在同一个窗口中打开多个页面，减少浏览器对系统资源的占用，提高网上冲浪的效率。同时它又能有效防止恶意插件，阻止各种弹出式、浮动式广告，加强网上浏览的安全。傲游无论从功能设计、界面设计还是交互设计上都是非常优秀的。

傲游的插件比 IE 更加丰富，按照浏览器可分为傲游插件和 IE 插件；按照代码性质可分为 Script 插件、COM 插件和 EXE 插件。

傲游集成了 RSS 阅读功能，阅读 RSS 时需要先打开傲游侧边栏。软件内置了 Maxthon、新浪网、百度网、天极网、新华网五个类别，只要打开其中一个列表，就会看到它们的子类别。

7.3.2　认识 IE 的界面构成

使用 Internet Explorer 浏览信息，首先需要启动 IE 浏览器。启动 Internet Explorer 方法很简单，如果计算机已经连接上网，双击桌面上的 图标，即可启动 IE 浏览器。

启动 IE 浏览器后，显示 IE 主页窗口，本节简单介绍界面构成，如图 7-11 所示。

IE 窗口的组成如下：

❖　地址栏：用于输入或显示当前网页的 URL 地址，其前方的两个按钮分别是"返回"和"前进"，用于转到上一次查看的网页或者转到下一个网页。

❖　选项卡：显示当前网页的标题，每打开一个网页就会出现一个选项卡，单击其右侧的"×"号可以关闭当前网页。

❖　菜单栏：提供对 IE 的大部分操作命令。

❖　网页信息区：显示包括文本、图像、声音、动画、视频等网页信息。

❖　状态栏：显示当前的工作状态，并且可以改变网页的显示比例。

选项卡

菜单栏

网页信息区

地址栏

状态栏

图 7-11　Internet Explorer 浏览器窗口

7.3.3　轻松浏览 Web 页

在 IE 浏览器中所看到的画面就是网页，也称为 Web 页。多个相关的 Web 页一起构成了一个 Web 站点，放置 Web 站点的计算机称为 Web 服务器。

浏览 Web 页上的信息可以使用多种方法，如直接在 IE 浏览器的地址栏中输入网站的网址、在 Web 页面中通过超链接进入、通过历史记录或收藏夹进入。

1．浏览指定的 Web 页

连接到 Internet 以后，打开 IE 浏览器，只要在浏览器的地址栏中输入 Web 页的地址，就可以访问任何一个连接在 Internet 上的 Web 页。

所有的网页都有一个被称为统一资源定位器(URL)的地址。URL 是指网页所在的主机名称及存放的路径。每一个 Web 页都有自己唯一的地址，URL 是在 Internet 上标准化的网页地址，其一般格式为：访问协议://<主机.域>[:端口号]/路径/文件名，例如"http://www.hzu.gx.cn/xww.htm"。

浏览指定的 Web 页的操作步骤如下：

(1) 单击浏览器地址栏中的网址，使地址栏中的字符反白显示，如图 7-12 所示。

图 7-12　使地址栏中的字符反白显示

(2) 输入要浏览的 Web 页地址，如"http://www.hzu.gx.cn"。

(3) 按下回车键，即可打开相应的 Web 页。

2．浏览最近访问过的 Web 页

在 IE 浏览器地址栏的下拉列表和历史记录浏览栏中保存着用户近期浏览过的网站地址。如果要访问的网站是近期曾经浏览过的，可以在地址栏下拉列表或历史记录浏览栏中快速访问 Web 页，而无需在地址栏中重新输入网址。

如果要浏览最近访问的网站，最简单的方法就是使用地址栏下拉列表访问，具体操作步骤如下：

(1) 打开 IE 浏览器窗口。

(2) 打开地址栏下拉列表，如图 7-13 所示。

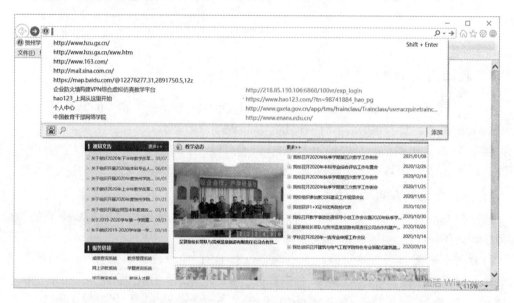

图 7-13　地址栏下拉列表

(3) 在地址栏下拉列表中选择要访问的 Web 页地址，即可在网页信息区打开相应的 Web 页。

另外，如果用户访问过的 Web 页地址不在下拉列表中，还可以使用历史记录浏览栏。历史记录浏览栏中存放了用户最近访问过的 Web 页地址。用户可以凭借日期、站点、访问次数、今天的访问次序等条件快速访问曾经打开过的 Web 页。

使用历史记录浏览栏访问网页的操作步骤如下：

(1) 打开 IE 浏览器窗口。

(2) 单击菜单栏中的【查看】/【浏览器栏】/【历史记录】命令，或者单击地址栏右侧的 ★ 按钮，打开历史记录浏览栏，如图 7-14 所示。

(3) 在历史记录浏览栏下方的下拉列表中可以选择显示依据，如选择【按日期查看】选项，系统将显示指定日期范围内用户曾浏览过的 Web 页地址列表。

(4) 在历史记录浏览栏的 Web 页地址列表中选择要浏览的 Web 页地址，即可打开指定的 Web 页。

图 7-14　历史记录浏览栏

3．收藏 Web 页

对于经常浏览的 Web 页地址，用户可以将它保存在浏览器的收藏夹中。收藏夹是 IE 为用户准备的一个专门存放自己喜爱的 Web 页的文件夹。把 Web 页地址保存到收藏夹以后，用户不仅可以通过收藏夹直接打开相应的 Web 页，还可以在没有联网的脱机状态下重新显示该 Web 页。将 Web 页添加到收藏夹的具体操作步骤如下：

(1) 打开要收藏的 Web 页。

(2) 单击菜单栏中的【收藏】/【添加到收藏夹】命令，则弹出【添加收藏】对话框，如图 7-15 所示。

图 7-15　【添加收藏】对话框

(3) 单击 添加(A) 按钮，可以将 Web 页地址添加到收藏夹中。

7.3.4　设置 IE 默认主页

使用 Internet Explorer 查看网页信息时，可以根据需要更改 Internet Explorer 的设置，例如将经常查看的网页设置为主页，一旦启动 IE 浏览器，就会自动打开该 Web 页。假设我们要把 360 网站的首页设置为主页，可以按如下步骤操作：

(1) 在浏览器地址栏中输入"http://hao.360.cn/"，进入 360 网站的首页。

(2) 单击菜单栏中的【工具】/【Internet 选项】命令，在打开的【Internet 选项】对话框中切换到【常规】选项卡，如图 7-16 所示。

(3) 在【主页】选项组中单击 使用当前页(C) 按钮，并单击 确定 按钮，即可完成设置。

另外，如果在【主页】文本框中输入相应的主页地址，然后单击 确定 按钮，可以将当前输入的地址设置为主页。单击 使用默认值(F) 按钮，可以使用浏览器生产商 Microsoft 公司的首页作为主页；单击 使用新标签页(U) 按钮，系统将设置一个常用的新标签页为主页，即 about:Tabs，这时启动 IE 浏览器将出现常用的新标签页。

图 7-16 【Internet 选项】对话框

7.3.5 清除 IE 的使用痕迹

上网过程中，IE 会将下载的部分网页信息存储在本地磁盘的 Internet 临时文件夹中。当使用 IE 的时间比较长时，其中就会存在大量的历史记录，如临时文件、Cookies、历史记录和表单数据等，如果要对它们进行清理，可按如下步骤进行操作：

(1) 启动 IE 浏览器，单击菜单栏中的【工具】/【Internet 选项】命令。

(2) 在打开的【Internet 选项】对话框中可以看到有五组选项，切换到【常规】选项卡，如图 7-17 所示。

(3) 在【浏览历史记录】选项组中单击 删除(D)... 按钮，在弹出的【删除浏览历史记录】对话框中选择要删除的选项，如图 7-18 所示。

图 7-17 【常规】选项卡

图 7-18 【删除浏览历史记录】对话框

(4) 单击 删除(D) 按钮，返回【Internet 选项】对话框，最后单击 确定 按钮确认操作即可。

7.3.6　保存网页信息

浏览网页的时候，网页中会有大量的图文信息，如果这些内容非常重要，我们可以将它保存下来。保存网页的具体操作步骤如下：

(1) 打开要保存的网页。

(2) 单击菜单栏中的【文件】/【另存为】命令，如图 7-19 所示。

图 7-19　执行【另存为】命令

(3) 打开【保存网页】对话框，在对话框中设置保存位置、文件名称以及保存类型等选项，单击 保存(S) 按钮，即可完成保存网页的操作，如图 7-20 所示。

图 7-20　保存网页

注意：保存网页时，如果选择保存类型是"网页，全部"，保存后将产生多个文件夹，用于放置网页中的图片等；如果选择保存类型是"Web 文档，单个文件"，保存后只有一个文件；如果选择保存类型是"文本文件(*.txt)"，则只保存网页中的文本信息。

7.4 搜 索 引 擎

要想快速地找到所需的资源，需要借助于搜索引擎。在网络上，提供搜索功能的网站非常多，如百度、谷歌、搜狗等，另外有一些门户网站也提供了搜索功能，如新浪、网易、搜狐、腾讯等，在这些网站上都可以搜索到我们需要的信息。

7.4.1 认识搜索引擎

搜索引擎(Search Engine)是为用户提供检索服务的系统，它根据一定的策略，运用特定的计算机程序搜集互联网上的信息，并对信息进行组织和处理，将处理后的结果显示给用户。

通俗地理解，搜索引擎就是一个网站，但它专门为网民们提供信息检索服务。与一般网站的区别是，它自动搜寻 Web 服务器的信息，然后将信息进行分类、建立索引，再把索引的内容放到数据库中，供用户进行检索。搜索引擎的工作过程分为三个方面：

第一，抓取网页。每个搜索引擎都有自己的网页抓取程序，通常称为"蜘蛛"(Spider)程序、"爬虫"(Crawler)程序或"机器人"(Robot)程序，这三种称法意义相同，作用都是顺着网页中的超链接连续抓取网页，被抓取的网页称为网页快照。

第二，处理网页。搜索引擎抓取网页以后，需要进行一系列处理工作，例如提取关键字、建立索引文件、删除重复网页、判断网页类型、分析超链接等，最后送至网页数据库。

第三，提供检索服务。当用户输入关键字进行检索时，搜索引擎将从网页数据库中找到匹配的网页，以列表的形式罗列出来，供用户查看。

7.4.2 搜索引擎的基本类型

按照搜索引擎的工作方式划分，可以将搜索引擎分为四种基本类型。

1. 全文索引

全文索引引擎是名副其实的搜索引擎，国外代表有 Google，国内则有著名的百度搜索。它们都是从互联网提取各个网站的信息并建立网页数据库，然后从数据库中检索与用户查询条件相匹配的记录，按一定的排列顺序返回结果。

全文搜索引擎可分为两类：一类拥有自己的网页抓取、索引与检索系统，Google 和百度都属于此类；另一类则是租用其他搜索引擎的数据库，例如 Lycos 搜索引擎。

2. 目录索引

目录索引虽然有搜索功能，但严格意义上不能称为真正的搜索引擎。它将网站链接按照不同的分类标准进行分类，然后以目录列表的形式提供给用户，用户不需要依靠关键字

(Keywords)来查询，按照分类目录就可以找到所需要的信息。

目录索引中最具代表性的网站就是 Yahoo，另外，国内的新浪、网易也属于这一类。它们将互联网中的信息资源按照一定的规则整理成目录，用户逐级浏览就可以找到自己所需要的内容。

3．元搜索引擎

元搜索引擎又称多搜索引擎，它是一种对多个搜索引擎的搜索结果进行重新汇集、筛选、删并等优化处理的搜索引擎。"元"(Meta)为"总的""超越"之意，元搜索引擎就是对多个独立搜索引擎的整合、调用、控制和优化利用。

元搜索的最大特点是没有独立的网页数据库。比较著名的元搜索引擎有 InfoSpace、Dogpile、Vivisimo 等，国内目前比较好的元搜索只有比比猫。

4．垂直搜索引擎

垂直搜索引擎是 2006 年以后逐步兴起的一种搜索引擎，它专注于特定的搜索领域和搜索需求，如搜索机票、旅游、生活、小说等。垂直搜索引擎是针对某一个行业的专业搜索引擎，是通用搜索引擎的细分和延伸，它对网页数据库中的某类信息进行整合，抽取出需要的数据进行处理并返回给用户。

7.4.3　搜索引擎的基本法则

通过搜索引擎来查找自己想要的网址或信息是最快捷的方法，因此掌握基本的搜索语法及使用方法是十分必要的。在使用关键字实现搜索的过程中，主要运用好以下几个法则即可，它们分别是 AND(与)、OR(或)、NOT(非)。

1．逻辑"与"的关系

逻辑"与"表示求交集，例如"青年&教师"。使用搜索引擎填写关键字时，可以使用空格、逗号、加号和&表示"与"的关系，例如要搜索西安电子科技大学出版社的单片机方面的图书，可以输入关键字"西安电子科技大学版社，单片机"，这样就可以得到两个关键字的交集，只有同时满足这两个条件的内容才被罗列出来。

2．逻辑"或"的关系

逻辑"或"表示求并集，例如"教授 | 高工"。在搜索引擎中填写关键字时，可以使用字符" | "表示"或"的关系，例如要搜索"张学友"或者"刘德华"的信息，可以输入关键字"张学友 | 刘德华"，这样就可以得到两个关键字的并集，满足任何一个条件的内容都会罗列出来。

3．逻辑"非"的关系

逻辑"非"表示排除关系，在搜索引擎中填写关键字时，使用减号表示"非"的关系，例如要搜索"Photoshop 教程"，但不包括"英文"的信息，可以输入关键字"Photoshop 教程 -英文"，这里的"-"必须是英文字符，并且前面必须留有一个空格。

7.4.4　确定关键字的原则

搜索网络信息时，关键字的选择非常重要，它直接影响搜索的结果。关键字的选择要准确，有代表性，符合搜索的主题。确定关键字时可以参照以下原则：

(1) 提炼要准确。提炼查询关键字时一定要准确，如果查询的关键字不准确，就会搜索出大量的无关信息，与自己要查询的内容毫不相关。

(2) 切忌使用错别字。在搜索引擎中输入关键字时，最好不要出现错别字，特别是使用拼音输入法时，要确保输入关键字的正确性。如果关键字中使用了错别字，会大大降低搜索的效率，致使返回的信息量变少，甚至搜索到错误信息。

(3) 不要使用口语化语言。我们的日常交流主要运用口语，但是在网络上搜索信息时，要尽可能避免使用口语作为关键字，这样可能得不到想要的结果。

(4) 使用多个关键字。搜索信息时要学会运用搜索法则，运用多个关键字来缩小搜索范围，这样更容易得到结果。

7.5 电子邮件的使用

网络技术的发展改变了我们的生活。以前需要通过邮局才能收发的信件，现在可以通过互联网的电子邮箱来实现，真正实现了无纸化通信，既经济方便，又快速迅捷。电子邮件是办公、交友的实用工具之一。

7.5.1 认识电子邮件

电子邮件即 E-Mail，是指通过计算机网络进行传送的邮件，它是 Internet 的一项重要功能。电子邮件是现代社会进行通信，传输文字、图像、语音等多媒体信息的重要渠道。电子邮件与人工邮件相比，具有速度快、可靠性高、价格便宜等优点，而且不像电话那样要求通信双方必须同时在场，也可以一信多发，或者将多个文件集成在一个邮件中传送等。所以，电子邮件的优点也是电话和传真所无法比拟的。

7.5.2 电子邮件地址格式

使用电子邮件要有一个电子邮箱，用户可以向 Internet 服务提供商提出申请。电子邮箱实际上是在邮件服务器上为用户分配的一块存储空间，每个电子邮箱对应着一个邮箱地址(或称为邮件地址)，其格式如下：

用户名@域名

其中，用户名是用户申请电子信箱时与 ISP 协商的一个字母与数字的组合；域名是 ISP 的邮件服务器；字符"@"是一个固定符号，发音为英文单词"at"。

例如：hzxyjsj@163.com 就是一个电子邮件地址。

7.5.3 申请免费电子邮箱

Internet 上有很多网站都为用户提供免费电子邮箱，下面以申请 163 邮箱为例，介绍申请免费电子邮箱的方法。

(1) 启动 IE 浏览器并在地址栏中输入"http://email.163.com"，按下回车键，进入网易邮箱网页，单击其中的"注册网易免费邮"文字链接，如图 7-21 所示。

图 7-21　网易 163 邮箱网页

(2) 进入申请网易邮箱的页面，这里提供了两种注册方式：一是免费邮箱；二是 VIP 邮箱。这里选择前一项并根据提示输入邮箱地址、密码和手机号，然后单击 立即注册 按钮，如图 7-22 所示。

(3) 这时进入注册邮箱的第二步，要求手机扫码进行验证。用户输入手机号码以后，扫描二维码，点击发送短信，如图 7-23 所示。

图 7-22　输入邮箱名称和密码

图 7-23　扫描二维码

(4) 这时进入注册邮箱的第三步，点击注册页的"立即注册"按钮完成注册。进入新建的邮箱，如图 7-24 所示。

图 7-24　邮箱首页

7.5.4　Web 格式邮件的使用

要收发电子邮件时必须先登录邮箱。一般情况下，通过网站的主页就可以直接登录邮箱，登录时只需要输入邮箱名称和密码。另外，在邮箱的主页面中也可以直接登录邮箱，进入邮箱以后就可以处理邮件了。

1. 编写并发送邮件

编写并发送邮件的具体操作方法如下：

(1) 进入邮箱以后单击 [写信] 按钮，进入写信页面。

(2) 在【收件人】文本框中输入对方的邮址，在【主题】文本框中输入邮件内容的简短概括，方便收件人查阅，如图 7-25 所示。

图 7-25　输入对方的邮址及邮件主题

(3) 在邮件编辑区中输入邮件的正文内容，利用【格式】工具栏可以格式化文本，编辑完信件以后，单击 [发送] 按钮即可发送邮件，如图 7-26 所示。

图 7-26　输入并发送邮件

注意：如果要把同一封电子邮件发送给多个人，则在【收件人】后面点击加号即可添加多个收件人。

2．添加附件

附件是单独的一个电脑文件，可以附在邮件中一起发给对方。撰写邮件时，一般情况下只写邮件正文，而其他的文件，如图片、音乐或动画等文件则通过添加附件的方式发送给对方。

添加附件时，由于不同网站的邮箱容量不一样大，对附件的大小要求也不一样，因此添加附件前要了解邮箱对附件大小的要求，同时还要知道对方邮箱容量的大小，如果添加的附件较大，可以先将它们压缩，以减小附件大小，并缩短收发邮件的时间。添加附件的具体操作方法如下：

(1) 按照前面的方法撰写邮件，分别写好收件人地址、主题、邮件正文等，然后单击【添加附件】按钮，如图 7-27 所示。

(2) 在弹出的【选择要加载的文件】对话框中选择要添加的文件，单击 <u>打开(O)</u> 按钮则将该文件添加为附件，如图 7-28 所示。

图 7-27　添加附件

图 7-28　选择要添加的文件

(3) 用同样的方法，可以添加其他附件。如果要删除已添加的附件，可以单击附件名称右侧的 删除 按钮将其删除。

(4) 单击【发送】按钮，则附件将与邮件正文一起发送到对方的邮箱中。

7.5.5 删除邮件

邮箱的容量是有限的，当旧邮件过多时，新的邮件可能就收不到了，因此需要及时清理邮箱，将没用的邮件删除。删除邮件的操作方法很简单，在收件箱的邮件列表中选择要删除的邮件，单击 删除 按钮即可，如图 7-29 所示。

图 7-29　删除邮件

本 章 习 题

一、填空题

1. 计算机网络的_____叫作网络的物理拓扑结构。按照网络的拓扑结构分类，可以分为_____、_____、_____、_____。

2. 常见的协议有_____协议、_____协议和_____协议。

3. 开放系统互联参考模型将计算机网络体系结构的通信协议划分为七层，自下而上依次为_____、数据链路层、_____、传输层、会话层、表示层、应用层。

4. 局域网由网络_____和网络_____两部分组成。

5. Internet 引入了一种用字符表示的_____来代表 IP 地址，但是在 Internet 上是以_____来区分计算机的。

6. 在 WWW 上每一个信息资源都有统一的且在网上唯一的地址，称为_____，它是 WWW 的统一资源定位标志。

7. 计算机网络分类方法有很多种，如果从覆盖范围来分，可以分为_____、_____和_____。

8. Internet 采用_____协议实现网络互连。

9. 局域网的传输介质主要是_____、_____和_____。

10. _____是指网页所在的主机名称及存放的路径。每一个 Web 页都有自己唯一的地址，是在 Internet 上标准化的网页地址。

11. _____是 IE 为用户准备的一个专门存放自己喜爱的 Web 页的文件夹。

12.　_____是为用户提供检索服务的系统，它根据一定的策略，运用特定的计算机程序搜集互联网上的信息，并对信息进行组织和处理，将处理后的结果显示给用户。

13．在使用关键字实现搜索的过程中，主要运用好几个法则即可，它们分别是_____、_____、NOT(非)。

14．_____是单独的一个电脑文件，可以附在邮件中一起发给对方。撰写邮件时，一般情况下只写邮件正文，而图片、音乐或动画等文件则通过_____的方式发送给对方。

二、简答题

1．简述 OSI 参考模型各层的主要功能。

2．简述计算机网络的功能。

3．Internet 具有哪些特性?

4．简述网络协议的三要素。

5．怎样将自己喜欢的网页设置为主页?

6．简述搜索引擎的几个基本法则。

7．如何将新浪网首页添加到收藏夹中?

8．如何将同一封电子邮件发送给多个人?